浙江工业大学设计与建筑学院课程思政教学委员会　主　编

培根铸魂 润物无声

浙江工业大学设计与建筑学院课程思政案例集

ZHEJIANG UNIVERSITY PRESS
浙江大学出版社
·杭州·

图书在版编目（CIP）数据

培根铸魂 润物无声 : 浙江工业大学设计与建筑学院课程思政案例集 / 浙江工业大学设计与建筑学院课程思政教学委员会主编. -- 杭州 : 浙江大学出版社, 2024.5
ISBN 978-7-308-22426-0

Ⅰ.①培… Ⅱ.①浙… Ⅲ.①高等学校－思想政治教育－案例－中国 Ⅳ.①G641

中国版本图书馆CIP数据核字(2022)第045156号

培根铸魂 润物无声：浙江工业大学设计与建筑学院课程思政案例集
PEIGEN ZHUHUN RUNWU WUSHENG: ZHEJIANG GONGYE DAXUE SHEJI YU JIANZHU XUEYUAN KECHENG SIZHENG ANLIJI

浙江工业大学设计与建筑学院课程思政教学委员会 主编

责任编辑 李 晨
责任校对 曾 熙
封面设计 春天书装
出版发行 浙江大学出版社
（杭州市天目山路148号 邮政编码 310007）
（网址：http：//www.zjupress.com）
排 版 杭州林智广告有限公司
印 刷 浙江新华数码印务有限公司
开 本 787mm×1092mm 1/16
印 张 23
字 数 425千
版 印 次 2024年5月第1版 2024年5月第1次印刷
书 号 ISBN 978-7-308-22426-0
定 价 138.00元

前言

P R E F A C E

习近平总书记在2016年全国高校思想政治工作会议上强调，高校思想政治工作关系高校“培养什么样的人、如何培养人以及为谁培养人”这个根本问题，要学会用正确的立场、观点和方法分析问题，把学习、观察、实践同思政紧密结合起来，在思想政治理论课以外的课程中融入思想政治教育。[①]

浙江工业大学设计与建筑学院自2019年开展课程思政教学改革以来，深刻理解并实践课程思政“立德树人”的教育本质、“协同育人”的工作理念、“立体多元”的课程结构和“显隐结合”的教学方法，本着将思想政治教育元素中的价值理念和精神追求融入专业教学中的目的，引导学生立足时代、扎根人民、深入生活，帮助学生树立正确的艺术观和创作观，坚持以美育人、以美化人，积极弘扬中华美育精神，促进学生自觉传承和弘扬中华优秀传统文化，提升学生的思想道德素养、艺术人文素养和科学技术才能。

学院坚定落实立德树人的根本任务，基本实现“课程思政”对所有课程全覆盖。课程思政教学改革至今，学院共获得省部级以上“双万”课程、课程思政优秀案例、协同育人项目、教学改革项目、作品获奖等50余项成果。城乡规划党支部入选省高校党建样板支部；城乡规划教学团队入选校黄大年式教师团队、省高校课程思政示范基层教学组织；学院与杭州博物馆、浙江省城市化研究中心、西湖区留下街道、富阳区龙门古镇等60多个单位共同建立课程思政实践基地；完成浙江红船干部学院和中共浙江省委党校视觉系统设计，以及井冈山一号红色文化工程核心公共艺术等社会服务项目，形成了广泛的社会影响。

风物长宜放眼量。本案例集共汇集39个设计及相关专业课程思政案例，这既是一次阶段性的工作总结，也是为未来建设奠定基础。学院将始终坚持立德树人之根本，以社会主义核心价值观教育为主线，以构建全员、全过程、全方位育人的思政工作格局为目标，持续推进课程思政改革，完善课程思政案例库建设。

① 怀进鹏.不断推动高校思想政治工作高质量发展[N].人民日报，2021-12-10（11）.

目　录

CONTENTS

一 城乡规划系

DEPARTMENT OF URBAN AND RURAL PLANNING

I

培根铸魂 润物无声

浙江工业大学设计与建筑学院课程思政案例集

浙江工业大学城乡规划系源于1987年创办的建筑学专业。1987年，学校在浙江省属院校中率先创办建筑学专业并开始招收三年制专科生；1993年，设立建筑学专业城市规划方向；2000年，依托建筑学专业创办城市规划专业，开始招收五年制本科学生；2006年成立建筑与城市规划系，2009年组建新的城市规划系，2016年正式更名为城乡规划系。目前，城乡规划系下设城镇化与区域发展规划、城乡空间规划技术与方法、特色城镇与美丽乡村3个科研创新团队，以及乡村规划与设计、城市更新与城市设计2个教学创新团队；共有专业教师24名，其中教授5名（含教授级高工1名）、副教授8名、博士生导师2人、硕士生导师10名，具有博士学位教师16名，师生比约为1:10。2018年以来，全系教师科研总经费近4000万元，人均年科研经费达50万元，承担国家重大社科项目1项、国家自然科学基金等其他国家级科研项目7项、省部级项目17项、重大横向50万以上项目20余项，发表国内外核心期刊论文80多篇，出版专著7部、教材3部，获国家级教学创新奖、省级科技进步奖、优秀规划设计奖20余项，获得省市领导批示6项，主办承办学术会议18次。指导学生参加省部级及国家级的专业竞赛与课外科技竞赛获奖近百项，其中国际级3项、国家级70余项，获得国家级大学生“互联网+”创新创业大赛及“挑战杯”竞赛银奖、铜奖、三等奖3项，省级大学生“互联网+”创新创业大赛金奖2项、银奖1项、铜奖1项，省级“挑战杯”竞赛特等奖2项、一等奖1项。

城市保护与更新规划设计

城市历史文化遗存是前人智慧的积淀，是城市内涵、品质、特色的重要标志。要妥善处理好保护和发展的关系，注重延续城市历史文脉，像对待“老人”一样尊重和善待城市中的老建筑，保留城市历史文化记忆，让人们记得住历史、记得住乡愁，坚定文化自信，增强家国情怀。①

——2019 年 11 月 2 日至 3 日，习近平在上海考察时强调

一、课程概况

（一）课程简介

“城市保护与更新规划设计”课程是专业必修课程，共计 4.5 学分、96 学时，开设于城乡规划专业本科三年级第二学期。本课程是学生在掌握了建筑史、城市发展史的基础上开设的设计类课程，是详细规划类型的重要课程之一。本课程位于城乡规划专业“一体两翼”课程体系的中间位置，上承微观环境设计，下启宏观总体规划。本课程授课对象为本科三年级学生，该阶段学生的价值观尚未完全形成，前序课程只做过居住区规划设计，方案设计、汇报等专业技能尚不成熟。因此本课程同时肩负树立价值观与提升专业技能的重任。本课程定位为帮助学生打好专业基础，为后续“乡村规划设计”“城市设计”等一流课程建设提供支撑。

近年来城市保护与更新受到国家高度重视，习近平总书记多次强调保护城市历史文化的重要性，2021 年 9 月中共中央办公厅、国务院办公厅印发《关于在城乡建设中加强历史文化保护传承的意见》，指出“系统完整保护传承城乡历史文化遗产和全面真实讲好中国故事”，对“坚定文化自信、建设社会主义文化强国具有重要意义”。

① 谢环驰. 习近平在上海考察时强调　深入学习贯彻党的十九届四中全会精神　提高社会主义现代化国际大都市治理能力和水平 [N]. 人民日报，2019-11-04（01）.

本课程以思政为引领，教授学生基于社会主义核心价值观的历史文化名城保护理论，通过对历史文化街区、名镇、名村的考察参观和规划设计实践，让学生深入了解具有中国特色的历史文化名城保护制度建立近40年来取得的成就，增强学生的家国情怀，不忘初心、牢记使命，坚定对中华优秀传统文化屹立于世界文化之林的文化自信，坚定对中国特色历史文化名城保护制度的道路自信、理论自信、制度自信，指导学生能通过设计成果描绘美丽中国，全面真实地讲好中国故事。

（二）教学目标

1. 知识目标

（1）掌握文化遗产保护的基本概念。

（2）熟悉相关法制体系和法律法规。

（3）掌握保护规划的内容和方法。

2. 能力目标

（1）能综合依据相关法律法规和运用专业技能进行规划设计，绘制符合规范、表达设计意图的图纸。

（2）能逻辑清晰、重点突出地汇报设计成果。

3. 价值目标

（1）树立正确的文化遗产保护的价值观，能对历史文化价值做出准确评价，能对保护措施做出正确的价值判断。

（2）坚定对中华优秀传统文化屹立于世界文化之林的文化自信，坚定对中国特色的历史文化名城保护制度的道路自信、理论自信、制度自信。

二、思政元素

（一）家国情怀、文化自信

从中华民族辉煌的历史切入，讲解城市的悠久历史、深厚的文化底蕴，激发学生对祖国、家乡和人民的热爱。结合参观考察，教授学生保护城市就是保护历史、传承文化，规划师应具有家国情怀，有责任（维护最广大的人民群众的利益）、有担当（保护传承中华优秀传统文化），保护好城市中的历史文化遗产。

（二）道路自信、理论自信、制度自信

课程从清末、中华民国至中华人民共和国成立初我国文化遗产保护探索，以及世界文化遗产保护进程这两条线切入，使学生了解我国历史文化名城保护制度创设的背景；讲授我国历史文化名城制度的创设历程和特点、文化遗产的申遗成就，教授学生具有中国特色的名城保护理论和制度，在由西方制定的世界遗产保护规则下，我国的遗产保护仍然能做到世界第一。

三、设计思路

（一）课程与教学改革要解决的思政问题

1. 引导学生树立正确的文化遗产保护价值观

价值观是开展规划设计的前提，而保护与更新规划设计同其他类型规划设计的最大区别在于价值观冲突更加激烈。课程建设的重点是引导学生基于社会主义核心价值观思考问题，树立正确的文化遗产保护价值观，学会深入解读规划对象的历史文化价值，对保护与更新做出正确的价值判断。

2. 指导学生描绘美丽中国

规划设计成果最终体现为图纸，基于上述价值观形成的规划设计思想不是停留在口头或文字表述，而是要通过设计图纸呈现。课堂教学的重点是指导学生设计出既符合相关法律法规、规范标准，又形象生动、具有可操作性的蓝图。

3. 指导学生全面真实讲好中国故事

调查研究是做好规划的前提，规划师需要深入基层倾听人民群众的心声，而交流能力是顺利推进规划工作的保障。课堂教学的另一个重点是指导学生逻辑清晰、重点突出、通俗易懂地讲解设计方案，将对中华优秀传统文化的热爱和家国情怀融入其中。

（二）课程内容的思政元素

为解决上述 3 个问题，本课程内容分为理论教学、专业技能训练 2 个板块。理论教学强调价值观培养，专业技能训练突出解决问题的能力培养，两个板块相互穿插，将思政教育潜移默化地植入教学中。课程内容详见表 1。

表 1　课程内容

章节	学时	教学内容	能力培养教学要求	重要思政元素
历史文化名城保护的理论与方法	4学时 理论教学	文化遗产的基本概念、文化遗产保护的法制体系、历史文化名城保护规划的内容和方法、课程作业讲解	（1）掌握历史文化名城保护规划的基本概念、法制体系，了解保护规划的内容和方法 （2）掌握历史文化名城保护规划的编制流程、内容体系	培养家国情怀，树立正确的遗产保护价值观；树立对中华优秀传统文化屹立于世界文化之林的文化自信，树立对中国特色历史文化名城保护制度的理论自信、道路自信、制度自信

续表

章节	学时	教学内容	能力培养教学要求	重要思政元素
案例借鉴	2学时 理论教学	历史文化名城调研的内容体系和调研方法、调研对象的分析方法、案例调研报告的撰写	（1）掌握文化遗产及其保护方法，能对各类保护措施做出正确的价值判断 （2）掌握案例调研的方法、调研报告撰写的内容体系和方法	坚定“四个自信”，理解历史文化价值，能对保护措施做出正确的价值判断
	6学时 专业技能训练	优秀保护规划案例考察学习	能综合运用所学专业知识和技能搜集相关文献资料，开展调研，评价调研案例，绘制相关分析图，撰写调研报告	
基地分析	2学时 理论教学	基地的区位、历史及相关规划、基地现状图纸、基地现状特征及问题总结	（1）掌握文化遗产保护的对象，熟悉基地的历史、区位、相关规划、现状特征等 （2）掌握资料搜集与分析方法、现状调研的方法、图纸绘制方法和表达	能对历史文化价值做出准确评价，激发规划师的社会责任感
	8学时 专业技能训练	规划设计基地现场调研	能综合运用所学专业知识和技能搜集相关文献资料，开展调研，分析现状特征，总结现状问题，绘制相关分析图，撰写调研报告	
规划构思	2学时 理论教学	历史文化价值评述、基地定位定性规划、保护范围划定、建筑保护与整治方式、构思草图	（1）掌握历史文化价值评述、定性定位、保护范围的概念和规划内容 （2）掌握相关规划方法和成果表达要求 （3）提高对文化遗产价值的思考、判断能力，以及专业交流的语言表达能力	学会古为今用，培养勇于创新、开拓进取的工匠精神
	6学时 专业技能训练	绘制规划构思	（1）能综合运用所学的专业知识评价基地的历史文化价值，提出基地的定性定位、规划理念 （2）综合运用相关法律、法规和规范划定保护范围，提出建筑保护与整治方式 （3）能综合运用所学专业技能绘制构思草图	

续表

章节	学时	教学内容	能力培养教学要求	重要思政元素
保护规划方案	2学时 理论教学	规划构思回顾和修改完善、功能结构规划、道路交通规划、土地利用规划、公共服务设施规划、建筑高度控制、街巷保护规划、文化遗产活化利用	（1）掌握功能结构、道路交通、土地利用、公共服务设施、建筑高度、街巷保护、文化遗产活化利用的概念和规划内容 （2）掌握相关规划方法和成果表达要求 （3）能综合运用专业知识，以图纸和语言表达规划方案	坚定保护传承优秀历史文化的理想信念，培养精益求精的工匠精神
	36学时 专业技能训练	绘制保护规划方案	能综合运用相关法律、法规、规范以及专业知识、技能开展功能结构、道路交通、土地利用等相关内容的规划设计	
保护与更新型城市设计的方法	2学时 理论教学	城市设计方法、传统民居平面解析、规划设计的逻辑	掌握城市设计方法、传统民居平面模型与演变，熟悉规划设计的逻辑思路	培养家国情怀，理解历史文化价值
城市设计方案	2学时 理论教学	保护规划方案回顾和修改完善规划平面、立面整治设计、分期实施	（1）掌握规划总平面图、更新地块规划平面图、主要街巷立面整治规划图、分期实施的设计内容 （2）掌握城市设计方法和成果表达要求 （3）能综合运用专业知识，以图纸和语言表达规划方案	培养团队合作精神，培养精益求精的工匠精神，学会描绘美丽中国
	18学时 专业技能训练	绘制城市设计方案	能综合运用相关法律、法规、规范及专业知识、技能开展平立面设计	
规划成果	6学时 专业技能训练	规划设计成果汇报点评	（1）掌握历史文化名城保护规划的成果编制 （2）能综合运用专业知识，以图纸和语言表现规划方案	培养讲述中国故事、传播中国经验的能力

（三）教学方法的思政元素

1. 团队合作

团队合作和个人能力培养相结合。调研由4人组合作完成，草图与正式图再分为2人组，鼓励学生根据个人特长取长补短、团队合作。成绩评定以小组为单元整体评分，践行因材施教。

2. 立德树人

教师以身示教，践行课程思政。要求教师课前、课后投入更多时间精力“研究”作业，归纳总结问题症结，并当堂给予学生反馈，通过示范、批改、以身示教讲解为何这样设计、如何表达，帮助学生在观察、纠错中学会用图纸表达设计思想。

3. 批评与自我批评

实施翻转课堂，以课堂方案汇报和点评的方式推进教学。小组汇报后组织学生相互点评，鼓励学生虚心学习优秀作业、相互指出不足，使每位学生都能深度参与课堂活动；同时也鼓励学生自我点评，加深印象。

（四）成绩评定的思政元素

1. 精益求精、持之以恒的工匠精神：强调过程考核

强化过程学习，平时成绩和期末成绩各占 50%。将 16 周的教学任务拆分成六大分节点，平时成绩依据实际案例调研报告（5%）、基地调研报告（10%）、构思草图（5%）、二草（15%）、三草（15%）考核，鼓励学生对设计方案精雕细琢、不断超越自我。

2. 既要能描绘美丽中国，又要能讲好中国故事：注重综合能力培养

从成果完整性、规范性、逻辑性、创新性、美观性、方案汇报等多个方面综合评分（见图 1）。强调学生只要能梳理清楚保护更新的逻辑体系，功能布局合理、保护利用有创新。避免因学生能力差异造成的分数差异，如美术功底较差、画面表达不够美观等。

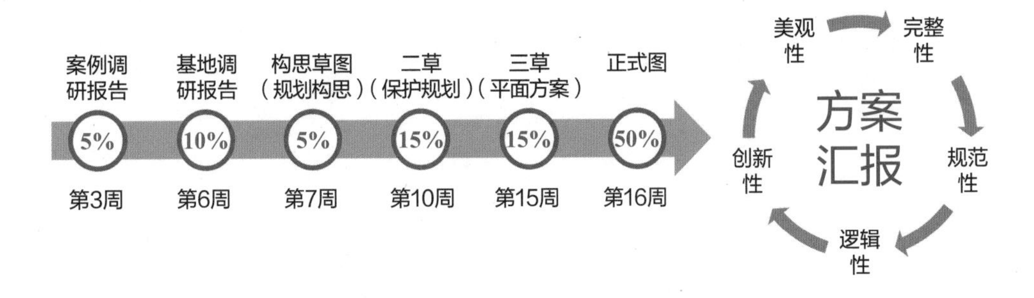

图 1　过程考核与综合能力评定

四、教学组织与方法

（一）将四个自信融入课堂教学

坚持思政引领，培养学生对中华优秀传统文化屹立于世界文化之林的文化自信，能对设计对象的历史文化价值做出准确评价；引导学生对我国历史文化名城保护制度进行更深入的了解，坚定对中国特色历史文化名城保护制度的道路自信、理论自信、制度自信。

（二）坚持线下一对一、手把手的方式授课

将一学期的教学目标拆分成若干阶段性小目标，每次课着重解决 1 ～ 2 个设计内容的设计方法、图纸表达问题，并循序完善设计成果。教师课前、课后投入更多时间和精力“研究”作业，归纳总结问题症结，并当堂给予学生反馈，通过示范、批改、以身示教讲解为何这样设计、如何表达，帮助学生在观察、纠错中学会用图纸表达设计思想。

（三）集体授课和小班化教学相结合

在小班化改革的同时保留集体授课环节，实施翻转课堂，学生相互点评，使每个学生都参与课堂活动；教师从典型作业中归纳总结共性问题当堂反馈给学生。小班化教学阶段则针对个性问题，关注每一位学生，提供进一步指导。

（四）强调过程与综合能力的学习评价

50% 的平时成绩强调实实在在的学习成果评定，包括 2 份调研报告及 3 次草图，促进学生重视过程学习，帮助学生养成良好的学习习惯。成绩评定模拟项目评审，综合考察设计成果本身及学生在此过程中所展现出来的逻辑思辨水平、口头表达能力。

五、实施案例

（一）案例 1：东阳李宅规划设计

城乡规划系与浙江工业大学工程设计集团有限公司的产教合作，深入浙江中部地区，选址中国传统村落——东阳市李宅村开展产教融合教学（见图 2）。针对保护与更新的需求展开规划设计，提出了“安守古街、微城新生”“以文兴旅、融生古今”等设计理念，再叙李宅历史，描绘李宅蓝图（见图 3）。

（a）线下调研启动仪式（摄于花台门前）

（b）翻转课堂

图 2　李宅产教融合教学

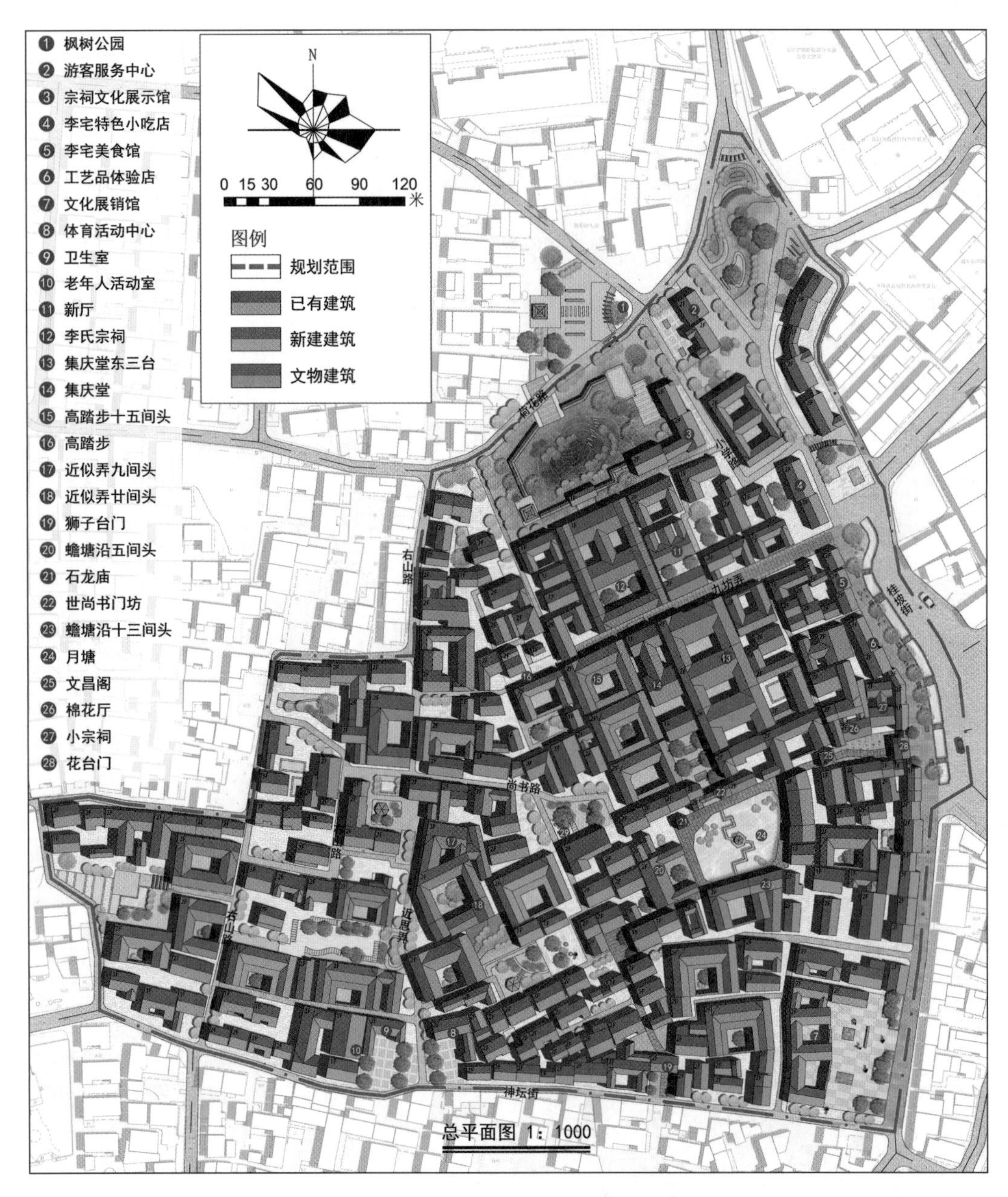

图 3　课程作业成果：李宅历史文化街区保护规划

（二）案例 2：首届全国大学生国土空间规划设计竞赛获奖

利用暑期短学期延续教学，组织学生参加自然资源部主办的“未来规划师——‘南京国图杯’首届全国大学生国土空间规划设计竞赛”（见图 4）。通过竞赛过程中的调研考察、方案设计与汇报，进一步提升了学生的家国情怀，坚定了学生的“四个自信”，同时检验了教学效果。

图 4　竞赛佳作奖：循水织脉——南京钓鱼台地段规划设计

六、教学效果

2021 年 10 月 29 日，第四届世界青瓷大会在国家历史文化名城——丽水龙泉市召开。开幕式上，挂牌成立了由浙江工业大学设计与建筑学院、浙江大学城乡规划设计研究院有限公司、浙江大学城市学院国土空间规划学院、龙泉市人民政府共建的“名城建设政教研基地”（见图 5），课程组教师参加龙泉市住建局主办的城市更新与文化传承论坛。

未来，城市保护与更新规划设计课程将走进龙泉国家历史文化名城，通过政产教融合，参与历史文化遗产的保护与传承，践行“高质量发展建设共同富裕示范区”，打造“具有代表性的浙江文化符号和文化标识”。

图5　课程组教师参加龙泉世界青瓷大会并与龙泉市政府共建“名城建设政教研基地”

课程负责人：丁亮

教学团队：陈怀宁、杨宁

所在院系：设计与建筑学院城乡规划系

城市认识实习

无论是城市规划还是城市建设，无论是新城区建设还是老城区改造，都要坚持以人民为中心，聚焦人民群众的需求，合理安排生产、生活、生态空间，走内涵式、集约型、绿色化的高质量发展路子，努力创造宜业、宜居、宜乐、宜游的良好环境，让人民有更多获得感，为人民创造更加幸福的美好生活。①

——2019 年 11 月 2 日至 3 日，习近平在上海考察时强调

一、课程概况

（一）课程简介

“城市认识实习”课程是专业必修课程，共 0.5 学分，学时为 1 周，开设于城乡规划专业本科二年级第三学期。本课程是学生在掌握了建筑史、城市发展史，学习了世界城市、城乡规划导论的基础上开设的实践类课程，是原理技能类型的重要课程之一。本课程位于城乡规划专业“一体两翼”课程体系的低年级模块，通过未来社区、历史文化街区、城市中心区等的考察学习认识城市，为日后“居住区规划设计”“历史文化街区保护规划设计”“城市设计”等核心设计类课程的学习打好基础。本课程授课对象为本科二年级学生，学生的专业基础尚较为薄弱，前序课程以课堂学习为主，没有读够“万卷书”，更没有行够“万里路”。因此本课程的教学重点在于帮助学生理论联系实际、在实践中巩固理论知识，为下一步专业学习做好准备。

近年来，城市建设广受关注。2015 年，时隔 37 年后，中共中央再次召开城市工作会议。会议提出要走出一条中国特色城市发展道路，明确了“创新、协调、绿色、

① 谢环驰. 习近平在上海考察时强调　深入学习贯彻党的十九届四中全会精神　提高社会主义现代化国际大都市治理能力和水平[N]. 人民日报，2019-11-04（01）.

开放、共享的发展理念”，坚持“以人为本、科学发展、改革创新”，强调“提高城市治理能力，着力解决城市病等突出问题”。

在此背景下，本课程以思政为引领，教授学生树立基于社会主义核心价值观的城市发展理念，通过考察参观和交流讨论，深入了解具有中国特色的新型城镇化发展成就，基于科学发展观对城市建设做出正确的价值判断。

（二）教学目标

1. 知识目标

（1）建立对城市的总体性和系统性认识，了解城市的发展历程，了解城市的功能类型，了解城市的未来发展趋势。

（2）树立历史、现在、未来三者发展传承的意识。

2. 能力目标

（1）学会科学的观察方法和思维方法。

（2）学会发现问题、提出问题、分析问题。

（3）学会撰写调研报告，格式规范、逻辑清晰、图文并茂地呈现调研成果。

3. 价值目标

（1）培养富有家国情怀、精通专业的城乡规划人才。

（2）树立与巩固学生的文化自信与民族自豪感。

（3）培养社会责任感与使命感。

（4）传承工匠精神与职业操守，落实学思结合与知行合一。

二、思政元素

（一）文化自信与民族自豪

从历史与现实双重维度，构建多元城市空间认知体系，为学生开启城市认识之门，引导学生直观感受全球最大规模城镇化取得的成果，鼓励学生根植文化自信与民族自豪感于专业学习中，树立正确的世界观与价值观。

（二）社会责任感与使命感

通过向一线规划师学习，引发学生思考城市规划“解决什么问题”“如何解决问题”。通过对比项目实施前后的人居环境，使学生理解规划师所应肩负的责任与使命。

（三）工匠精神与职业操守

带领学生深度考察示范引领项目，了解规划师从设计到后期跟进直至项目投入使用的全过程工作，使学生感受规划师精益求精、慎思笃行的工匠精神与一丝不苟、坚守原则的职业道德，激发学生的专业情怀。

（四）学思结合与知行合一

聚焦当前我国城市发展与建设热点，贯穿“未来社区”“互联网特色小镇”“老旧小区”“历史文化街区”“城市新区”等主题于认知实习全过程，通过实地探勘，激发学生自主发现问题、思考问题、寻找答案的实践能力。

三、设计思路

本课程立足社会需求、专业培养需求、学生课程学习需求，形成包括城市总体认识、城市空间认识、城市功能组织认识为主要模块的课程内容，以理论学习与实地调研、访谈相结合的实习形式，整合师资形成团队式教学，将产教合作与校企基地形成的校企共享资源融入课程的实践过程中，依托实际项目助力课程教学全过程，直观展示现代城市的建设与发展，激发学生的家国情怀与对专业的热爱（见图 1）。

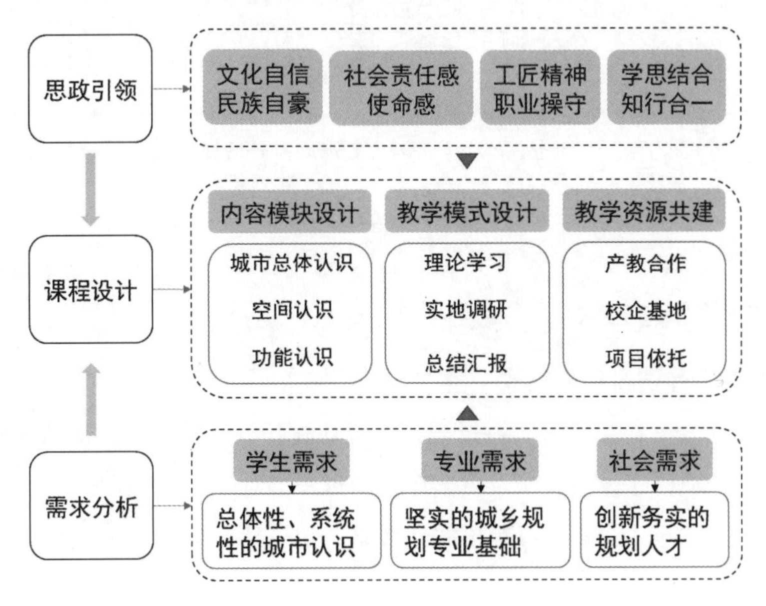

图 1　课程设计框架

课程总体分为五大章节（见表 1），以“认识城市”为统领章节，以“认识城市中心区”“认识特色街区”“认识居住小区”“认识城市新区”为核心章节，通过充分的前期研究、实习调研与最终的总结梳理，形成具有系统性的城市认识课程体系，以达到课程的教学目标与培养要求。

表1　思政设计思路

课程章节	重要思政元素	相关专业知识或教学案例
认识城市	全面、系统认识城市发展历程与现状，培养家国情怀、文化自信与民族自豪感	参观城市规划展览馆，全面了解城市总体规划，建立总体性和系统性认识，提高对城市的感性认知，初步建立基本的学习与评价意识
认识城市中心区	以建设需求为牵引，培养社会责任感与使命感，树立正确的价值观，透过现象缜密思索城市发展的意义，树立正确的城市发展观	参观CBD与一级零售中心，了解城市中心区的特征与构成，比较其功能、空间结构和形态。培养科学的观察方法和思维方法，初步建立基本的学习与评价意识
认识城市特色街区	了解历史街区发展现状，尊重历史文化，建立文化传承思想，培养文化自信，建立历史与发展的大局观与慎思笃行的规划师素养	参观综合商贸特色街区、商业旅游特色街区、历史文化街区等，了解其特征与构成，比较其功能、空间结构和形态。学习“特色”的提炼、总结和表现形式，初步建立基本的学习和评价意识
认识城市居住小区	培养学思结合、务实求真的精神，培养“以人为本”的规划师思维，树立精益求精、坚持原则、服务于民的职业道德观	参观不同时代的居住小区，提炼总结小区规划建设的新理念、新思想，帮助学生了解时代变迁、生活水平变化对小区规划的不同要求。了解国情民情，学会在发展中看问题、用发展的眼光看问题
认识城市新区（新城）	树立正确的历史观、发展观，培养文化传承意识和创新精神	参观城市新城或新区，了解其发展模式和发展历程，建立新与旧、传承与创新的关系

四、教学组织与方法

（一）校企合作创新教学模式

将规划设计方案学习引入实习过程，与规划院开展产学合作，帮助学生在实地考察之前预先了解项目建设的背景及方案产生的过程，对“为何这样设计”“设计效果如何”有更深入的了解。方案学习后再实地考察，切身感受成为一名合格的规划师应具备的价值观和职业素养。

（二）情怀融入深化内涵建设

一方面，由规划师亲述如何站在当地居民的立场上，通过规划设计为居民营造良好的人居环境，将规划师的社会责任感、职业操守传递给学生。另一方面，由学生“体验”，感受我国城市深厚的历史文化底蕴，通过历史与现代的连线，激发学生的文化自信心与民族自豪感。

（三）特色植入体现时代精神

将数字经济、特色小镇、未来社区等城市建设与治理中的“浙江经验”植入教学，帮助学生了解最新的城市规划与建设动向，扩大学生的知识面。

五、实施案例

课程开设至今已进行了 18 次教学，始终采取走出课堂、用脚步丈量城市的方法开展教学，如由班主任带领学生深入上海（见图 2）、杭州等国内大城市考察学习，加深了学生对书本知识的认识。

图 2　2018 年上海考察

受新冠疫情影响，2021 年课程再次回到杭州。为响应“双一流”建设对产学合作的要求，课程与规划设计研究院联合开展，探索了一条实践类课程产教融合共建之路。以下实践案例根据 2021 年实践活动撰写。

（一）案例 1：探寻城市历史

杭州是国家级历史文化名城，有丰富的历史文化遗产，认识城市首先要认识城市历史。实习的第一站是位于世界文化遗产中国大运河沿岸的桥西历史文化街区。在这里，同学们深入考察大运河沿岸历史文化街区的肌理、形态、风貌，参观了由老旧工业厂房改建的中国扇博物馆、中国刀剪剑博物馆等，同时也在手工艺活态馆中了解了纸花、扎染、木雕、石雕等各种非物质文化遗产，沉浸式地体验了中国优秀传统文化的博大精深。

沿运河南下，同学们还在中山中路历史文化街区、清河坊大井巷历史文化街区、南宋遗址陈列馆中追寻和感受城市的文脉和历史，认知并领悟历史文化街区的空间特征；在胡雪岩故居学习文物建筑的保护利用方式；在杭州市方志馆内体会到了杭州历史底蕴的厚重。

（二）案例 2：初识城市

杭州是长三角世界级城市群南翼的省会城市，历版城市总体规划为杭州描绘了一幅幅蓝图。城市认识实习的第二站是杭州市城市规划展览馆。通过工作人员对“印象杭州”“解读杭州”“展望杭州”等多个展厅的讲解，同学们对杭州的悠久历史、规划建设的伟大成就，以及灿烂的明天有了更深入的了解（见图 3）。

从城市规划展览馆出来，同学们参观考察了杭州市的新中心——钱江新城，直观感受了大型公共建筑和商业建筑的形态与内部空间特征，登上城市阳台遥望钱塘江对岸的奥体中心，加深了对滨水城市天际线的认识。

图 3 参观杭州市城市规划展览馆

（三）案例 3：规划设计——从图纸到实景

此后 3 天的课程以浙江特色、数字化为主题，与浙江大学城乡规划设计研究院联合开展了名为“白泽计划”的产教融合课程教学。为了让同学们对规划设计有更深入的了解，课程教学采取了“规划方案学习——实景考察”的方式。

浙江大学城乡规划设计研究院厉华笑院长、裘国平书记，创新分院章俊屾副院长等领导对产学合作提供了大力支持。吴建、沈卫芬、雷康、陈智军 4 位规划师分别向大家介绍了河畔新村、云栖会展中心二期、未来总部社区、湖州未来社区等具有创新引领示范的项目（见图 4）。过去，同学们做规划都是纸上谈兵，并没有接触过实际项目。通过几位规划师对项目的具体介绍及心得体会的分享，同学们深入浅出地了解了规划方案的形成过程，学习了成为一名合格规划师应具备的价值观和职业精神。

图 4　浙江大学城乡规划设计研究院交流学习

学习完规划方案，规划师们带领同学们一起实地考察河畔新村（见图 5），切身感受优秀规划方案对于老旧小区人居环境提升的积极作用；在智慧网谷数字经济小镇（见图 6），参观数字模型、数字治理平台，考察已入驻的部分高新技术企业，充分感受互联网技术为城市带来的变化。

图 5　河畔新村考察

图 6 智慧网谷考察

（四）案例 4：智慧城市和特色小镇

杭州是特色小镇的发源地，也被誉为中国数字经济第一城。云栖小镇是“云栖大会”的永久会址，被誉为“杭州硅谷”，全国知名的杭州城市大脑运营指挥中心坐落于此。

在杭州城市大脑运营指挥中心，学生学习城市大脑在城市治理、交通管理、生活服务等场景中的应用，了解城市大脑从设想到诞生、发展的过程。在云栖会展中心，了解这片由老旧工业厂房改造而成、引领全国数字经济发展的小镇的成长历程（见图 7）。在云栖会展中心二期，同学们直观感受会展中心与公共空间、运动场地功能复合的创新设计思路。

图 7 云栖小镇考察

（五）案例 5：未来之城

课程的最后一天，同学们在《二十国集团数字经济发展与合作倡议》签署会场——

杭州国际博览中心，感受 G20 杭州峰会会场的磅礴大气，领略屋顶中式花园式前卫设计的风采（见图 8）。

图 8　G20 杭州峰会会场考察

随后，同学们来到还在规划中的未来总部社区。作为一个集“产业数字化”“数字产业化”“城市数字化”等概念于一体的新城，未来总部社区代表了城市的未来。在规划展厅，浙大规划院青年规划师雷康为同学们详细讲解未来总部社区的空间布局、产业规划、发展前景。讲解结合实景模型与动画，学生对城市设计有了更为深入的了解（见图 9）。

图 9　未来总部社区展厅考察

学生最后在已经竣工的瓜山未来社区，实地体验“三化九场景”为居住生活带来的改变，学习居住区规划的创新引领方向（见图 10）。

图 10　瓜山未来社区考察

六、教学效果

（一）课程成果

通过本次认知实习，学生对城市的概念有了总体认识。通过对城市历史、城市空间和城市功能的了解，大家深刻认识到规划的引领和统筹作用。同时，本次实习也帮助学生更好地将理论与实际相联系，在实地考察中加深对理论知识的理解，进一步拓展和加深对所学专业知识的运用。学生的家国情怀在整个认知实习的过程中得到更好的培养。

课程成果通过微信公众号进行推送宣传，在设计与建筑学院公众号“设计筑梦家”和浙江大学城乡规划设计研究院公众号的累计阅读量达 1870 次（见图 11）。

白泽计划 | 城乡规划2019级产教融合暑期实践活动

原创 设计筑梦家 设计筑梦家 7月16日

“白泽计划”

创新引领未来 认知城市数智

浙江工业大学
设计与建筑学院
ZJUT

浙江大学
城乡规划设计研究院
ZUP

2021年7月12至14日，浙江工业大学设计与建筑学院联合浙江大学城乡规划设计研究院开展了为期3天的“城市认识”“建筑认识”暑期实践活动。本次活动依托由浙大规划院牵头、浙江工业大学、浙大滨江研究院等单位共同参与的创新引领项目“白泽计划”，组织2019级城乡规划专业全体同学与资深规划师深入交流学习，共同考察了未来社区、互联网特色小镇、老旧小区改造等浙大规划院设计、落地的项目，杭州城市大脑、未来总部社区、智慧网谷等具有示范引领作用的数字化建设项目，用脚步丈量城市，认识城市数智。

图11　微信公众号推文

（二）学生感悟

本次活动给我印象最深的是有关河畔新村改造项目的讲座和参观学习。不同于以往改造项目的换汤不换药，河畔新村改造让整个小区由内而外焕然一新，铺装屋顶、加装电梯、梳理管线……河畔新村以崭新的面貌带给居民更高的生活质量。带着设计师的情怀做项目，才能创造最大的社会价值。另外，城市大脑、未来社区、云栖小镇的参观考察都极大地拓宽了我的视野。

——城乡规划 1902 班　宣炀

本次活动不仅让同学们感受到了一名真正的规划师应具有的工匠精神、家国情怀，而且通过落地项目考察，真正做到了读万卷书、行万里路。作为未来的规划师，同学们正沿着前辈的足迹，向共同的目标和未来前进。

——城乡规划 1902 班　陈文涛

课程负责人：丁亮
教学团队：陈梦微、徐鑫、邓一凌、朱凯、吴婕
所在院系：设计与建筑学院城乡规划系

城市总体规划设计

考察一个城市首先看规划，规划科学是最大的效益，规划失误是最大的浪费，规划折腾是最大的忌讳。[①]

——习近平

一、课程概况

（一）课程简介

“城市总体规划设计”课程是《高等学校城乡规划本科指导性专业规范》要求的城乡规划本科专业的十大核心课程之一，是培养适应国家城乡建设发展需要、从事城乡规划设计应用型高级专门人才的重要课程。“城市总体规划设计”课程的教学内容分为专业知识、专业实践和创新训练三部分，分别通过课堂教学、实践教学和认知调查研究完成，目的在于通过各个教学环节培养国土空间规划语境下的城乡规划专业人才，使学生具备从事国土空间总体规划的调研、策划、规划、设计、表达的基本能力。“城市总体规划设计”课程除教授城乡规划设计相关原理、方法等专业知识外，还需学生掌握逻辑学、辩证法、经济制度和法治制度等人文社会科学基本知识。多学科交叉的课程特点有助于在课程教学中把培养学生科学精神和坚定学生理想信念充分结合，增强学生服务城乡建设的使命感和责任感，使学生成为德智体美劳全面发展的社会主义建设者和接班人。

在浙江工业大学城乡规划专业的人才培养方案中，“城市总体规划设计”为城乡规划专业的专业必修课程，开设在四年级第一学期，计4.5学分，共96个学时。课程教学贯彻落实“以浙江精神办学，与区域经济互动”的办学宗旨，探索“服务区域、根植

① 鞠鹏，丁林. 习近平在北京考察工作时强调　立足优势　深化改革　勇于开拓　在建设首善之区上不断取得新成绩[N].人民日报，2014-02-27（01）.

地方、多元协同、创新卓越”的教学模式，培养学生认识、分析、研究城镇问题的能力，使学生掌握协调和综合处理城镇问题的规划设计方法。按照教育部《高等学校课程思政建设指导纲要》的要求，在“城市总体规划设计”课程教学中积极融入思想政治教育资源，以国土空间规划体系重构为契机，帮助学生了解国家最新战略、法律法规和相关政策，引导学生践行“绿水青山就是金山银山”“人民城市人民建，人民城市为人民”的理念，培养学生的家国情怀和使命担当。

（二）教学目标

适应国家国土空间规划体系重构需要，为规划编制单位、管理部门和科研机构培养具备坚实的国土空间总体规划基础理论知识与应用实践能力的专门人才。

贯彻落实中共中央办公厅、国务院办公厅《关于深化新时代学校思想政治理论课改革创新的若干意见》，把思想政治教育贯穿人才培养体系，课程教学中融入生态观、生命观、生活观“三生融合”价值观。

1. 知识目标

（1）了解人文社会科学基础知识、学科研究前沿和行业发展趋势。

（2）熟悉城镇发展与社会经济、生态环保、公共服务、市政工程、文化遗产等方面的基础知识和理论，及其在国土空间总体规划中的应用；熟悉国土空间规划编制与管理的法规政策、技术标准等。

（3）掌握国土空间总体规划的概念、原理与方法；掌握城镇发展问题分析的理论与方法；掌握相关调查研究与综合表达方法与技能；掌握城镇国土空间总体规划与表达方法。

2. 能力目标

（1）调查能力：具备对城镇发展问题和规律洞察的能力，能够将山水林田湖草理解为一个生命共同体，掌握系统各要素的相互依存关系。

（2）策划能力：具备预测城镇发展趋势的基本能力，在产业规划和功能定位中能够考虑不同群体的利益诉求，寻求成本和收益的公平分配。

（3）规划能力：具备对城镇国土空间开发保护在空间和时间上做出统筹安排的能力。

（4）设计能力：充分利用新技术、新方法，提出营造健康人居环境规划设计的建议。

（5）表达能力：能够运用综合表达的方法与技能，描绘城镇未来发展蓝图。

3. 价值目标

（1）坚定的生态观：增强学生“尊重自然、顺应自然、保护自然”意识，培养学生守住生态底线的责任感。

（2）正确的生命观：培养学生共建“山水田林湖草生命共同体”和“人与自然生命共同体”的社会责任感。

（3）积极的生活观：培养学生人本情怀和家国情怀，坚持“乐于奉献”“服务社会”“精益求精”的职业理想。

（三）课程沿革

顺应国家、浙江宏观政策背景变化和专业发展趋势，“城市总体规划设计”课程大致经历了 3 个发展阶段。

1. 2000—2009 年的村镇规划设计阶段

浙江工业大学城乡规划专业始建于 2000 年，城乡规划专业设立的前 10 年，“城市总体规划设计”课程以“村镇规划设计”为重点，让学生掌握优化村镇空间布局的基本规划设计能力。

2. 2010—2018 年的小城镇总体规划阶段

以城乡规划专业 2010 年首次通过教育部本科教育评估为契机，“城市总体规划设计”课程开始教授“小城镇总体规划”的知识点，让学生系统掌握城镇发展涉及的政治、经济、社会、人文、地理、自然、历史等各方面知识，具备统筹处理、合理安排城镇经济社会发展各要素的基本能力。

3. 2019 年以来的城镇国土空间总体规划阶段

2019 年，《中共中央　国务院关于建立国土空间规划体系并监督实施的若干意见》正式发布，提出建立“四梁八柱”国土空间规划体系的要求。为顺应国家行业变革需要，“城市总体规划设计”课程内容升级为“城镇国土空间总体规划”，让学生及时掌握对城镇国土空间做出战略性、系统性安排的基本能力。

二、思政元素

以帮助学生形成正确的生态观、生活观、生命观为主线，在教学内容中有机融入思想政治教育，同时有机结合科学方法论，落实立德树人根本任务。融入的思政教学资源主要包括习近平新时代中国特色社会主义思想、中华优秀传统文化、职业理想和职业道德教育等。

（一）生态观

课程教授学生生态文明时代编制规划必须坚持“生态优先”“绿色发展”理念，传承“尊重自然、顺应自然、保护自然”“人与自然和谐共生”的中华优秀传统文化，建立人与自然和谐统一、坚守生态底线的生态观。

（二）生命观

课程设计将城市作为有机生命体，引导学生形成“山水林田湖草生命共同体”“人与自然生命共同体”等“共同体”责任意识。坚持陆海统筹、区域协同、城乡融合，因地制宜开展规划编制工作。规划方法既强调方法创新，也注重发挥“天人合一”“道法自然”等中华优秀传统思想资源的积极作用。

（三）生活观

培养学生建立“以人民为中心”“精益求精”“乐于奉献”的职业理想和职业道德。课程设计在“人民城市为人民”理念的引领下，从社会全面进步和全面发展出发，建设高品质人居环境。在培养学生规划设计表达能力的同时，还注重引导学生树立创新意识、合作意识和协调意识，形成积极向上的团队合作精神。

三、设计思路

将传统课程内容划分为理论回顾与政策讲解、现状分析与资源评价、空间划分与用途管控、区域统筹与城镇定位、国土空间用地结构与布局优化、支撑保障与实施运营六大模块（见图 1）。

“理论回顾与政策讲解”模块：通过解读国家国土空间规划体系框架、浙江省乡镇级国土空间总体规划编制技术要点、浙江省省市国土空间规划分区与用途分类指南等政策文件、技术标准，让学生掌握新时代国土空间总体规划编制新理念、新要求，以及乡镇国土空间总体规划主要任务、成果要求、编制方法。

“现状分析与资源评价”模块：通过文献查阅、实际案例讲解等方式，传授国土空间总体规划现状分析与资源评价的主要内容；通过现场调研等专业实践，了解城镇发展面临的问题与诉求；通过邀请企业导师举办国土空间总体规划基数转换专题讲座，让学生掌握国土空间现状基数处理能力。

“空间划分与用途管控”模块：通过规划用途分区与管控、规划控制线的划定与管控，掌握城镇全域资源要素现状剖析的内容和方法，形成绿色安全、健康宜居、开放协调、富有活力并具有特色的国土空间开发保护格局。

“区域统筹与城镇定位”模块：通过专题讲座等方式，掌握城镇流量空间转换基本思路；通过对居民点体系规划、城镇发展战略、定位和策略进行研究，掌握预测镇村未来发展趋势的基本能力。

“国土空间用地结构与布局优化”模块：通过案例解读、规划设计方案点评等方式，培养学生综合运用所学知识进行国土空间总体规划方案构思和表达的综合能力，掌握镇域与城镇开发边界内居住用地、工业用地、公共服务设施、绿地等各类空间要素布局要求及相互关系。

“支撑保障与实施运营”模块：熟悉产业发展规划与项目策划的基本知识与方法，掌握城乡道路交通系统、市政工程设施系统规划的基本知识与技能。

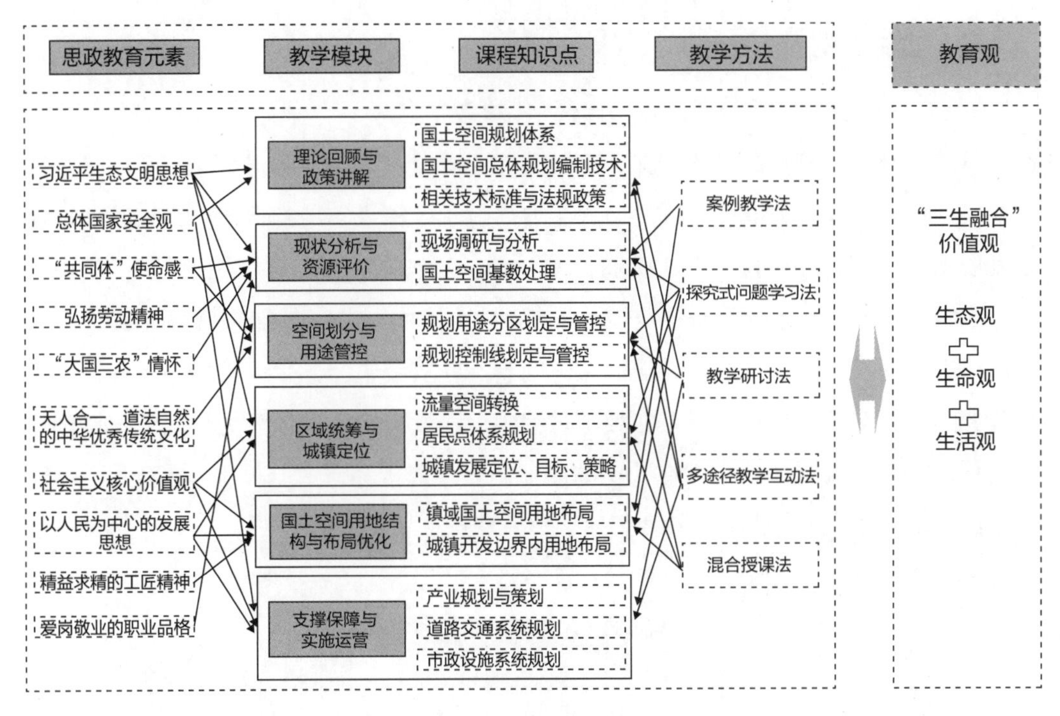

图1 “城市总体规划设计”课程设计思路

四、教学组织与方法

根据各模块知识特点有针对性地选择案例教学法、探究式问题学习法、教学研讨法、多途径教学互动法、混合授课法等教学方法，努力变被动传授式的学习为主动探索性的学习。同时，根据各模块的授课内容和方法，围绕政治认同、家国情怀、文化素养、宪法和法治精神、道德修养等进行课程思政内容系统性教授。

（一）思政引导的复合应用型人才培养

以“浙江精神”为引领，在教学环节中始终以生态观、生命观、生活观为指导，以

“三生”观促进思政教育与专业教育融合；明确课程思政改革的知识传授、能力培养和价值引领目标；激发学生学习探索的兴趣，培养学生综合解决实际问题的能力，全方位体现“立德树人”成效的培养目标。

（二）模块化的教学模式推进

立足提升学生学习的积极主动性和激发学生职业使命感的目标，转变教学思路和教学方法，将课程内容模块化与思政教育系统化相结合，寓价值观引导于知识传授和能力培养之中，把教学内容整合设置为六大模块，对应选择以“三生”观为核心的思政元素，优化课程的教学方法。

五、实施案例

（一）案例 1：“现状分析与资源评价”模块教学案例

“现状分析与资源评价”模块在整个“城市总体规划设计”课程教学体系中是指导后期规划设计实践的关键性基础环节。主要通过学生深入实地的调研、访谈，获取城市发展第一手资料。该模块共 12 课时。2016 年，教师结合该模块课程带领学生参与全国小城镇调研浙江组的调查研究工作。教师与同学们一起头顶烈日现场踏勘，对职能部门进行深入访谈，入户指导居民填写问卷。在实践中，学生大大增强了作为规划从业者的社会责任感和使命感。在教学过程中，以爱岗敬业价值观为导向，强调国土空间总体规划的编制必须建立在扎实的前期调查、分析和研究基础上；教育和引导学生弘扬劳动精神，在实践中增长智慧才干、锤炼意志品质（见图 2）。

图 2　“现状分析与资源评价”模块教学案例

（二）案例 2："空间划分与用途管控"模块教学案例

"空间划分与用途管控"模块的设立在于引导学生把握规划用途分区划定及具体管控要求，对理解村镇体系职能、土地资源管理等空间用途管制手段，掌握人口规模预测方法、用地适宜性评价与三区三线划定方法至关重要。该模块共 12 课时。为全面落实习近平生态文明思想，在"空间划分与用途管控"模块教学过程中，牢固树立"人与自然和谐共生"思想。该模块设置互动讨论环节，请同学们针对"人与自然的关系"展开讨论，并通过阶段汇报的形式提升学生与当地政府沟通及相互学习的能力（见图 3）。

图 3 "空间划分与用途管控"模块教学案例

（三）案例 3："国土空间用地结构与布局优化"模块教学案例

"国土空间用地结构与布局优化"模块旨在优化城镇开发边界内用地布局结构，该模块建立在前期理论回顾与政策讲解、现状分析与资源评价、区域统筹与城镇定位、空间划分与用途管控等教学模块的基础上，是"城市总体规划设计"课程中理论和实践的综合性应用模块。该模块共 18 课时。课程设置互动讨论环节，请同学们针对"用地结构""用地布局"等不同方案展开讨论，并通过阶段汇报的形式增强学生勇于探索的创新精神、善于解决问题的实践能力。坚持以人民为中心的发展思想，把人民群众关心的问题作为规划的聚焦点，针对这些问题，找到症结和短板，通过空间结构优化和功能布局完善，解决公共服务设施和基础设施不平衡、不充分的问题，营造更高品质的城乡人居环境，满足人民群众对美好生活的向往，提升人民群众的获得感、幸福感和安全感（见图 4）。

图 4 “国土空间用地结构与布局优化”模块教学案例

六、教学效果

“城市总体规划设计”课程与城乡高质量发展问题密切相关，以国土空间开发保护格局为切入点融合思政教学资源，培养学生积极的生态观、生命观、生活观，提升学生认知问题、思考问题、解决问题的能力。教学团队多次辅导学生参加国际、国家、省级的规划设计大赛。学生在国际和国内竞赛中成绩优异，其中国家级竞赛获奖 78 项（一等奖 7 项、二等奖 16 项、其他等级 55 项），省级竞赛获奖 100 余项(一等奖 15 项、二等奖 30 余项、其他等级 50 余项)。由城乡规划专业学生发起的“乡建社”在第五届中国“互联网 +”大学生创新创业大赛中获得银奖。此外获得各类城市设计竞赛奖 22 项、城乡社会调查竞赛奖 37 项、全国大学生乡村规划竞赛奖 16 项、挑战杯大学生课外学术竞赛奖 19 项，成绩斐然。

课程负责人：王岱霞
教学团队：陈玉娟、洪明
所在院系：设计与建筑学院城乡规划系

城乡道路与交通规划设计Ⅰ（对外交通）

一桥飞架南北，天堑变通途。更立西江石壁，截断巫山云雨，高峡出平湖。

——毛泽东《水调歌头·游泳》

一、课程概况

（一）课程简介

“城乡道路与交通规划设计Ⅰ（对外交通）”课程是针对城乡规划本科学生的专业必修课程，开设在三年级第一学期，总计1学分。课程讲授城市对外交通系统规划所需的思维方法、规划程序和分析技术，能够为城市总体规划和综合交通规划提供理论及方法支撑。课程既侧重对工程科学基本功的强化训练和系统思维的初步培养，又承担着价值观引导的功能。在新时代城市对外交通运输设施加快建设和质量提升的背景下，课程重要性更加凸显。

浙江工业大学城乡规划专业始建于2000年，在城乡规划专业人才培养计划中，“城乡道路与交通规划设计Ⅰ（对外交通）”课程一直是专业基础课程之一。经过几任教师的建设，也伴随着我国交通运输事业的快速发展，课程教学内容持续更新，不断融入交通运输事业新的成果，紧跟发展步伐。在课程思政改革目标引领下，课程建设取得了一定成效，连续3年入选校优课优酬。

（二）教学目标

1. 知识目标

熟知我国城市对外交通运输系统的发展现状及未来发展趋势；了解对外交通运输领域前沿发展动态；明晰对外交通运输与城市社会经济发展的相互促进关系；掌握各类交通运输方式的特点；掌握铁路、港口、公路、航空港、城市轨道交通的定义、分类分级体系和规划方法；掌握从区域和城市视角分析对外交通的思路和方法。

2. 能力目标

在系统掌握铁路、港口、公路、航空港、城市轨道交通等重大城市对外交通运输设施规划的基本理论和方法的基础上，培养学生灵活运用知识、系统分析问题、寻找解决方案的能力，为培养在城乡规划领域开展城市发展战略、城市总体规划、城市综合交通规划等工作的专业技术人才打下基础。

3. 价值目标

在专业知识传授中融入创新意识、社会责任、爱国情怀、国际视野、“四个自信”等题材与内容，帮助学生理解交通运输对城市发展和“交通强国”建设的重要意义，培养学生成为具有责任感、使命感，德智体美劳全面发展的新时期规划人才，实现为国育才、为党育人。知识传授、能力培养、价值塑造“三位一体”的课程教学总体目标如图 1 所示。

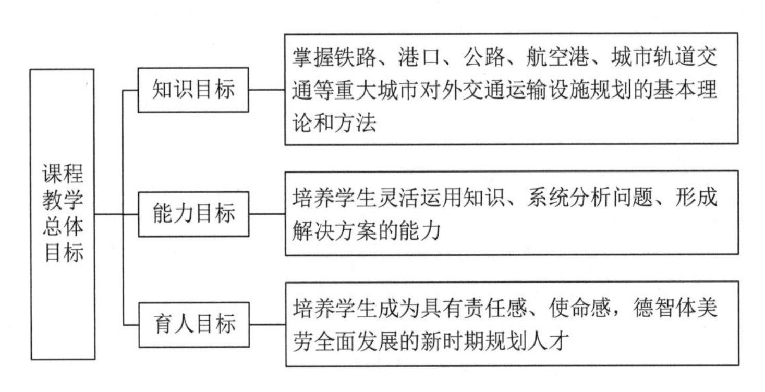

图 1　课程教学总体目标

二、思政元素

交通运输具有交融天地、联通万物的宏大格局，是保障国家安全、满足人民美好生活需要、支撑我国实现社会主义现代化的重要基础设施。课程围绕创新意识、爱国精神、“四个自信”展开思政教育。

（一）创新意识

课程设计突出体现我国交通装备（高速铁路、重载列车、大型邮轮、大型民用飞机等）发展对于交通运输规划的深远影响，让学生理解“创新是推动人类社会发展的第一动力”，鼓励学生树立改革创新的自觉意识，积极投身创新实践。

（二）爱国情怀

课程设计中积极融入交通运输对国土空间开发保护、城乡区域协调发展、生产力布局优化等方面具有重大意义的实际案例，让学生理解“交通强国”重大战略，培养学生爱国情怀和时代担当。

（三）**四个自信**

课程设计着重强调交通运输具有交融天地、联通万物的宏大格局，展现我国“开放合作面向全球、互利共赢”的决心，培养学生责任感、使命感，使学生成为具有道路自信、理论自信、制度自信、文化自信的新时代规划人才。

三、设计思路

课程重点讲授城市对外交通运输系统，包括铁路、水路、公路、航空、城市轨道交通等交通运输发展与规划的专业内容。在教学中注重结合思政元素引导学生加深对课程的理解，将专业知识与人文精神有机结合，让学生“愿意听且听得懂”，在润物细无声中达到思政教育目的。课程思政设计思路表 1 所示。

表 1　课程思政设计思路

章节	教学知识要点	思政元素映射点	预期效果
绪论	1. 掌握对外交通定义与构成 2. 了解对外交通与城市发展	科学发展：发展的实质与过程	理解事物发展的总趋势是前进的、上升的，道路是曲折的、迂回的，第一要义是发展
铁路交通运输发展与规划	1. 熟悉铁路线路的分类、等级和一般技术要求 2. 熟悉铁路车站类型及其布置形式 3. 掌握铁路在城市中的布置	我国高速铁路发展历程：创新意识、“四个自信”	了解高速铁路发展成就及对我国经济发展的重要影响，树立改革创新的自觉意识、积极投身创新实践
水路交通运输发展与规划	1. 熟悉港口分类、组成及其一般技术要求 2. 熟悉港口作业区 3. 掌握港口在城市中的布置	我国航运发展历程：创新意识、“四个自信”	了解我国民族工业由自主创新到世界领先的历程，树立改革创新的自觉意识，积极投身创新实践
公路交通运输发展与规划	1. 掌握公路的基本知识 2. 掌握公路网在城镇体系中的布置 3. 掌握公路布置与城市的关系 4. 熟悉公路汽车场站在城市中的布置 5. 了解公路货物和物流	港珠澳大桥建设：创新意识、爱国情怀	了解公路运输对人民美好生活的重用影响，理解成就出彩人生要将个人价值与国家发展相联系
航空交通运输发展与规划	1. 掌握机场的分类与分级 2. 熟悉机场的平面布置与用地规模 3. 掌握机场在城市中的布置	大兴机场建设：创新意识、爱国情怀	了解航空运输对社会发展的重要作用，理解成就出彩人生要将个人价值与国家发展相联系

续表

章节	教学知识要点	思政元素映射点	预期效果
城市轨道交通运输发展与规划	1. 熟悉城市轨道交通的定义和特点 2. 掌握城市轨道交通分类 3. 熟悉城市轨道交通线网规划	新基建：创新意识、爱国情怀	了解新基建对产业转型升级的重要意义，引导学生增强本领、勇于担当，用实际行动为新时代贡献青春力量
交通运输一体化与枢纽规划设计	1. 熟悉交通运输一体化发展趋势 2. 了解城市交通运输一体化规划 3. 了解综合客运枢纽规划与设计	国家综合立体交通网规划：爱国情怀、“四个自信”	理解交通强国建设的重要意义，引导学生增强本领、勇于担当，用实际行动为新时代贡献青春力量

四、教学组织与方法

灵活使用案例教学法和启发式教学法，注重培养学生思考、分析、解决问题的能力，而不是让学生死记硬背知识点。在教学中结合最新的交通运输规划典型案例，增加课程趣味性，提高课堂实效性，增强学生的实践意识，培养学生的辩证唯物主义思想。例如，从“中国高速铁路发展”案例中引导学生明确“创新是推动人类社会发展的第一动力”，使学生树立改革创新的自觉意识，积极投身创新实践；从“港珠澳大桥建设”案例中引导学生明确“在普通岗位上胸怀大我、奋勇争先彰显当代中国的时代精神”，使学生增强独立思考分析能力，发扬艰苦奋斗精神。

五、实施案例

（一）案例 1：展示行业成就，树立创新意识

在课程教学过程中，将我国交通运输发展的巨大成就融入教学内容，帮助学生树立创新意识。例如，在“水路运输发展与规划”章节，通过视频和数据分析，向学生展示中国集装箱运输世界领先的地位，唤起学生的爱国情怀，增强学生的民族自豪感，让学生真切感受到我国民族工业自主创新、世界领先的文化自信；在“铁路交通运输发展与规划”章节，通过图片和背后的故事展示中国高速铁路的发展沿革（见图 2），让学生真切感受到中国铁路装备制造行业不断创新直至世界领先的伟大成就，使学生树立开拓创新、追求卓越的理想信念。

图 2　中国高铁

（二）案例 2：培养社会责任，厚植爱国情怀

社会主义核心价值观教育是新时代高校思想政治教育的重要内容，对于即将踏入社会的大学生来说，只有将社会责任教育融入专业课程教学过程中才能真正实现内化于心、外化于行。在“公路交通运输发展与规划”章节，通过对港珠澳大桥建设案例的讲解，让学生理解“一个国家逢山开路、遇水架桥的奋斗精神，勇创世界一流的民族志气”，培养学生的爱国情怀，为“交通强国”建设尽自己的一臂之力（见图 3）。

图 3　港珠澳大桥

（三）案例 3：紧跟时代前沿，拓宽国际视野

交通运输发展能有效促进国土空间开发保护、城乡区域协调发展、生产力布局优化，对经济社会发展有着基础性、先导性、战略性和服务性作用。在“交通运输一体化与枢纽设计”章节，通过对国家综合立体交通网规划中围绕陆海内外联动、东西双向互济格局形成的陆海空统筹的运输网络的介绍（见图 4），使学生了解中国构建人类命运共同体的大国担当，培养学生形成国际视野，坚定“四个自信”。

图 4　北京大兴国际机场

六、教学效果

本课程受到了专业学生的广泛好评，近 3 年来连续获评校优课优酬。教学团队于 2019 年立项校级教改项目“新工科背景下数据科学融入城乡规划专业课程改革研究”，结合教改实施，发表 B 类期刊教学论文 1 篇。主讲教师在 2021 年校第十届“我最喜爱的老师”活动中荣获兢兢业业奖。

依托课程建设，学生积极参与了由全国高等学校城乡规划学科专业指导委员会主办的全国城市交通出行创新实践竞赛和世界规划教育组织主办的学生作品国际竞赛，累计获奖 10 余项。竞赛作品还获得国际摄影测量与遥感协会科学倡议数据开放大赛一等奖（见图 5、图 6）。

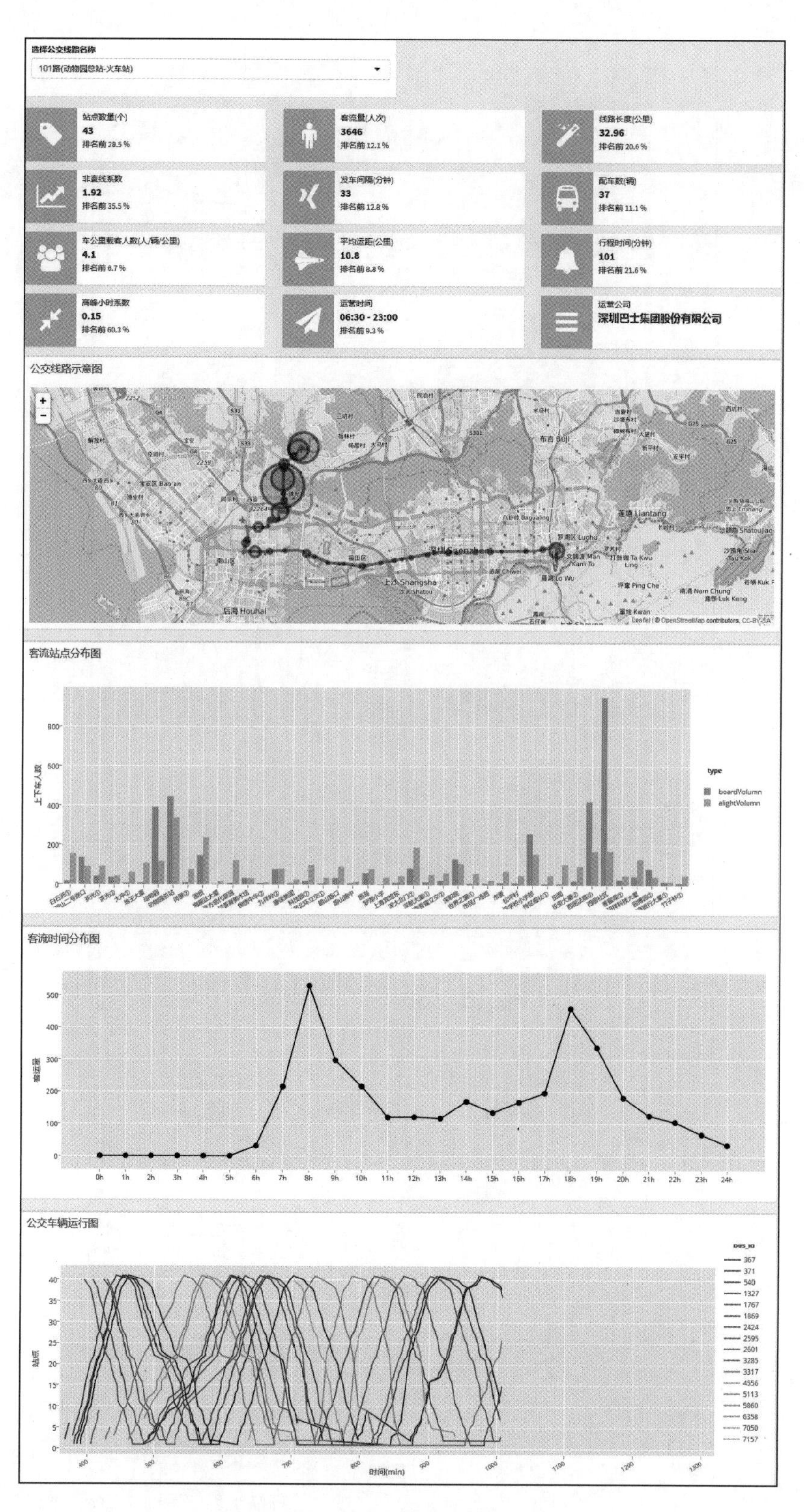

图 5　学生竞赛作品截图 1

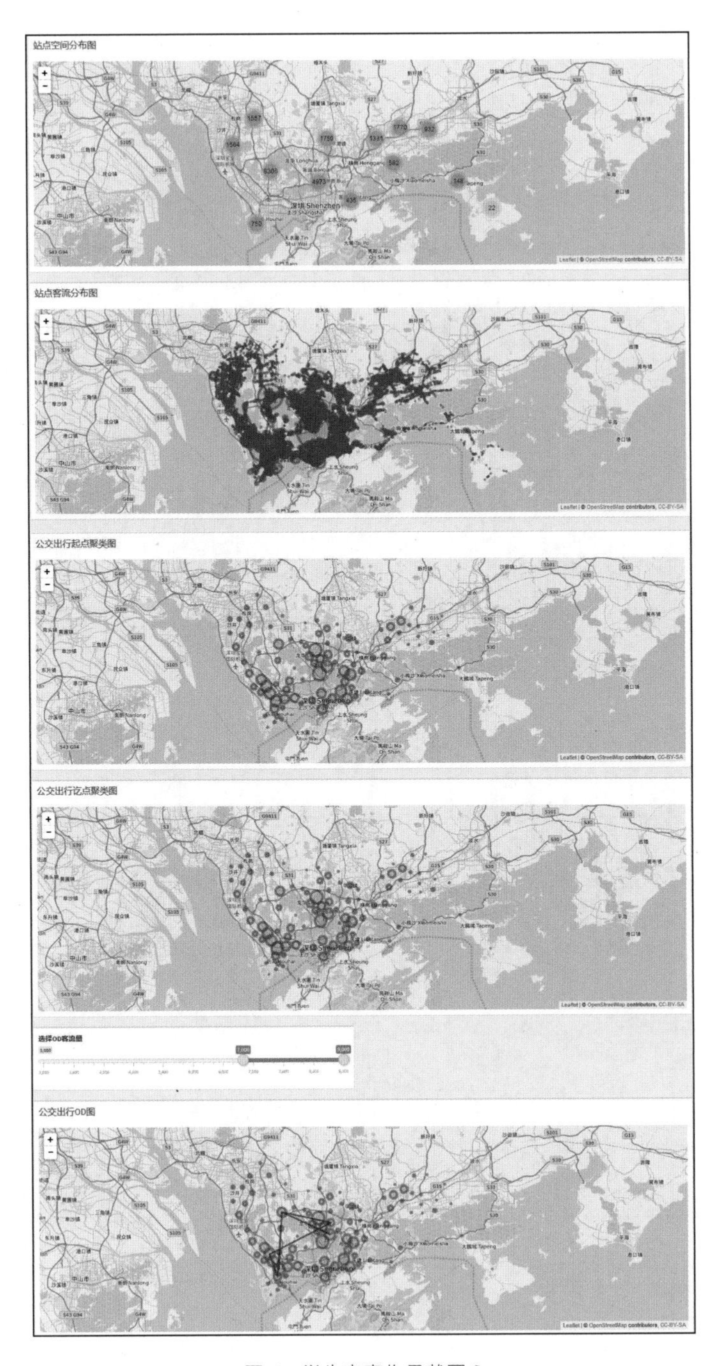

图 6　学生竞赛作品截图 2

课程负责人：邓一凌

所在院系：设计与建筑学院城乡规划系

城乡社会综合调查研究

要了解客观实际，就必须深入群众、深入实践进行调查研究，把客观存在的事实搞清楚，把事物的内部和外部联系弄明白，从中找出能够解决问题、符合群众要求的办法来。①

——习近平

一、课程概况

（一）课程简介

“城乡社会综合调查研究”课程秉持浙江工业大学“以浙江精神办学，与区域经济互动”的办学理念与宗旨，以培养“精于空间规划设计、通于人文社科知识”的城乡规划人才为目标。课程教学将习近平新时代中国特色社会主义思想作为重要指导思想，抓住“培养学生善于社会综合实践、敢于协调城乡社会群体利益、勇于追求城乡空间社会公平”的课程“思政点”，使学生全面深入了解城乡经济、社会、环境与空间的互动关系，深入认识和解析城乡“社会—空间”复杂系统，提高对城乡各种现象、问题观察与调查研究的能力，掌握城乡问题研究方法和调查组织方式，具备对现状调查资料整理、分析和归纳的能力，以及撰写调查报告和专题研究报告的能力，培养学生对城乡发展问题的综合分析和解决的技能。

“城乡社会综合调查研究”是城乡规划专业的专业必修课程，开设在四年级第二学期，计 2 学分，共 32 个学时。课程教学以专业技能知识学习为载体，着重培养学生的社会责任、家国情怀、科学精神与人文素养，形成以人民为中心的实践价值观。指导学生在各类社会实践活动中取得卓越成绩。取得的成绩包括：（1）积极参与“互联

① 《领导干部“三严三实”学习读本》编写组. 领导干部“三严三实”学习读本[M]. 北京：人民出版社，2015：107.

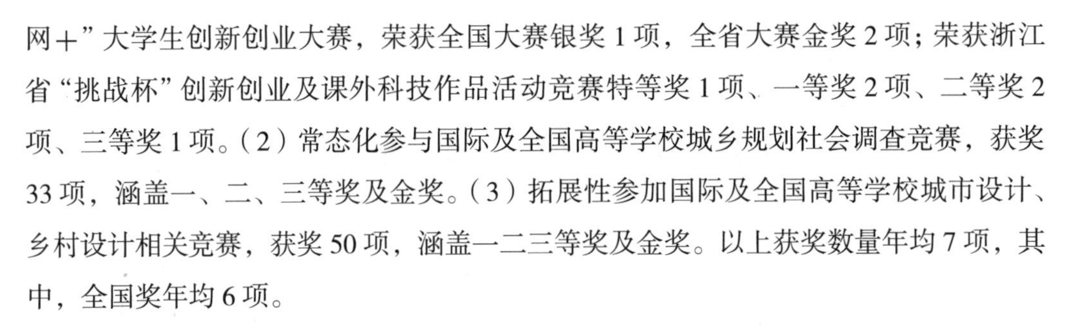

网＋”大学生创新创业大赛，荣获全国大赛银奖1项，全省大赛金奖2项；荣获浙江省“挑战杯”创新创业及课外科技作品活动竞赛特等奖1项、一等奖2项、二等奖2项、三等奖1项。（2）常态化参与国际及全国高等学校城乡规划社会调查竞赛，获奖33项，涵盖一、二、三等奖及金奖。（3）拓展性参加国际及全国高等学校城市设计、乡村设计相关竞赛，获奖50项，涵盖一二三等奖及金奖。以上获奖数量年均7项，其中，全国奖年均6项。

（二）教学目标

本课程旨在使学生掌握城乡社会调查的基本方法和思路，提升学生对城乡社会问题进行逻辑分析的能力，最终使学生树立城乡规划公平正义价值观。

1. 价值观目标

坚持马克思主义的立场、观点，遵循中国特色社会主义理想信念教育，开展社会主义核心价值观教育，引导学生在城乡社会调查过程中树立正确的世界观、人生观、价值观，坚定中国特色社会主义道路自信、理论自信、制度自信、文化自信。

2. 认知能力目标

结合我国城乡发展和管理的现实问题，使学生全面了解城乡社会研究的基本内容，重点掌握城乡社会发展的演变规律及未来趋势，明晰城乡社会调查在城乡规划和研究中的工作内涵。

3. 知识技能目标

使学生掌握城乡社会调查的基本知识、基本原理、基本方法和分析思路，培养团队合作能力和报告撰写能力，并使学生成为符合我国社会主义经济建设需要的德、智、体全面发展的、适应需要的、实务型人才。

（三）课程沿革

1. 初显成效：2006—2010年

课程积极关注居住小区、历史街区、新农村、保障房、城乡安居工程等规划建设中的社会问题，调查成果显著，在全国学科专业竞赛中获奖9项，相关城市设计作品获奖8项，其中二、三等奖7项。

2. 质量提升：2011—2015年

课程重点关注城乡发展过程中出现的新问题，如公共空间、新市民、交通出行、乡村建设等，调查成果在质和量方面都有所突破。在全国学科专业竞赛中社会调查获奖17项，城市设计作品获奖8项，其中一等奖1项，二、三等奖10项，并参与了同期浙江省挑战杯竞赛活动，取得一、二、三等奖共3项。出版教材《城乡空间社会调查》，至今印刷 5 次，累计印数 4625 册。荣获 2012 年浙江工业大学教学成果一等奖，并完成校级优秀课程建设项目。

3. 品牌树立：2016 年至今

紧密结合新型城镇化和乡村振兴两大国家战略，聚焦城乡社会问题，依托课程建设衍生出系列教学品牌。一是指导学生荣获中国“互联网 +”大学生创新创业大赛银奖 1 项，浙江省大赛金奖 2 项，浙江省挑战杯特等奖及一、二等奖各 1 项。二是指导学生在全国学科专业竞赛中，社会调查获奖 13 项，城市设计作品获奖 11 项，乡村设计作品获奖 20 项。三是出版《浙江工业大学城乡规划专业社会调查优秀作品集》《浙江工业大学城乡规划专业城市设计优秀作品集》《乡村规划与设计》等教材及参考书。其中，新修编《城乡空间社会调查》入选住房和城乡建设部“十四五”全国高等学校规划教材。

二、思政元素

“城乡社会综合调查研究”课程要求学生具有分析城乡社会问题的理论和实践能力，既能“仰望星空”（价值观培养、理论学习），又能“脚踏实地”（调查研究、规划实践），在“精”于物质空间设计的同时，强调“通”于人文社科素养，以弥补传统城乡规划专业过于强调工科特色，而导致在规划实践中社会调查深度不足的问题。

（一）以人为本，强化大学生思政教育建设

突出价值引领与专业实践相契合，引导学生将社会调查实践与实现民族复兴的中国梦相结合，将思想政治教育、专业教育和社会服务紧密融合，培养学生认识社会、研究社会、理解社会、服务社会的意识和能力，使之具备强烈的公共情怀与人本主义精神。

（二）不断创新，提升理论与方法教学水平

多元教学方法、教会学生敢于挑战城乡社会实践领域的“难题”和“深水区”，突破惯性思维，深度分析，大胆质疑，勇于创新。结合专业调查实践，注重马克思主义立场、观点和方法教育，掌握调查、规划、设计、表达等专业技能，全面提高学生缘事析理、明辨是非的能力。

（三）实事求是，增强社会综合调查实践能力

注重培养求真务实、实践创新、精益求精的社会调查能力，将课程实践流程、实践环节、实践内容与人才知识和技能培养相结合，完善学生的科学、技术、工程、人文等不同层面的知识结构，使之具备研究城乡“社会—空间”复杂系统、解决城乡规划

建设复杂问题的能力，以更好地适应新时代经济社会发展与建设的需求。

三、设计思路

“城乡社会综合调查研究”课程教学主要围绕以下 3 个环节展开（见表 1）。

1. 充实完善实践教学内容

在课程中安排 1/3 的教学时间重点开展城乡社会调查方面的选题、调查、分析及撰写等方法及规范的讲授。在调查选题过程中，要求一定要以兴趣和问题为导向，调查题目具有理论与实践方面的背景和意义。

2. 实施“竞赛嵌入式”的教学激励机制

通过参与当年国际及全国竞赛持续激发学生的动力、潜力和能力，提高学习和实践过程中的积极性、主动性和创造性，使实践学习时间由课内延伸到课外，由学期内延伸到学期外，扩充了课堂内外教学时间。

3. 组建多元协同实践教学联盟

形成由高校、设计院、开发企业和地方共同组成的多元协同实践教学联盟，实施“共学（课堂内外）、共创（社会调查与社会咨询）、共享（调查报告与规划设计）”的教学组织模式，在城乡区域研究、城市规划设计、乡村规划设计方面取得了显著成效。

表 1　“城乡社会综合调查研究”课程教学设计与主要内容

教学主题	实践教学	理论教学	能力培养	思政教育
城乡社会调查研究概述（6学时）	（1）研究概述 （2）选题与分组	课程背景与意义、基本概念与理论、选题方法与途径	了解该课程设置的意义，理解城乡社会空间的相关概念。掌握选题的重要性及原则，对于选题的方法有基本的探讨，初步认识选题的途径	教会学生在城乡问题认知实践中运用马克思主义的立场、观点和方法，培养学生掌握社会综合调查的理论与方法，懂得辨析社会调查的不同类别。进行社会主义核心价值观教育，提高学生对于选题的认识，重视学生发现问题的意识培养，普及选题的基本知识
城乡社会实践调查设计（6学时）	（1）调研大纲设计 （2）问卷设计 （3）初步调查	研究构建调查类型、调查方法	掌握课题的研究目的、研究对象，熟悉社会指标建立的几种方法。掌握课题调研的方法，在掌握的基础上能够对问卷进行初步的设计	坚持马克思主义的立场、观点和方法，提高学生对研究方法的认识，扩宽学生视野，培养创新思考力。增强学生对于调研的感知，激发学生对于事物的好奇心。增加学生对于调研信息的认知，扩宽学生视野

续表

教学主题	实践教学	理论教学	能力培养	思政教育
城乡社会实践调查开展（6学时）	（1）实例评析 （2）调研汇报 （3）实践调查 （4）数据整理	调查方法应用与指导、数据资料整理与分析、调查结果反馈与讨论	掌握文字资料、数字资料的处理方法，了解并能实现空间数据处理。掌握文字资料整理、数字资料整理以及空间数据处理的经典方法	教会学生在城乡社会调查实践中运用马克思主义的立场、观点和方法，加深学生对于调研的认知能力，提高学生独立思考能力，培养学生综合思考能力。加深学生对于资料整理的基本认识，培养学生的思考能力以及观察能力。增强学生的创新能力，扩充知识体系，培养学生实践能力
城乡社会调查报告撰写与指导（6学时）	（1）调研数据分析指导 （2）调研报告撰写 （3）调研报告完善与指导	定量与定性综合分析方法、报告撰写要点、报告汇报与讨论	掌握经典的统计分析方法及单变量、多变量的统计分析，并将统计分析在报告中使用。掌握撰写报告的基本方法与方式。对报告进行进一步修改，掌握报告撰写的逻辑性与严谨性	坚持马克思主义的立场、观点和方法，提高学生对于统计经典方法的认识，增强学生的理性分析意识，培养学生创新意识以及独立思考能力。培养学生对于报告组织的理解能力，培养学生文字撰写能力与逻辑思维能力。拓宽学生知识面，提升学生文笔能力与思考能力，扎实补充学生基本功训练
城乡社会调查报告完善与参赛（8学时）	（1）调研报告指导 （2）调研报告点评与完善 （3）调研报告完善与参赛	教师对报告进行指导、报告点评与修改、总结提交竞赛成果、成绩评定	提升报告撰写水平，掌握报告中语言组织与逻辑组织关系。掌握汇报的基本要求，明确汇报的语言组织	坚定中国特色社会主义城市发展道路自信、理论自信、制度自信、文化自信。激发学生对于调查报告撰写的积极性，增强学生实践能力和创新能力。引导学生在城乡社会调查中树立正确的世界观、人生观、价值观，培养学生的演讲能力，鼓励学生勇于创新，积极参与研究

四、教学组织与方法

课程以“竞赛嵌入”理念组织教学，坚持“以赛促学，以赛促教，以赛促评”。采用“理论讲授 + 案例分析 + 专题研究”的教学方式，这样既可以让学生接受课堂理论的讲解，又能够理解规划实践案例的要点，促进了学生的个性化及主动性学习。课程教学应用任务式、合作式、项目式、探究式等教学方法，体现以教师为主导、以学生为主体的教学理念，形成以教师引导和启发、学生积极主动参与为主要特征的教学常态，推动课程教学走上以“探究”“创新”等核心素质培养为主线的道路。

在课程成绩评定环节中，一是采用全方位、分阶段、多维度的考核方式，在价值观培养、理论方法学习、实践能力提升方面均有相应的成绩评定，形成“思政教育表现＋知识技能掌握＋社会调查质量”相结合的统一加权总成绩。二是本课程鼓励各小组积极参与课外实践综合调研，邀请相关专业教师参与综合评定，有利于课程考核的客观性。三是引入课外竞赛环节，极大提升了该门课程的教学效果，考核良好或优秀的作业大部分都能够在全国竞赛中获得嘉奖。

五、实践案例

（一）案例 1：“乡村建设与乡村振兴社会调查”教学实践案例

以杭州市西湖区外桐坞村为例，开展艺术化视角下的乡村振兴社会调查，从中发现，村庄发展演变经历了社会空间转换过程，分别形成了生产生活空间、艺术创意空间、创意旅游消费空间，随着创意阶层、地方政府、市场资本、游客等外部动力主体的介入，持续推动了杭州边缘村庄的乡村建设和乡村振兴。

（1）初期阶段：村庄人口外流，产业单一，生活设施简陋，属于传统落后的村庄。（2）启动阶段：2003 年浙江省“千万工程”实施以来，村庄环境得到大幅度改善，为艺术化村落形成奠定了基础。（3）发育阶段：利用中国美术学院进入村庄开展画室租赁及展览契机，村庄产业得到多元化发展，并获得杭州市首批风情小镇资助。（4）成熟阶段：包括外桐坞在内的龙坞茶镇获得浙江省特色小镇称号，人流、资本流及政策支撑持续投入，村庄迎来成熟发展时期。通过深入社会调查，提高了学生对浙江省乡村振兴的实践认知，增强了学生积极参与乡村振兴和乡村建设的积极性和主动性，增强了乡建事业自豪感。

（二）案例 2：“公众参与背景下城市规划典型冲突事件调查”教学实践案例

该社会调查从利益相关者视角出发，以公众参与为导向，针对杭州市德胜快速路（上塘河—保俶北路段）工程建设过程所产生的邻避设施冲突事件进行社会调查，深入剖析公众参与在城市规划领域冲突事件中的影响，总结出城市规划中公众参与存在的突出问题，进而探究如何在不同的公共决策过程中引进公众参与，以达到降低或避免城市规划领域邻避设施建设过程中冲突风险的目的。社会调查过程包括三个环节：（1）初步了解公众对城市规划公众参与的基本认知，及地方政府在公共决策过程中和社会公众的互动情况。（2）探究在城市邻避设施建设过程中公众参与存在的一般问题，及在产生冲突事件的关系以及影响作用。（3）提出城市规划实施过程中的公众参与运行框架体系及相关政策建议，降低或避免城市规划领域邻避设施建设过程中的冲突风险。通过深入社会调查，提高了学生对城市建设问题的实践认知，增强了学生作为规划从业者的社会责任感和使命感，树立了学生社会公平价值观。

（三）案例 3：“城乡社区更新改造”教学实践案例

以杭州市实施的老旧小区庭院改造工程为调查对象，探究庭院改善工程的实际成效，以及社区居民的满意度评价，为进一步开展老旧社区更新改造提供决策支持（见图 1）。该调查根据老旧小区改造的实际情况，围绕景观、功能与管理三个方面，开展全市范围内的问卷测评，结合对比政府的改造力度，探究居民的满意度特征和需求度趋向，以及政府改造力度和居民意愿之间的错位现象，以此来评价杭州市庭院改善工程的实效性。通过深入社会调查，提高了学生对老旧小区改造的实践认知，增强了学生作为规划从业者的社会责任感和使命感，树立了“以人民为中心”的城乡规划建设价值观。

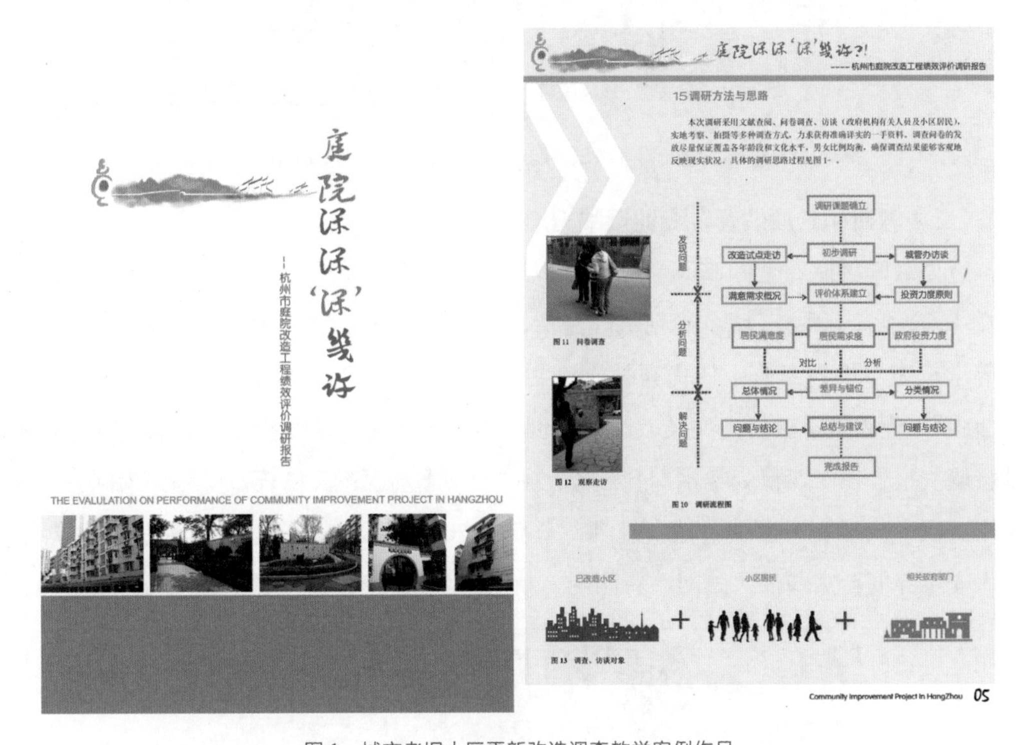

图 1　城市老旧小区更新改造调查教学案例作品

六、教学效果

（一）教学质量稳步提升，人才培养成果显著

依托该课程开设，本专业学生荣获全国大学生专业竞赛奖励共计 66 次，中国“互联网＋”大学生创新创业大赛银奖 1 次，浙江省“互联网 +”及挑战杯竞赛奖励 10 次，乡村设计类竞赛奖励 20 次。2021 年在世界规划教育组织、国际工程科技知识中心智能城市分平台举办的城市可持续调研报告和城市设计国际竞赛中，荣获 6 项提名奖，其中 3 项荣获金奖，课程作品质量提升明显（见图 2）。

图 2　全国高等学校城乡规划学科社会调研作品获奖证书

（二）教研相长成效好，专业影响力增强

近期教学团队在全国高等学校城乡规划学科专业指导委员会年会上发表教学研究论文 10 余篇，其中，《城乡规划法实施后的城市规划教学体系优化探索》曾获得全国高等学校城乡规划专业十佳优秀教学论文，《实践引领下的“竞赛嵌入”式教学设计》获 2018 年优秀教学教研论文及教学实验创新奖。近 5 年以学生为主要作者，基于城乡社会调查报告在专业权威学术期刊《城市规划》杂志发表论文 5 篇，受到国内同行广泛引用。以上成果有力推动了城乡规划专业获批 2020 年度国家级一流本科专业建设点，其人才培养创新实践在人民网、新闻网、新浪网及浙江三大媒体上广泛报道（见图 3）。

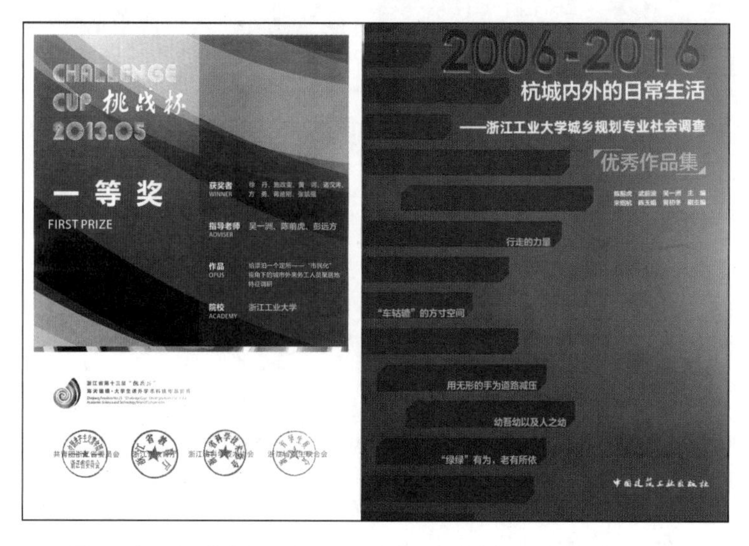

图 3　浙江省“挑战杯”大学生社会调研作品获奖及优秀作品集出版

（三）社会实践成就突出，应用服务影响广泛

基于城乡社会综合实践调查，相关师生广泛参与了浙江省村镇建设、乡村振兴以及老旧社区改造等社会服务工作，成效斐然。其中，参与规划建设的浙江新昌镜岭镇实践基地（见图 4），荣获 2018 年联合国“地球卫士奖”；在浙江浦江、嘉善、黄岩、天台等实践基地多次举办了国家级和省级乡村规划设计大赛，国内近 70 所院校积极参与，反响热烈，孕育了 2021 年社会实践全国一流课程“乡建实践”；相继参与杭州红梅未来社区、瓜山未来社区，以及衢州礼贤未来社区等规划建设工作，打造了一批由师生共同主创设计并付诸实施的特色小镇、网红乡村，深受社会广泛认可与肯定。

图 4　浙江省各地方产学研社会实践调查基地建设

课程负责人：武前波

教学团队：吴一洲、邓一凌、朱凯、陈梦微、王安琪

所在院系：设计与建筑学院城乡规划系

风景园林规划设计

城市建设必须把让人民宜居安居放在首位，把最好的资源留给人民。①

——习近平

一、课程概况

（一）课程简介

“风景园林规划设计”课程是城乡规划专业的必修课，是培养适应国家城乡建设发展需要，富有社会责任感、团队精神和创新思维，具有文化自信、家国情怀、工匠精神，从事城乡规划设计实践的高级专门人才的重要课程。“风景园林规划设计”是一门综合性、应用性很强的设计课程，需要结合前期（先导）学习的“设计基础”“中外古典园林概论”“植物景观规划设计概论”等专业知识、技能；同时对“居住区规划设计”“城市更新与设计”“乡村规划与设计”等专业核心骨干课程的学习具有重要支撑作用。

课程教学整体上设置风景园林规划设计基本理论方法概述和课程设计两大部分、两个阶段，以课程设计为主，通过课堂教学、认知调查、实践教学三种教学形式完成。在风景园林规划设计基本理论部分，以课堂教学为主，向学生讲述风景园林规划设计简史、基本原理、设计要素、一般程序与基本方法；专项讲述新居住区景观设计、既有居住区景观更新设计的基本方法与案例。在课程设计阶段，通过认知调查、设计实践教学，以“真题真做”或“真题假做”的形式让学生掌握居住区景观规划设计的专业技能。

在浙江工业大学城乡规划专业的人才培养方案中，“风景园林规划设计”开设在三

① 习近平.浦东开发开放30周年庆祝大会上的讲话（2020年11月12日）[N].人民日报，2020-11-13（02）.

年级第一学期，计3学分，共64学时。在教学设计与教学过程，重视对浙江省作为“两山理论发源地、美丽中国建设、共同富裕示范区”等国家政策的阐述，培养学生的家国情怀和使命担当。使学生切身理解作为当代规划设计师应具有为人民建设美好城市的使命感与责任感，形成正确的职业观，自觉践行“人民城市人民建，人民城市为人民”理念。

（二）教学目标

1. 知识目标

（1）基本掌握风景园林规划设计的基本理论与方法。

（2）基本掌握居住区景观设计的一般流程与基本方法。

（3）基本掌握乡村景观规划设计的一般流程与基本方法。

2. 能力目标

（1）调查能力：具有设计场地（以内为主，内外兼顾）的基础本底特性与特质发现与洞察能力；具有从场地未来与当前景观使用者的视角进行景观社会信息收集的能力；理解景观是以为人服务、满足人需求的根本特性。

（2）分析能力：能够对调查信息从自然生态视角、社会需求、文化视角等解构、解析，归纳演绎景观规划设计方案的适宜性、可能性。

（3）规划能力：能够综合使用者需求、景观均好性、景观全龄化、景观全时化、景观全季化，对景观规划结构、功能分布、道路系统等做出统筹安排。同时，对景观细节特色（植物景观形式、铺地景观形式、景观照明体系、景观水系构成与类型、景观地形等）设计进行构想，明确初步景观意向。

（4）设计能力：将景观规划与景观意向构思内容进行规范，同时能够将规划设计成果进行版面设计与展示。

3. 价值目标

（1）科学的生态观：增强学生“尊重自然、顺应自然、保护自然与利用自然”的意识，提升学生的环境负责型“低影响设计·低维护设计”的职业责任感。

（2）正确的生命观：引导学生建立人与自然生命共同体的职业使命感，深刻理解保护生物多样性的重要意义与价值，并能够在设计中尽可能展现。

（3）积极的生活观：培养学生切实践行“以人为本”的设计理念，设计创造美好人居环境、设计满足人们对高品质景观生活需求的职业价值观。

二、思政元素

（一）天人合一

“天人合一”是中国古代的杰出景观哲学财富，是倡导人居环境与自然和谐依存的朴素生态设计观。课程教学的理论教学、设计场地调研分析、优秀设计案例解析体现了“天人合一”的设计智慧，在学生景观规划设计与教师指导规划设计方案过程中，提升对自然元素的理解、尊重与科学利用。积极践行“低影响设计·低维护设计”的设计理念，追求“天、地、人、风、水”的有机结合，保护青山绿水，以设计促进可持续性发展。

（二）文化自信

中国曾被誉为“世界园林之母”，具有光辉灿烂的景观文化，中国传统的景观设计智慧与技艺居于世界领先水平。在课程教学的理论教学、优秀设计案例解析、景观规划设计方案指导过程中，传授与引导学生积极学习、创新应用我国的传统景观设计智慧与手法。“古为今用”，在当代语境下演绎新中式景观。增强学生对祖国传统园林景观文化的自信，使每一位学生自觉成为我国传统景观文化的发扬者、传播者。

（三）家国情怀

“家国情怀”在增强民族凝聚力、建设美丽环境、提高人们幸福感与获得感等方面都有重要的时代价值。在课程教学的理论教学、设计场地调研分析、优秀设计案例解析等环节，向学生讲述新农村建设、美丽乡村建设、老旧小区改造等国家政策和政策导向，使广大学生真实地认识到中国共产党执政为民的治国理念、中国特色社会主义制度的优越性，使每一位学生都能够自主成为我国国家制度的维护者和国家建设者。

（四）工匠精神

景观设计与建造蕴含深厚的工匠精神。在古代，我国涌现出大量技艺精湛的造园家，促成我国的景观造园技术领先世界；在近现代，同样也有大量享誉世界的造园家、景观设计师打造出经典作品在世界展现中国风采。在课程教学的理论教学、设计场地调研分析、优秀设计案例解析、设计指导等环节，将我国古代与近现代的追求卓越设计作品的造园家和设计师的工匠精神、匠人追求向同学讲述，使学生通过设计实践亲身体验职业责任感和荣誉感的力量，逐步将抽象的工匠精神内化为个人职业追求。

三、设计思路

“风景园林规划设计”教学整体上设置风景园林规划设计基本理论方法概述和课程设计两大部分，包括理论知识讲述、设计交流指导、设计成果汇报 3 个教学模块。引导学生形成正确的职业责任感、使命感和职业价值观。在课程教学的 3 个教学模块中全过程、全环节融入思政教育内容，将立德树人，德育智育相结合（见表 1）。

表 1 “风景园林规划设计”课程思政设计思路

教学模块	思政元素	教学内容	作业要求	专业知识	教学案例
模块一 理论知识讲述	天人合一 文化自信 家国情怀	讲授风景园林规划设计的基本原理与方法	典型案例收集与解析 （汇报 PPT 制作）	景观设计经典风格 景观设计一般流程 景观设计一般内容	近年优秀（或获奖）景观设计案例
模块二 设计讨论指导	天人合一 文化自信 工匠精神	设计任务书讲解 设计场地调研 调研信息解析 设计方案指导交流 （总体方案、节点设计、成果排版）	设计场地调研分析 （PPT 制作与汇报） 案例研究分析 （PPT 制作与汇报） 方案设计与交流 节点设计与交流 成果制作与交流	场地调研方法 调研信息分析方法 景观设计步骤 景观设计内容	设计任务相似/近的优秀（或获奖）作品
模块三 设计成果汇报	家国情怀 文化自信 工匠精神	成果制作 成果汇报（PPT） 成果展示（KT 板） 公开评图与交流	完成最终设计成果制作 提交设计成果	设计成果汇报锻炼 设计成果排版	往届优秀课程设计作业

四、教学组织与方法

根据城乡规划专业人才培养的能力要求与目标定位，确定“风景园林规划设计”课定位——做好配角，服务主角，即在城市规划专业培养计划中，实现有限风景园林 / 景观方面课程作用的最大化。确定城市规划专业学生“风景园林 / 景观”方面的知识与技能的有限性培养目标——不求全，但求通，即不要求规划专业学生掌握全部或大部分风景园林 / 景观规划设计项目类型；但要能够通晓某一类型风景园林 / 景观项目的规划设计技能。探索在城市规划专业培养计划下实现学生有限的“风景园林 / 景观”方面的知识与技能培养。

因此，基于城乡规划专业教学特色与资源，以配合、辅助专业核心（特色）课为目标，实施“竞赛嵌入式”教学，从教学内容、教师配备、教学方法与成绩评定等全方位配合实施“风景园林规划设计”教学（见图 1）。

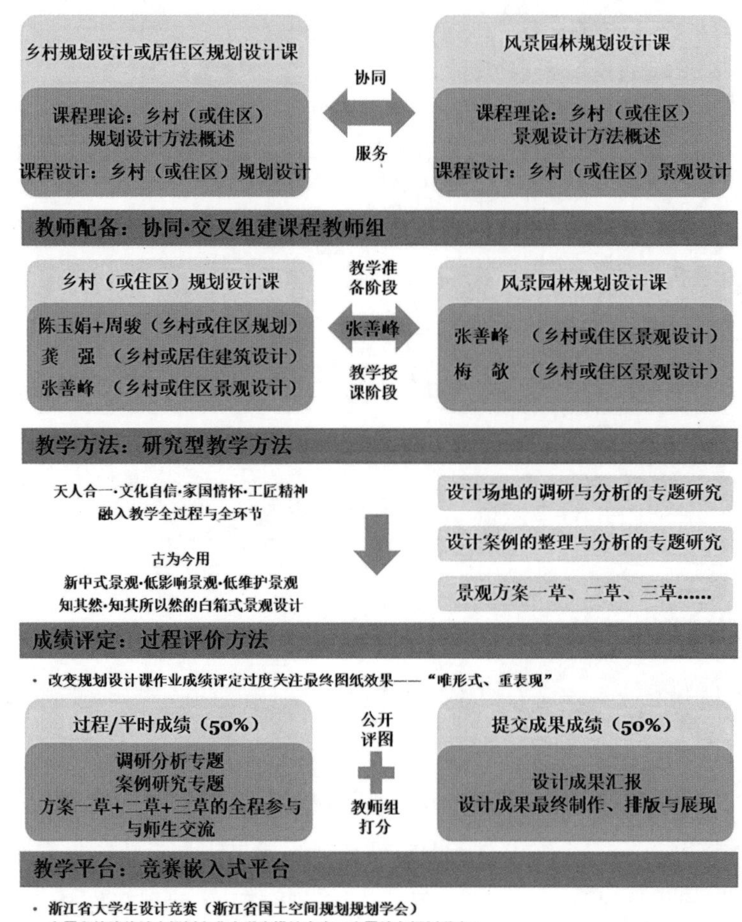

图 1　“风景园林规划设计”教学组织与方法

五、实施案例

（一）案例 1：乡村景观规划与设计

在浙江省美丽乡村建设是中国新农村建设样板的背景下，“风景园林规划设计”课与“乡村规划设计”课协同，将课程设计选题确定为“乡村景观规划设计”。在课程教学实施的过程中，全面导入天人合一、家国情怀、文化自然等思政元素，培养学生形成健康的职业价值观，增强责任感与使命感。课程设计任务（基地）为杭州市临安区石门村规划设计。该方案挖掘石门村丰富的“绿水、青山、农田”资源、古石文化资源、古建筑资源，从生态资源保护利用、文化资源传承利用、“生态 + 文态”融合等产业策略入手，完成石门村村域规划、村庄规划、详细设计三个尺度的设计工作（见图2）。作品突出体现设计对于美丽乡村建设国家战略、共同富裕战略的关注，表现了设计者良好的社会责任感和职业价值观。“竞赛嵌入式”教学的背景下，课程设计成果获得“2020 年度全国高等院校大学生乡村规划方案竞赛优秀奖”。

图 2　乡村景观规划与设计教学案例作品

（二）案例 2：既有住区景观微更新设计

城市老旧小区改造是国家推动的重点民生工程，“风景园林规划设计”课与“居住区规划设计”课协同，将课程设计选题确定为“老旧小区微更新（改造）景观设计”。在课程教学实施的全过程，全面导入家国情怀、文化自信、工匠精神等思政元素，培养学生形成健康的职业价值观，增强使命感。课程设计任务（基地）为杭州市红梅社区（老旧小区）景观微更新。该设计方案针对红梅社区老年群体为主、健康需求突出的特点，以适老化景观、康养景观为主题，将中国传统文化的植物意蕴、铺地意蕴、山水意蕴、五行康养等理论进行现代景观语汇下的演绎。作品突出体现了对老年人这种社会弱势群体需求的关注，蕴含设计者良好的社会责任感和职业价值观（见图 3）。方案已经成为城乡规划系正在编写的浙江省“十三五”新形态教材建设项目《居住区更新规划与设计》的典型案例。

图 3　既有住区景观微更新设计教学案例作品

六、教学效果

（一）教学团队的教学项目、论文与教材

在“风景园林规划设计”课建设过程中，教学团队获批教学项目 3 项。2017 年获得浙江工业大学教学改革项目立项——新科学背景下“风景园林规划设计”教学改革与实践；2010 年获得浙江工业大学教学方法改革专项项目立项——“风景园林规划与设计”课程研究型教学方法研究与应用；2010 年获得浙江省教育科学规划年度研究课题立项——城市规划专业“风景园林规划设计”课程群建设研究与实践。教学团队发表教学论文 4 篇，分别为《新学科背景下城乡规划专业“风景园林规划设计”课建设的思考与实践》《风景园林本科课程体系中“场地认识与分析”课程的引入》《风景园林规划与设计课程群建设研究》《“从场地开始”——风景园林规划与设计课教学改革研究》。教学团队出版教材 1 部——《景观设计新教程》。

（二）教学团队共同指导学生专业竞赛获奖

“绿水青山就是金山银山”“山水林田湖草是生命共同体”“留得住青山绿水”“记得住乡愁、实施乡村建设行动”“让城市留住记忆，让人们记住乡愁”……“风景园林规划设计”课程传授给学生的生态思想、生态理念、景观设计技能全面提升了学生认知、思考与解决城乡问题的能力。课程教师团队参与指导学生参加国家级、省级规划设计竞赛取得了优异成绩，乡村规划设计类竞赛获奖近20项、城市设计类竞赛获奖20余项。

课程负责人：张善峰

教学团队：梅歆

所在院系：设计与建筑学院城乡规划系

乡村规划与设计

绿水青山就是金山银山。

——习近平[①]

一、课程概况

（一）课程简介

“乡村规划与设计”课程是一门涵盖社会、经济和技术的实践性较强的综合性学科。课程内容涉及乡村人口、村居、基础设施、生态环境、历史文化等经济社会生活的方方面面，如为实现乡村的经济和社会发展目标，明确村庄产业发展的要求，综合部署生产、生态、生活等各项建设，确定村庄发展目标、发展规模与发展方向，合理布局各类用地，完善公共服务设施与基础设施，落实自然生态资源和历史文化遗产保护、防灾减灾等的具体安排，加强景观风貌特色控制与村庄设计引导，为村民提供切合当地特色并与经济社会发展水平相适应的宜居环境。

在浙江工业大学城乡规划专业的人才培养方案中，“乡村规划与设计”为城乡规划专业的专业必修课程，开设在三年级第二学期，计 3 学分，共 64 个学时，其中理论教学 32 学时，实践教学 32 学时。

（二）教学目标

该课程秉承浙江工业大学“以浙江精神办学，与区域经济互动”的办学理念，以服务国家乡村振兴战略和区域经济社会发展为宗旨，以“基地化、竞赛化、协同化”为教学纲领，政产学研紧密结合，课程设计题目全部来源于一线的乡村教学实践基地。在乡村规划与设计课程教学中贯彻乡村振兴战略，融入课程思政元素，培养兼顾乡村经

① 杜尚泽，丁伟，黄文帝，等. 习近平在哈萨克斯坦纳扎尔巴耶夫大学发表重要演讲　弘扬人民友谊　共同建设“丝绸之路经济带”[N]. 人民日报，2019-09-08（01）.

济、生态、文化、社会、风貌全面发展的乡村规划人才，让学生满怀热情地投入祖国的乡村建设，在学习和工作中建立专业自信、文化自信，为乡村振兴贡献智慧和力量。

1. 能力目标

（1）掌握乡村的概念与特征。了解乡村发展规律、乡村发展动力机制、浙江省乡村发展阶段特征，熟悉乡村发展问题。尊重村民意愿，掌握乡村调研与村民访谈方法，提升学生发现问题、解决问题的综合能力。

（2）掌握乡村环境构成与特征。熟悉乡村规划与设计的基本原则与任务、主要类型与内容，理解与掌握乡村规划程序和方法。

（3）熟悉乡村规划与设计的调研内容与方法。理解与掌握如何对收集资料的进行处理与分析，并形成现状调研报告。

（4）掌握乡村规划与设计基本理论及技能。成为具有解决区域乡村发展实践问题能力的高级应用型专业人才。

2. 价值目标

（1）促进学生正确解读乡村振兴内涵。充分认识乡村发展历程与发展轨迹，充分认知乡村发展存在的问题。

（2）促进学生坚定文化自信。深刻理解乡村空间、社会、经济、文化构成与特征。

（3）坚持实事求是的认识与分析观。基于系统观，从生态格局、土地利用、乡村建设、文化特色等方面全面系统开展调研。

（4）培养职业道德。树立正确的乡村发展观，树立基本的学习与评价意识。

二、思政元素

乡村振兴，关键在于人才培养，基础在于课程建设，核心在于思政教育。“乡村规划与设计”课程以培养“具有家国情怀、人本精神、创新意识与实践能力，能在乡村建设领域从事策划、规划、设计与管理工作的高级应用型专业人才”为目标，秉持“坚持学思践悟、做到知行合一”的教学理念，努力提升学生的价值观和责任感，发乎于心、践之于行，顺乎于势、止乎于理。

（一）学思践悟

新时期乡村规划教学，要以人为本，充分调研规划村庄的地形地貌、乡土文化、传统习俗、生产特性等要素，结合村庄地域特征，做出创新型乡村规划，使规划设计成果既具有乡村建设的导向作用，又便于操作实践，切实可行地落实乡村振兴战略。

（二）知行合一

在注重培养基础理论知识扎实、基本专业技能熟练的城乡规划专业人才的同时，通过课程教学实践，努力将竞赛嵌入教学过程，以实践为引领，优化教学内容与教学方法。通过竞赛嵌入，整合第一课堂，激发第二课堂。在竞赛实践中培养有理想、善于独立思考、敢于坚守自己价值理念的“仰望星空”的乡村规划人才。让学生立足乡村，关怀农民，从乡村产业兴旺、生态宜居、乡风文明、治理有效、生活富裕和人才振兴六大方面切实地解决“三农”问题，在乡村规划与设计中践行“记得住乡愁，留得住绿水青山”。

三、设计思路

竞赛嵌入式的乡村规划与设计教学实践倡导规划设计的创新性，并响应当前规划实践的落地性要求（简化、管用、抓住主要问题），以此进一步优化课程教学内容。针对教学过程中的常规教学阶段，细化各阶段关键内容，形成理论基础教学、课程作业设计、成果点评的三大教学内容。其中，课程作业设计部分是教学内容的重点，将创新性地分为调查与分析阶段、村域发展规划阶段、居民点总体布局阶段、居民点详细设计阶段等四个阶段性内容；并以简化、管用、抓住主要问题为导向，形成现状调研报告、村域总体布局、居民点空间布局、居民点空间意象六要素详细设计等四个阶段性成果。特别是运用乡村意象分析框架，通过山水田、村口、主街巷、边界、节点和片区六要素，整体把握乡村居民点总体空间结构，梳理营造乡村的关键要素，进一步确定乡村居民点规划与建设重点，提升乡村规划与设计的落地性和创新性。同时，根据各板块授课内容和方法，系统性融入政治认同、家国情怀、文化素养、宪法法治、道德修养等思政内容。

在课程设计中，要求学生在教师指导下进行设计课题的构思设计。由于规划设计涉及面广，要求学生课外投入大量的时间进行课程设计及其相关的学习，学生课外投入本课程的时间与课内的时间比例一般要求大于 1∶1.5。课外教学要求主要包括：阅读参考书、收集解读相关规划案例、现状调研、完成各阶段规划设计等。

“乡村规划与设计”课程的授课时间安排在 3—6 月，我校主办的浙江省“乡村创意设计”大赛安排在 3—8 月，两者时间安排大致吻合。在调适竞赛流程与课程教学关系的基础上，进一步整合课内与课外、第一课堂与第二课堂、学期内与学期外的教学关系，凸显课程的延展性，并形成“竞赛嵌入”式的课程教学过程。课内与课外相结合的“阶段式、多环节”模式。首先是教学进程包含认知、分析、方案设计等不同环节的层层递进的安排，以期达到良好的教学效果；其次是具体方案环节，通过融入空间发展多主体的意愿，对方案进行反复研讨；最终提交具备技术合理性、可实施性强的空间方案。在“学思践悟”过程中不仅要让学生学会设计方法，更重要的是通过具体的课程将祖国发展的形势、美丽乡村建设的基本情况和发展目标以正确的方式融合进课程中，让同学们饱含对祖国的热爱、满怀建设祖国的积极性，立志在不久的将来为我国乡村振兴和美丽乡村建设工程献计献策（见图 1）。

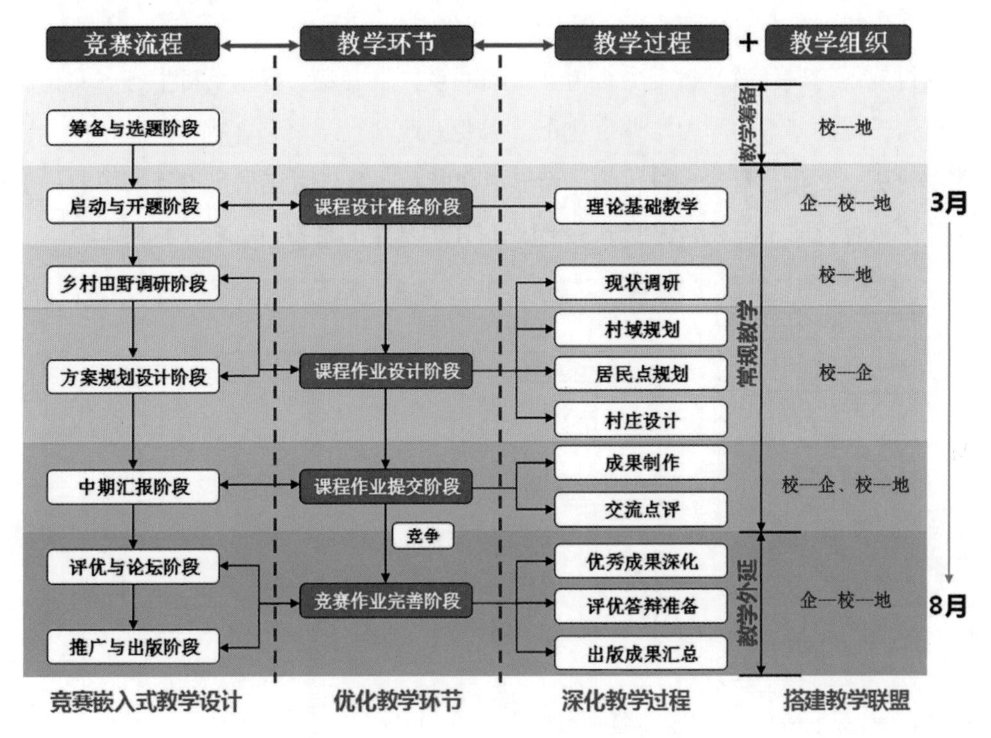

图 1 “竞赛嵌入”式“乡村规划与设计”课程教学过程

四、教学组织与方法

乡村规划与设计课程教学聚焦于乡村的功能复兴和物质更新两大重点任务。以浙江“美丽乡村”建设实践为引领，因地制宜推进乡村产业兴旺、生态宜居、文化传承，以实现乡村功能复兴。

教学路线设计的第一步围绕“乡村是什么”进行思考，让学生明白乡村的发展规律和动力机制，了解乡村发展的阶段特征，认知村庄发展问题；第二步，明晰“乡村规划与设计是什么”的问题，包括乡村的构成与特征、规划的原则与任务、设计的类型与内容、工作的程序与方法等；第三步，思考“如何认知乡村”的问题，通过调查与分析，深入认知乡村现状问题，包括调查内容与方法、分析程序与方法、成果内容与格式等；最后，围绕“乡村该是什么”的问题，开展村域规划、居民点规划和村庄设计等工作。其中，村域规划包括目标定位策略、村域空间管制、生态保护规划、文化传承规划、产业发展规划和村域总体规划。

通过充分解读乡村振兴内涵，充分认识乡村发展历程与发展轨迹，充分认知乡村发展存在的问题。让学生坚定文化自信，深刻理解乡村空间、社会、经济、文化构成与特征。坚持实事求是的认识与分析观，基于系统观，从生态格局、土地利用、乡村建设、文化特色等方面全面系统开展调研（见图2）。

乡村规划与设计教学过程中，树立正确的乡村发展观，尊重乡村生态、文化、历史等要素，建立基本的学习与评价意识，需要因地制宜、顺应自然、注重特色，旨在传承乡村历史文化、营造乡村风貌、彰显村庄特色。基于村庄居民点规划内容，引导乡村整体风貌特征（宏观结构控制）、组织村庄内部空间形态。

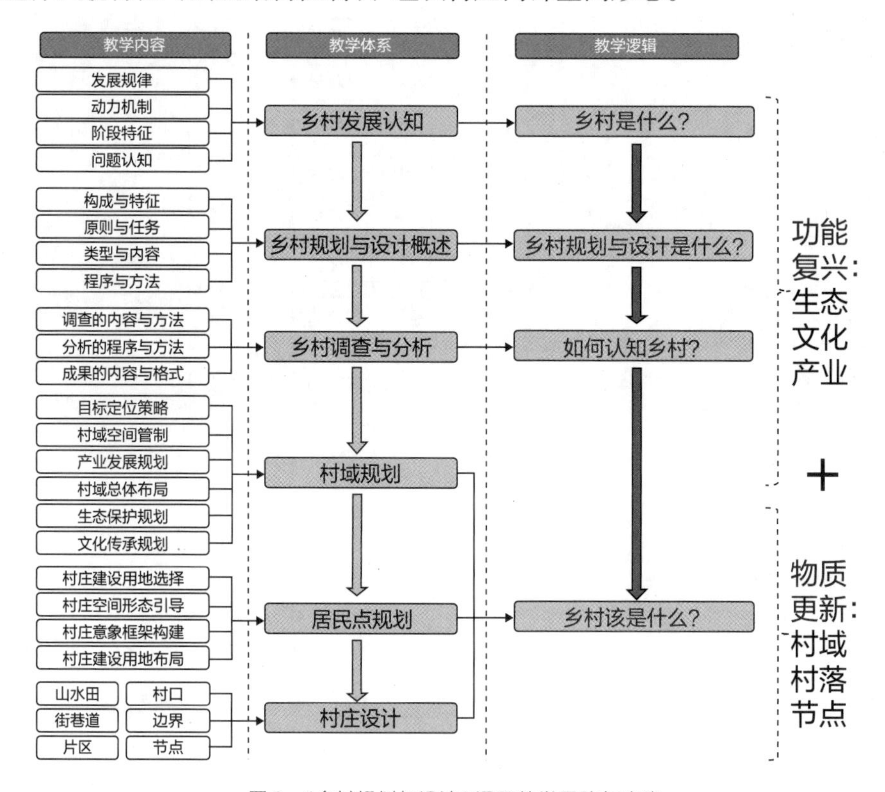

图2　“乡村规划与设计”课程教学思路与内容

五、实施案例

（一）案例 1：实践引领下的“竞赛嵌入”式教学设计助力乡村振兴——浦江县潘周家村规划与设计教学实践

2015 年浙江省“乡村创意设计”大赛由浙江省住房和城乡建设厅、浙江工业大学、地方政府等联合主办：首届在全国“四个全面”试点县——浦江县举行，在调适竞赛流程与课程教学关系的基础上，进一步整合课内与课外、第一课堂与第二课堂、学期内与学期外的教学关系，凸显课程的延展性，并形成“竞赛嵌入”式的课程教学过程。

潘周家村位于浦江县，是浙江省历史文化名村、浙江省美丽宜居示范村，拥有悠久的“古厅堂”建筑文化和著名的“一根面”非物质文化遗产。乡村规划与设计课程教学实践依托竞赛嵌入，助力潘周家村焕然一新（见图 3）。

● 竞赛牵手、校村结对：通过组织与参与乡村规划创意竞赛，使学生与乡村结对。

● 基地陪伴、指导建设：结合竞赛优选秀方案在村庄基地落地，学生通过各类实践助力蓝图的实施。

● 合作运营，助力发展：策划一系列特色的产业、旅游活动，为村庄谋求新的发展思路增加村民收入。

策划20 余次一根面长寿宴”，外婆家有限公司董事长吴国平亲临。

组织乡村特色旅游项目，与浙江中青旅、上海驴友团等合作。

策划潘周家村乡村新春联欢会，并接受中央电话台采访报导。

助推潘周家村一根面对外营销，并登上中国梦想秀。

图 3　潘周家村乡建实践

（1）乡村规划与设计课程教学组织通过参与乡村规划创意设计竞赛结合，组织学生深入“古厅堂”、拉升“一根面”，收集考察相关资料，在老师指导下完成贴近村民生活、符合当地发展的乡村规划与设计，通过成果评价选择优秀方案进行落地。

（2）陪伴乡建，现场跟进。根据实践教学安排，结合优选方案，学习进行潘周家村进行庭院改造、村路改造、建筑测绘、景观改造等实施性设计，并开展全过程建设指导。

（3）在陪伴乡建基地上，组织学习开展潘周家村基站建设、公众号宣传、引进旅游组织、策划“长寿村”生日会等各类活动，为乡村的产业振兴出谋划策。

（二）案例 2：乡村规划与设计教学组织贯穿“课程思政”+“党建共建”

2021 年乡村规划与设计课程实践基地选择了富阳区新桐乡和黄岩下浦郑村。城乡规划系全体学生共分为两组，分别前往春渚和下浦郑两个基地开展乡村实践教学活动（见图 4）。在此过程中，同学们的专业能力得到极大的锻炼和提升。围绕着国家一流专业、省一流课程的建设，本次教学活动还开展了推进党建工程，服务地方建设的乡村规划课程实践。在现场教学过程中让同学们认识到乡村规划不应仅局限于课堂上、书本中，对乡村问题的分析和乡村发展模式的阐述，更应该由亲身深入基地、走进乡村，去体验乡村的风土人情，发现乡村的特色资源，从而更精准地把握村庄发展规划策略。

图 4　富阳区新桐乡和黄岩下浦郑村现场教学

六、教学效果

（一）连续主办4届（全省）+承办3届（全国）大学生“乡村规划与创意设计”大赛

吸引全省办有城乡规划专业的高校参加比赛，教师和学生合计200余人。全国参赛队伍接近40支，地域教学联盟日益扩大，比赛机制不断完善，竞赛成果深受地方县市欢迎，影响力持续扩大。

（二）学生学习的积极性空前高涨，人才培养成效显著

学生获省赛一等奖4个，二等奖1个；长三角二等奖1个，三等奖1个，佳作奖1个；全国一等奖1个，佳作奖5个。

（三）教学团队建设成效明显，出版了系列教学作品集和一部教材

团队及时梳理总结，相继出版了《诗画浦江》《水印嘉善》《乡约黄岩》《和合天台》四本“乡建教学联盟”联合课程设计作品集，由中国建筑工业出版社出版。同时与中国城市规划学会乡村委合作，分别在黄岩、天台和贵州基地主办全国乡村竞赛三次，并出版教学作品两部；出版了全国首部《乡村规划与设计》教材（由中国建筑工业出版社出版）。

（四）形成政产学研紧密结合，贯穿“选题、开题、调研、中期汇报、成果点评与评优、论坛、出版教学作品集”品牌化的联盟教学模式。

通过竞赛嵌入式的教学模式探索，形成校校、校地、校企多元协同的品牌化教学联盟，集中开题、分散教学、集中点评、论坛推广的四阶段富有成效的现场真刀真枪式的创新式教学模式。

课程负责人：陈玉娟

教学团队：龚强、周骏、张善峰

所在院系：设计与建筑学院城乡规划系

乡建实践

莫笑农家腊酒浑，丰年留客足鸡豚。山重水复疑无路，柳暗花明又一村。

——南宋·陆游《游山西村》

一、课程概况

（一）课程简介

“乡建实践”课程是一门理论与实践相结合的社会实践课程，开课于2015年，包括“乡建实践Ⅰ”“乡建实践Ⅱ”两个阶段课程。课程以乡村规划与设计相关理论为基础，结合乡村规划建设实践基地，通过组织学生参与乡村规划竞赛、引导学生进入乡村陪伴建设、鼓励学生推广乡村特色品牌，引导和开展多模块、多主体、多基地、多能力的教学实践。依托该课程，与省内大型设计科研机构、开发企业及各级地方政府建设了一批战略合作协议与产学研基地，建成了一批由学生主创设计并付诸实施的网红小镇、网红乡村；得到了社会的广泛认可、省部领导点赞与业内专家的高度肯定。中国教育网、人民网、中国新闻网、中央人民广播电台及浙江三大主要媒体进行了广泛报道；获得了“互联网+”大学生创新创业大赛省赛金奖2项，全国银奖1项；省“挑战杯”特等奖2项，一等奖2项。

在浙江工业大学设计与建筑学院的人才培养计划中，“乡建实践Ⅰ”为城乡规划专业的专业必修课程，开设在三年级第二学期，计1.5学分；“乡建实践Ⅱ”为城乡规划专业的实践必修课程，开设在三年级第三学期（短学期），计1.0学分。

（二）教学目标

该课程秉持浙江工业大学“以浙江精神办学，与区域经济互动”的办学理念，以服务国家乡村振兴战略和区域经济社会发展为宗旨，聚焦浙江乡村振兴的城镇化实践热点，依托全国“互联网 +”大学生创新创业大赛银奖、浙江省“互联网 +”大学生创新创业大赛金奖项目——乡建社，以培养具有“家国情怀、人本精神、创新意识与实践能力”的顶天立地的乡村规划建设与管理人才为目标，结合“乡村规划与设计”理论教学，通过组织学生参与乡村规划竞赛、引导学生进入乡村陪伴建设、鼓励学生推广乡村特色品牌，全过程构建学生能力体系，全面提升学生在调查、策划、规划、设计、表达五个方面的专业综合技能。课程将思政教育融入专业训练，通过教学理念、思路、方法、环境的创新，从价值塑造、知识传授和能力培养等方面构建起完整的思政教学目标体系：（1）通过价值体系重建与教学过程创新，培养满足国家乡村振兴战略需要的又红又专人才。（2）通过知识体系重组和教学内容创新，赋予交叉复合型人才的内涵和新意。（3）通过组织体系重构和教学方式创新，建立起一种多主体全方位协同育人的高效机制。

二、思政元素

乡村振兴，关键在于人才培养，基础在于课程建设，核心在于思政教育。“乡建实践”课程以培养“具有家国情怀、人本精神、创新意识与实践能力，能在乡村建设领域从事策划、规划、设计与管理工作的高级应用型专业人才”为目标，秉持“知行合一、道法一体、工匠精神”的教学理念，努力提升学生责任感。发乎于心、践之于行；顺乎于势、止乎于理。

（一）知行合一

以“乡建社”为平台，通过“青年红色筑梦之旅”“互联网 +”大学生创新创业大赛，引导学生走进乡村、服务村民，鼓励学生敢闯会创、长于创新，开创大学生“三步”助力乡村建设新模式。

（二）道法一体

构建并强化阶梯式、钻石型的“五大能力”训练体系，通过广泛的现场调查、问需，多方的沟通、交流，以及缜密的思考、权衡与推理等过程，使学生对于好的设计“是什么（调查）、应该是什么（策划）、怎么落实（规划 + 设计），以及这些过程如何展示（表达）”等问题有系统认知、科学理解与准确把握，从而不断提升和优化学生的价值观与方法论。

（三）工匠精神

深化政产学研用之间的互动关系，保障和鼓励学生扎根于乡村实践基地，直面乡村真实问题与需求，“真刀真枪”地进行乡村实践，将专业技能与综合素养的训练融入乡村振兴大地，以工匠精神助力乡村振兴事业。

本课程的实践表明，课程思政中强调的“思政”主要是指“育人元素”，不是平常狭义讲的“思政”。我们认为，只要是对学生人生成长有积极引导，有助于激发学生的爱国、理想、正义、道德等正能量的元素都应当是属于课程思政的范畴。其中的关键，在于将思政元素潜移默化地融入专业教育的“价值 + 知识 + 能力”体系之中。

三、设计思路

本课程的实践表明，课程思政中强调的“思政”主要是指“育人元素”，不是平常狭义讲的“思政”。只要是对学生人生成长有积极引导、有助于激发学生的爱国、理想、正义、道德等正能量的元素都应当是属于课程思政的范畴。其中的关键在于将思政元素潜移默化地融入专业教育的“价值 + 知识 + 能力”体系之中。本课程以将“家国情怀”思政元素全过程融入“钻石型”的专业技能价值训练体系，培养又红又专的创新型人才。“乡建社”学生支部与村支部以“党建共建”形式建立校外课程实践基地，构建并强化了五步阶梯式“钻石能力”价值训练体系，通过调查、策划、规划、设计、建设等过程，将思政教育和专业训练有机融合，强化了学生的家国情怀。细化与“钻石能力”价值标准相匹配的“五阶段”全过程教学评价制度，以更全面客观地评估学生的综合能力及教学效果（见图 1）。

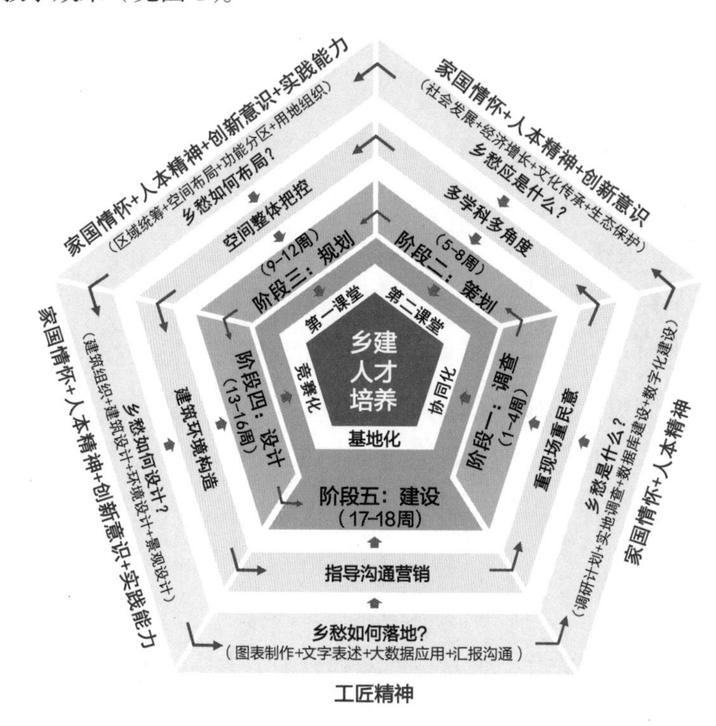

图 1　“乡建实践”课程思政设计思路

直面现实困境与教学改革需求，“乡建实践”课程建设与“乡建社”携手共进，形成多模块实践、多主体参与、多基地建设、多思路设计的课程内容与资源建设路线，构建“三三三三”的课程设计总路线（见图2），并细化形成课程教学内容（见表1）。“乡建社”以“三步”应对乡建“三缺”，开创了设计类大学生助力乡村建设新模式，通过组织乡村规划创意竞赛、引导大学生入村陪伴建设、推广乡村特色品牌，解决乡村建设缺规划、缺指导、缺资源等难题。“乡建实践”课程结合“乡建社”“三步”乡建模式，形成了参与乡村规划竞赛、进入乡村陪伴乡建、运营乡村协助推广等“三大”实践模块，应对专业能力、实践能力、拓展能力分别形成“道法一体+学思结合”“知行合一+工匠精神”“创业意识+创新精神”等“三层次”课程思政。通过5年实践，“乡建社”与“乡建实践”课程建设得到了普遍认可，激发了学生助力乡建的动力、潜力和能力，提高了学习和实践过程中的积极性、主动性和创新性。目前已与省内主要的设计机构（7家）、大型企业（5家）、地方政府实践基地（>10家）签订战略合作协议，县镇村多基地协同教学，企校等多主体参与其中。

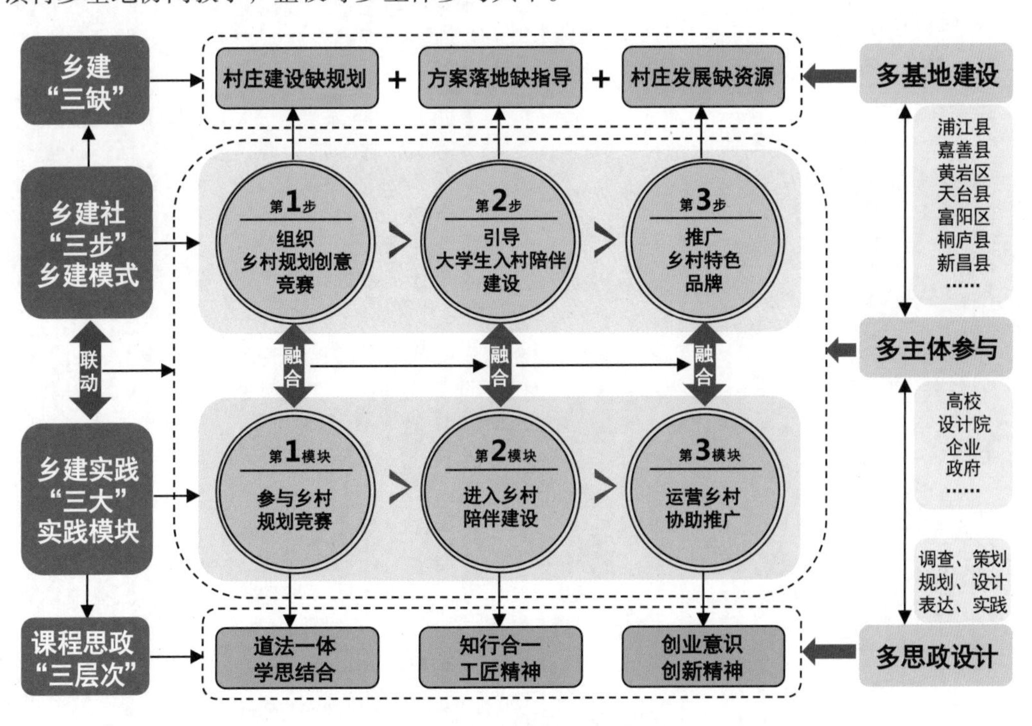

图2 “乡建实践”课程设计总路线

表1 “乡建实践”课程教学内容

课程章节		学时	专业知识培养要求	重要思政元素
乡建实践理论背景	(1) 绪论：高质量乡村振兴之路 (2) 地理信息数据库与乡村数字化建设内容与方法 (3) 乡村规划设计内容与方法	理论 8学时	了解乡村振兴经济动力学说；认识改革开放以来浙江省乡村发展兴衰过程；掌握乡村调查、数字建设、规划设计、实践竞赛的主要原理、方法与技能	道法一体，系统认知、科学理解乡村规划建设内涵；培养同学们的家国情怀
乡村调查与地理信息数据库建设	(1) 城乡基础调查研究方法 (2) 乡村实地调查：社会经济文化与自然资源环境，建筑庭院空间与节点景观环境，乡村要素系统入库数据 (3) 乡村地理信息库建设、乡村调研报告撰写	理论 实践 8学时	掌握乡村调查研究的主要原理、方法与技能，走进乡村，实地开展乡村调查，熟练运用乡村调研内容与方法，理解与掌握地理信息数据库建设与乡村数字化建设，并形成现状调研报告	树立正确的价值观，了解乡村民情，尊重历史文化；通过现代化科学技术，实现数字乡村建设
乡村规划设计	(1) 村域规划 (2) 居民点规划 (3) 村庄设计	设计 实践 8学时	掌握乡村规划设计主要原则与主要内容，开展乡村规划与设计实践	学思合一，提升解决问题的设计能力立正确乡村发展观
承办组织并参加全国竞赛	(1)“乡村云”调查平台建设的内容与方法 (2) 如何承办、组织、参加大学生乡村规划方案竞赛	实践 8学时	依托“党建共同体”建设，进一步落实乡村基地竞赛任务；依托乡村地理信息库，建设“乡村云”调查平台；组织大学生规划方案竞赛；依据大赛任务，优化设计方案，准备竞赛成果	党建引领，加强党组织生活，推进党支部建设；缜密思考、权衡推理、乐于表达，提升学生综合素质，建立学习与评价意识
陪伴乡建	(1) 目标与环节 (2) 内容与方法 (3) 难点与问题	实践 2天	介绍与示范演示陪伴乡建各环节的内容与方法，使同学了解陪伴乡建有哪些环节，各环节做什么内容，各内容怎么做	学思结合、知行合一，锻炼学生对问题的预判能力，培养城乡规划师职业素养
陪伴设计	(1) 片区与建筑设计 (2) 景观与节点设计	实践 2天	根据村庄现状建筑与景观节点改造需求，合理运用村庄设计方法，开展片区与建筑设计、景观与节点设计	培养职业道德，提升审美和人文素养，传承与弘扬中华优秀传统文化
陪伴建设	(1) 基础设施建设 (2) 建筑景观建设	实践 3天	基于陪伴规划设计成果，分项目跟踪服务，作陪伴式建设指导	知行合一、工匠精神创新意识

续表

课程章节		学时	专业知识培养要求	重要思政元素
陪伴运营	（1）规划宣读与其他教育 （2）运营乡村协助推广理论教学 （3）网站入库、公众号开展线上宣传与推广 （4）企业对接，开展线下推广	实践 3天	向村民们讲解规划、设计、实施、推广意图与目标，让村民理解规划设计，助力乡建实施；结合“乡村云”，通过线上网站建设、公众号推送，开展线上宣传与推广，助力一村一品；通过带领团队入村等方式开展乡村运营活动，线下推广乡村	文化自信、制度自信、创业意识，坚定理想信念；践行两山理论、推进乡村振兴

四、教学组织与方法

梳理并处理好乡建社实践流程与“乡建实践”实践模块、实践环节、实践内容、实践教学主体的关系，重构实践教学组织方式，创新实践教学方法，融入思政元素（见图3）。

（1）不断完善实践教学内容，“三大”实践模块结合“乡建社”实践流程，各模块上下延续各自形成“三阶段”实践环节，并进一步细化实践内容、强化思政元素，在各模块前置理论基础教学阶段（占10%～20%）。

（2）不断优化“干中学”的教学激励机制，通过参与竞赛、入村陪伴、线上线下推广乡村特色品牌持续激发学生的动力、潜力和能力，提高学习和实践过程中的积极性、主动性和创造性，使实践学习时间由课内延伸到课外，由学期内延伸到学期外。

（3）搭建由高校、乡建社、设计院、开发企业和地方共同组成的多元协同的实践教学联盟，形成了“共谋（任务书）、共教（学生）、共评（作品）、共享（实践成果）、共建（基地）、共用（毕业生）”的“六共”乡建人才培养模式与“乡建实践”教学组织方法。

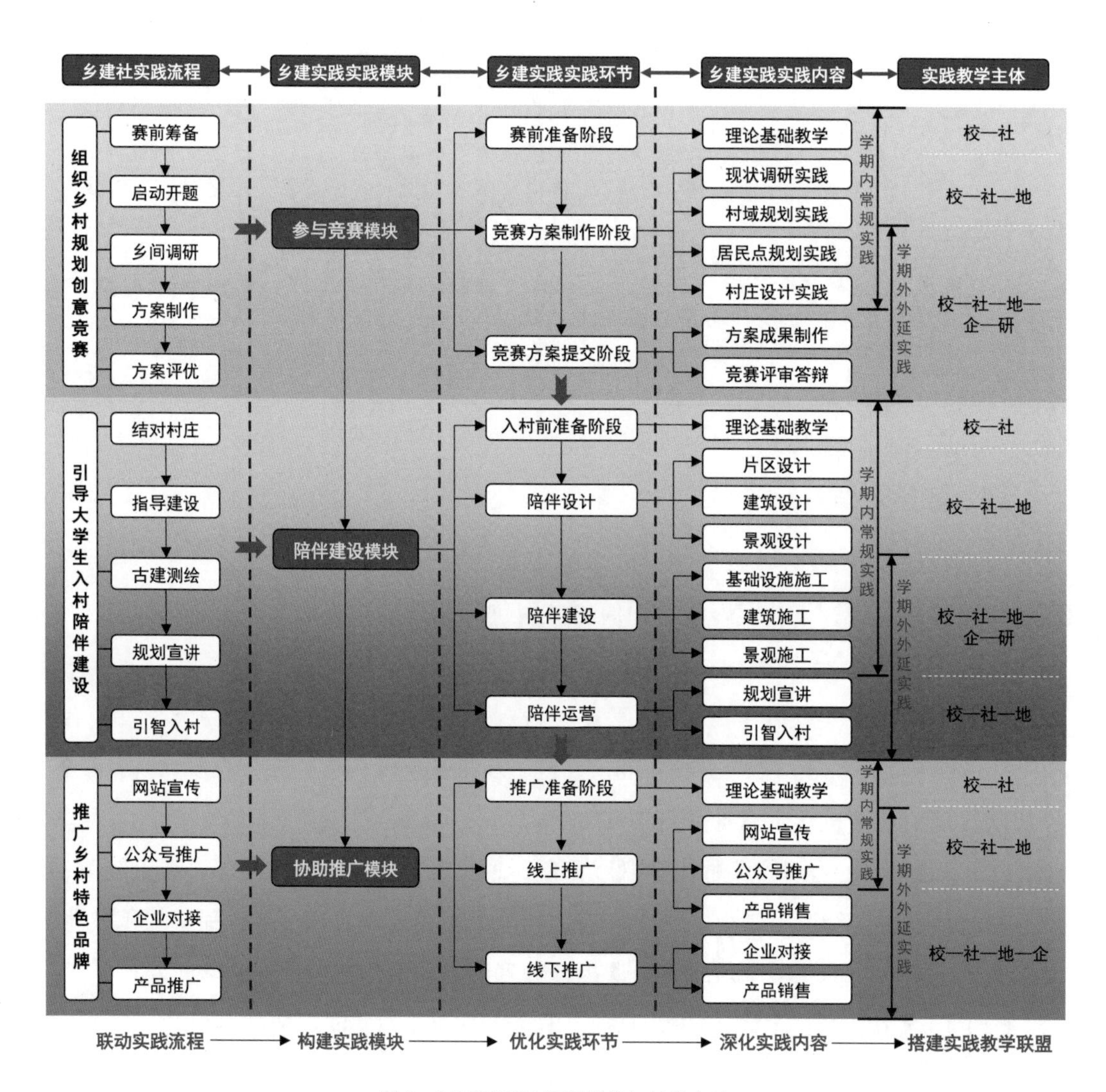

图3　“乡建实践”课程组织与教学方法

五、实施案例

（一）案例1：浦江县潘周家村——乡建实践“三步”助力旧村换新颜

潘周家村位于浦江县，是浙江省历史文化名村、浙江省美丽宜居示范村，拥有悠久的“古厅堂”建筑文化和著名的“一根面”非物质文化遗产。乡建实践依托乡建社，通过三年课程实践“三步”助力潘周家村焕然一新（见图4）。（1）乡建社举办竞赛，乡建实践牵手潘周家村。通过参与乡村规划创意设计竞赛，组织学生深入“古厅堂”，拉升“一根面”，收集考察相关资料，在老师指导下完成贴近村民生活、符合当地发展的乡村规划与设计，通过成果评比选择优秀方案进行落地。（2）陪伴乡建，现场跟进。根据实践教学安排，结合优选方案，学生进入潘周家村进行庭院改造、村路改造、建筑测绘、景观改造等实施性设计，并开展全过程建设指导。（3）活动策划、合作运营。在陪伴乡建基地上，乡建实践组织学生开展潘周家村网站建设、公众号宣传、引进旅游组织、策划“长寿面”生日会等各类活动，为乡村的产业振兴出谋划策。

- **竞赛牵手、校村结对：** 通过组织与参与乡村规划创意竞赛，使学生与乡村结对。

- **基地陪伴、指导建设：** 结合竞赛优选秀方案在村庄基地落地，学生通过各类实践助力蓝图的实施。

- **合作运营，助力发展：** 策划一系列特色的产业、旅游活动，为村庄谋求新的发展思路增加村民收入。

策划20余次“一根面长寿宴”，外婆家有限公司董事长吴国平亲临。

组织乡村特色旅游项目，与浙江中青旅、上海驴友团等合作。

策划潘周家村乡村新春联欢会，并接受中央电话台采访报导。

助推潘周家村一根面对外营销，并登上中国梦想秀。

图4　潘周家村乡建实践

（二）案例2：绍兴市璜山南村——疫情背景下乡建实践新探索

疫情挡不住乡村振兴的热情。2020年乡建实践在做好疫情防控的基础上，采用云调研、网络直播等新形式，推出了线上版“三步”乡建实践探索。（1）“乡村云”+

乡建社，助力乡村竞赛。“乡村云”平台通过仿真数字建模技术构建村庄可视化数据库，可实现全景游览、信息获取，在电脑上就可以完成远程考察与调研工作；乡建实践组织学生走入乡村，利用飞机航拍、走访参观等方式，充实乡村数据库，建设“乡村云”平台，为乡村规划方案竞赛提供基础服务，师学共同完成乡村规划方案竞赛成果。（2）“云监管”+走进乡村，助力陪伴乡建。“云监管”通过视频物联技术实现远程监管，计算机将设计方案与施工实景比对，开展线上指导，组织学生线上互动与线下跟踪相结合，实现无缝交流、实时指导。（3）“云销售”+网络推送，助力乡村营销。“云销售”是通过视频物联技术对特色农产品的生产全过程进行实时直播与销售，组织学生通过实时直播、公众号推送实现预售与推广（见图5）。

- **“乡村云”+乡建社：**组织学生走入乡村，建设“乡村云”平台，组织并参加乡村设计竞赛。

- **“云监管”+走进乡村：**组织学生通过视频物联实现远程线上指导，线下实时跟踪实现陪伴乡建。

- **“云销售”+网络推送：**组织学生通过实时直播、公众号推送实现预售与推广。

图5　璜山南村乡建实践

六、教学效果

面对浙江美丽乡村、特色小镇等如火如荼的建设需求及高校人才培养供给中存在的问题，乡建实践以服务解决区域经济问题为导向，以“复合型的高级应用型城乡规划人才”为培养目标，同步组织策划了面向全省、两年后推广到全国的“大学生乡村规划与创意设计大赛”，并通过教学组织模式创新，建立了根植乡村的产学研基地，将原本在教室进行的专业课程搬到乡村建设现场，为乡村振兴提供全过程的设计、咨询与现场服务。“乡建实践”开课以来，乡建实效成果突出，人才培养成效显著。

（一）创新应用成果突出

基于乡建实践，打造了一批由学生主创设计并付诸实施的网红小镇、网红乡村，如联合国“地球卫士奖”杰出代表新昌镜岭镇、首批省级特色小镇嘉善巧克力小镇、黄岩半山全国传统村落保护名村、浙江省美丽宜居示范村潘周家村等，产教融合机制已产生显著的经济社会效益（见图 6）。

图 6　由学生主创设计并付诸实施的网红小镇与乡村

（二）创新实践价值凸显

由我校发起主办的“乡村规划与创意设计”大赛已经由校内到省内含有建筑、规划、园林、景观与环境设计专业的 12 所主要普通本科院校的常态化广泛参与，国内近 70 多所院校的积极参与，乡建实践的协同教学模式已得到积极的社会响应（见图 7）。

序号	大赛名称	主办单位
1	● 2015年浙江省首届在杭高校大学生暑期乡村建设创意设计大赛	省住建厅 浙江大学 浙江工业大学
2	● 2015年海门市海永乡"美丽乡村"创建规划方案竞赛暨"美丽乡村"创建论坛	同济大学、海门市人民政府 东南大学、苏州科技大学、浙江工业大学等
3	● 2016年浙江省第二届大学生"乡村规划与创意设计"大赛	省教育厅、省农办、省住建厅嘉善县委县政府 浙江省城市规划学会小城镇学术委员会 浙江工业大学
4	● 2016年第二届长三角地区高校乡村规划教学方案竞赛	中国城市规划学会乡村规划与建设学术委员会 中国城市规划学会小城镇规划学术委员会 同济大学、苏州科技大学、浙江工业大学等
5	● 2017年浙江省第三届"相约黄岩"大学生乡村规划与创意设计大赛	浙江省住房和城乡建设厅 浙江省城市规划学会小城镇学术委员会 台州市黄岩区人民政府 浙江工业大学
6	● 2017年度全国高等院校城乡规划专业大学生乡村规划方案竞赛	中国城市规划学会乡村规划与建设学术委员会 中国城市规划学会小城镇规划学术委员会 台州市黄岩区人民政府 台州市住房和城乡建设规划局 浙江工业大学小城镇城市化协同中心 浙江工业大学建筑工程学院城市规划系
7	● 2018年浙江省第四届"和合天台"大学生乡村规划与创意设计大赛	浙江省住房和城乡建设厅 浙江省城市规划学会小城镇学术委员会 天台县人民政府 浙江工业大学
8	● 2018年度全国高等院校城乡规划专业大学生乡村规划方案竞赛	中国城市规划学会乡村规划与建设学术委员会 中国城市规划学会小城镇规划学术委员会 台州市天台县人民政府 天台县住房和城乡建设规划局 浙江工业大学建筑工程学院
9	● 2019年度全国高等院校城乡规划专业大学生乡村规划方案竞赛（贵州铜仁基地）	中国城市规划学会乡村规划与建设学术委员会 贵州大学建筑与城市规划学院 浙江工业大学建筑工程学院 石阡县国荣乡人民政府 贵阳市建筑设计院有限公司
10	● 2020年度全国高等院校大学生乡村规划方案竞赛（浙江绍兴基地）	中国城市规划学会乡村规划与建设学术委员会 浙江工业大学设计与建筑学院 中共绍兴市越城区委组织部 越城区斗门街道办事处 华汇工程设计集团股份有限公司 浙江省科学技术协会

图 7　由浙江工业大学发起主办的"乡村规划与创意设计"大赛

（三）专业竞赛成绩突出

学生乡建类的创新创业与专业竞赛成绩突出。与乡建实践相互依托的乡建社，是国内首个策划和引导设计类大学生全程参与乡村建设的大学生创新创业组织机构，在

2019年获得第五届中国“互联网+”大学生创新创业大赛总决赛银奖、第五届浙江省“互联网+”大学生创新创业大赛总决赛金奖（红色赛道第一名），并建立了网站和微信公众号。近几年，在乡建实践与乡建社共同推进下，开展了多类型的创新创业活动，如开创“智农三宝”，探索乡村C2M新模式，获得2021年第七届浙江省国际“互联网+”大学生创新创业大赛金奖和全国铜奖；成立“杭州锐刻科技有限公司”，开创疫情背景下大学生助力乡村建设新模式，获得浙江省第十二届“挑战杯”大学生创业计划竞赛一等奖；组建“乡建社暑期社会实践队”，探索大学生社会实践活动开展乡建实践模式，连续2年获得浙江省暑期社会实践风采大赛优秀团队、校园十佳团队称号；学生获奖全国“乡村规划与创意设计”竞赛20余项（见图8）。

图8　学生乡建类的创新创业与专业竞赛成绩突出

（四）示范效应广受关注

“乡建实践”推行的人才培养创新实践探索已经得到了社会的广泛认可，中国教育网、中国新闻网、新浪网及浙江三大官媒进行了广泛、热烈的跟踪报道，获得了 2018 年度全国城乡规划专业教学实验创新奖，在全国乡村规划教学研讨会及专业权威期刊上介绍了我校人才培养创新做法（见图 9）。

图 9　人才培养创新实践探索已经得到了社会的广泛认可与业内专家的高度肯定

课程负责人：陈前虎

教学团队：周骏、陈玉娟、张善峰、龚强、武前波、丁亮、李英豪

所在院系：设计与建筑学院城乡规划系

二 建筑学系

DEPARTMENT OF ARCHITECTURE

培根铸魂　润物无声

浙江工业大学设计与建筑学院课程思政案例集

浙江工业大学建筑学专业创办于1987年，在浙江省内外已具有较高的办学声誉和社会影响力。2010年，在浙江省属院校中率先并唯一通过建筑学专业本科教育评估；2020年入选国家一流本科专业建设点。根据2022年浙江省教育考试院对2020届毕业生的调查报告显示，我校建筑学是全校毕业生薪酬最高的专业（全省同类专业最高）、就业竞争力最强的专业和就业相关度最高的专业。

专业立足“根植地方、工程创新、国际视野”办学方向，紧密结合行业发展需求与导向，注重职业建筑师业务素质、实践能力、团队协作和国际视野的综合培养，致力于面向长三角区域、辐射全国城乡建设需求，培养具有较强工程创新能力的应用研究型高层次建筑人才。

专业师资背景多元，学术氛围浓厚，校际交流活跃，坚持对接用人单位实际发展需求，积极拓展校友和社会资源办学，以产学研基地为依托，构筑校内外创新设计教育资源共享平台，有效推动了培养目标的实现和学科专业社会声誉的提升。众多毕业生已成为行业领军人才和设计骨干，在长三角区域特别是浙江省的新型城镇化建设中发挥着中流砥柱作用。

古建筑测绘

大江东去，浪淘尽，千古风流人物。……江山如画，一时多少豪杰。

——宋·苏轼《念奴娇 赤壁怀古》

一、课程概况

（一）课程简介

“古建筑测绘”课程是建筑系学生综合运用各门基础课和专业课知识的专业性社会实践课，主要是从建筑遗产保护的角度，对历史建筑进行实测调查。是将建筑历史知识和测量、工程制图等知识融合运用于实践的一门社会实践课程。

本课程秉持我校“以浙江精神办学，与区域经济互动”的办学理念与宗旨，服务国家乡村振兴战略和文化遗产保护目标，坚持地域性和系统性原则，立足浙江丰富的建筑遗产，进行深度调查和测绘。课程密切结合教育、科研、服务社会三大功能，以课程思政为引领，以社会实践育人，培养基础知识扎实，专业技能熟练，能力发展全面的建筑文化遗产保护中坚人才，弘扬中华传统建筑文化。

本课程属于浙江工业大学设计与建筑学院建筑学专业人才培养计划中大三短学期的必修社会实践环节，总计 1.5 学分，教学时长三周。在我校经过二十多年的发展历程，从 1999 年创立本科古建筑测绘课程，到 2003 年结合浙江各地历史建筑保护的需要开展实践，再到 2007 年开始陆续建立社会实践基地，拓展教学内容，以及 2011 年开始改进教学仪器设备、改革教学方法，密切结合社会需求，全面提升测绘实践教学质量，这门课程在浙江工业大学经过了 20 多年的发展历程。课程在此过程中陆续有几十位教师参与教学工作，目前每年参与指导的教师有 6 人，学生近 90 人。

课程根据社会需要一直在不断改革，以便课程更契合培养学生和服务社会的教学目标。目前，这门课程已经从单纯进行建筑测量和绘图的初步技能培训转变成研究地方传统建筑文化和遗产保护的综合性社会实践与研究探索（见图 1）。

图 1　在各地开展测绘的工作照

（二）教学目标

本课程的教学目标培养学生专业实践技能，增强专业研究和社会调查实践能力，提高专业理论水平，为高年级专业课程的学习奠定坚实基础。学生需对被测建筑的历史及其自然与社会背景进行广泛调查与综合研究分析，详细测量并绘制完整的建筑图纸，以及撰写调查报告。教学内容既丰富了学生的古建筑知识，也锻炼了学生的调查研究和建筑测绘的能力，为将来从事历史建筑保护利用等相关工作打下了基础，同时培养学生的基础调研能力、技术能力，以及提高学生的人文历史素养。细分目标如下。

1. 知识目标

（1）熟练掌握中国古建筑的基本知识。

（2）掌握古建筑测绘的基本内容与方法。

（3）熟悉古建筑图文档案的基本要求。

2. 能力目标

（1）获取和处理多样信息的综合能力以及分析判断能力。

（2）社会调查与沟通能力及团队协作能力。

（3）主动学习能力。

（4）成果表达和创新应用能力。

3. 价值目标

（1）具有作为建筑师及相关专业人员的社会责任感、职业道德及专业素养。

（2）明确专业要求及职业发展目标。

（3）形成基于中华优秀传统文化的价值标准。

二、思政元素

本课程是围绕探索发现中国古建筑、并努力为保护传统建筑文化遗产做贡献的社会实践课程，所以课程有非常突出的思政元素。课程改革中围绕两大内容：一是紧密结合社会需求，鼓励学生在社会实践中为我国历史遗产保护传承做贡献；二是通过对古建筑的探索，培养学生对传统建筑文化的热爱，树立民族文化自信心。通过课程改革，已有明显成效。社会实践基地越来越多，社会实践的范围也不断拓展，学生通过测绘实践了解了古代建筑的技术和艺术，通过实地调查既实用又美观的古代建筑、村落和城市，零距离地发现中国古代建筑中蕴含的智慧和美，从而使学生树立起了极强的优秀传统文化自信心，并且深深地感受到自己肩负的职业责任、社会责任和历史责任，建立要把这些优秀的建筑艺术文化传承下去的信念。测绘实践教学一般是以田野调查方式开展，实践条件比较艰苦，这个学习过程可以培养学生扎根中国大地、了解国情民情、实事求是的习惯，在艰苦实践中锤炼意志品质。这些内容都自然地蕴含在了我们的课程思政教学中。

（一）热爱传统文化

我国古建筑是传统文化的重要载体，通过古建筑测绘这一社会实践，科目可以引导同学们身体力行地近距离触摸和探索古代建筑，主动发现古建筑中蕴含的智慧和美，从而激发对优秀传统文化的热爱。通过古建筑测绘实践，同学们会发自内心地感受到优秀传统文化的魅力。

（二）实事求是

古建筑测绘实践要求在如实记录建筑现状的基础上探索建筑原状，需要将实事求是的精神贯穿始终。在测绘实践中，我们训练同学仔细观察测绘对象，如实记录建筑的真实现状，不加任何美化和修饰，包括把建筑物的残损现状都一一如实记录下来。在这个过程中，我们把实事求是的精神内化到学生的职业素养中。

（三）精益求精

古建筑中有非常丰富的建筑细部，如木雕、砖雕、石雕等，有很精巧的构造，如推拉的花格木门等。要想将这些信息如实记录下来，用精美的图纸表达出来，就需要学生具备精益求精的工匠精神、足够耐心的工作态度，进行细致认真的工作。因此，学生在测绘过程中能不断体悟和践行着精益求精的工匠精神。

三、设计思路

（一）理论教学安排

理论教学安排详见表1。

表1 理论教学安排

序号	教学内容	学时分配	思政元素结合	能力培养教学要求	素质培养教学要求	学生任务		
						作业要求	自学要求	讨论
1	历史建筑调查的基本方法 建筑测绘的基本原理 测量工具的使用 测绘图绘制的重点和难点 测绘工作注意事项	4	优秀建筑文化遗产；遗产保护社会需求；传承与探索发现中华文明	培养学生自主学习，综合运用知识进行实践，准确、规范进行文字和图纸表达	培养批判性思维，开阔视野	收集相关文献资料练习测绘工具使用	阅读《古建筑测绘》	测绘分组怎样有效开展调查和测绘工作

（二）实践教学安排

实践教学安排见表2。

表2 实践教学安排

序号	项目名称	学时	类型	思政元素结合	能力培养教学要求	素质培养教学要求	学生任务
1	现场调查、测量与测稿绘制 实习日记	5-7天	实地调查与测量	在实践中引导学生探索和发现传统	调查能力 测量能力 摄影能力	辩证思维 批判眼光	完成被测对象摄影记录 对相关人员进行访谈，收集历史资料 完成建筑测量，绘制测稿 记录实习日记
2	测绘图绘制，报告文本编写	7-10天	绘图	在记录和表达中感受传统文化魅力	绘图能力 文本写作能力 图文设计能力	美学素养 历史人文素养	完成测绘文本

（三）课程学业考评方式

课程成绩的评定方式采用两个相结合的方式，即小组组内评议和教师评价相结合；过程评价（现场工作态度、草图、测稿、速写）和结果评价（成果文本）相结合。最终成绩按过程 20%、报告 20%、测绘图 60% 的比例确定。这使得社会实践课程评价更科学，能够更全面地考评学生在实践过程中掌握的知识和技能以及在工作中体现出来的专业素养。

四、教学组织与方法

课程积累了多年来的测绘成果文本资料，可供后学者参考；资料室也有相关书籍；实验室配备了包括三维激光扫描仪和无人机等在内的各种测量工具供学生实践运用。

本课程主要以社会实践为主，仅有 4 学时理论课，介绍“古建筑测绘”的基本知识，调研和测绘的工具、方法和手段等，与后面的社会实践内容紧密相连。学生实践的主要知识储备来自于先修课程“外国古代建筑史”和“中国古代建筑史”以及建筑学的其他专业基础课程。

在课程的社会实践环节，学生由指导老师带领，在古建筑现场进行历史环境调查和古建筑测绘，学生完成一系列的调查和分析，进行建筑单体的平、立、剖面图测量和绘制，撰写完成足够深度的调查文本。

因为古建筑测绘社会实践的特殊性，每年的测绘对象均不相同，教师需要根据教学大纲要求以及测绘地的实际情况，合理安排每年的教学计划，具体步骤如下。

（1）寻找合适的测绘对象，既要符合教学要求，又是未经测绘急需收集建筑信息的建筑遗产。联系测绘对象所在的当地政府或其主管部门，通过积极沟通，寻求同意和支持。

（2）综合考虑教务安排和地方要求，合理安排测绘时间，确定行程，预订住处和交通。安排学生借用测量工具，并做好其他出行准备。

（3）课程负责人对全体学生进行理论课教学，介绍测绘的基本知识和技能，测绘对象的基本情况，开展测绘实践的方法和计划等，在出发前学生需先进行文献资料调查。

（4）根据测绘点可容纳人员情况，分数支测绘队前往各自测绘点，进行现场调研和测绘实践，在居民配合下完成现场的资料收集、测绘、访谈和调研工作。每班安排两位指导老师，每位老师指导一支小队约 15 名学生。学生按 3 ～ 4 人一个小组进行工作，测绘一进院落或者多进院落的局部。

（5）返校后继续整理资料，完成调研报告和测绘文本，进行成果展览。

五、实施案例

（一）案例 1：临海古建筑测绘

本测绘成果为临海历史建筑建档提供了翔实的图文资料。建筑系师生连续两年对临海东塍古镇、绚珠村、坦头村、水岙村、上岭村等地的历史建筑进行了调查和测绘（见图 2、图 3），用照片、文字、图纸实事求是地记录建筑的现状，为这些建筑文化遗产建立翔实图档，并且开展原状和特色研究，希望加深对建筑遗产的挖掘。

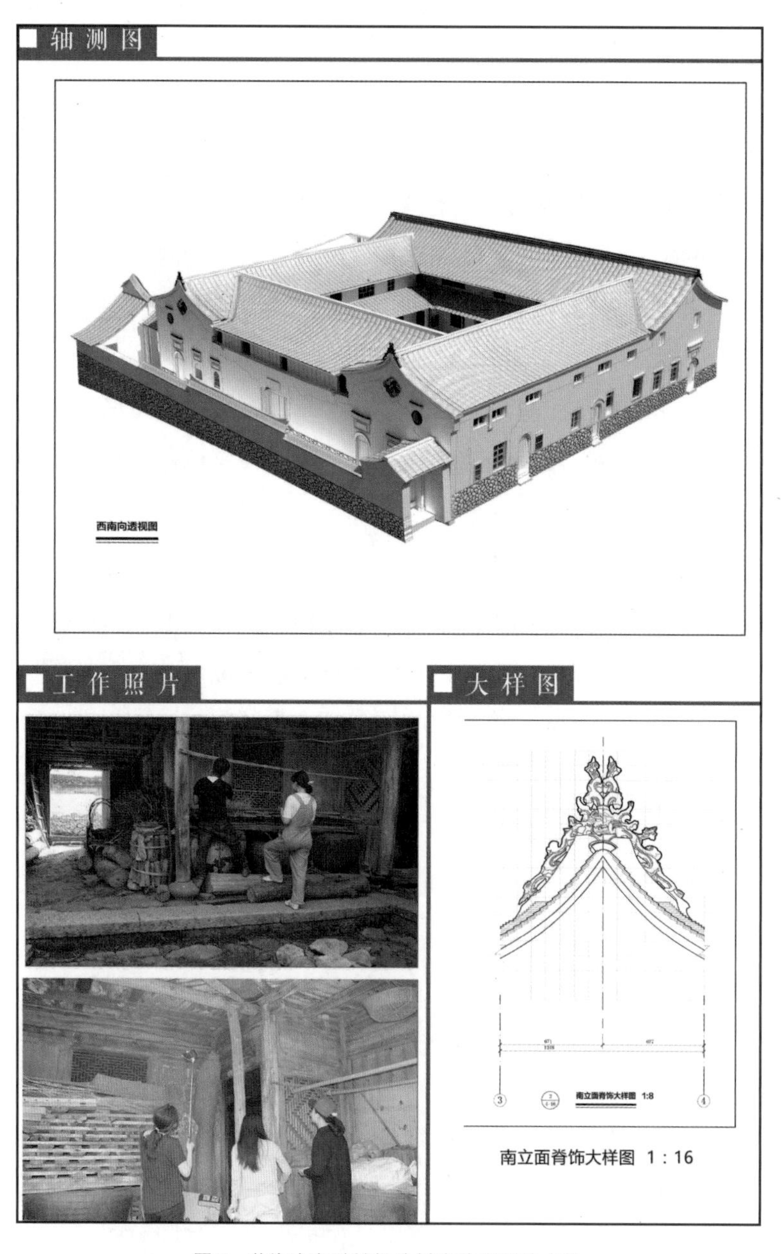

图 2　临海市东塍镇坦头村育德堂测绘成果

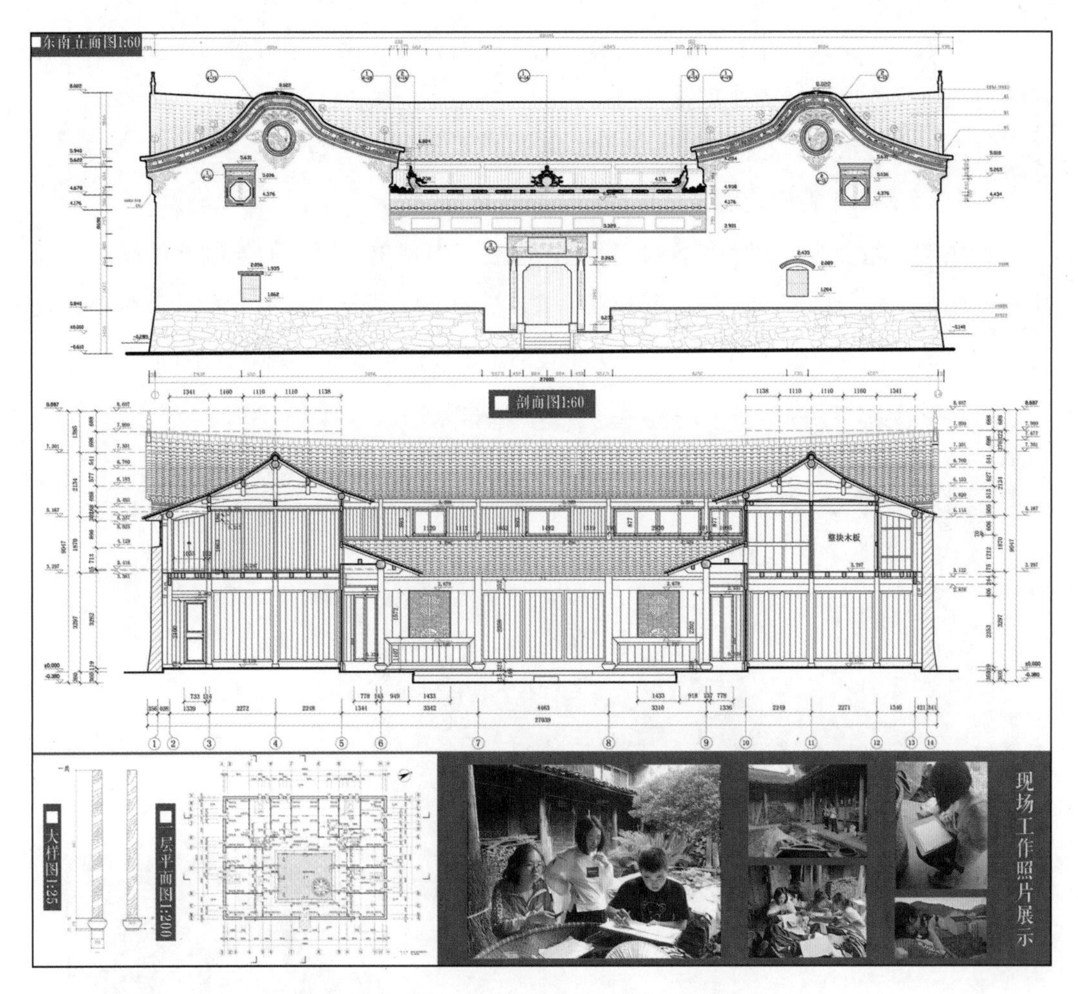

图 3　临海市东塍镇上岭村 125 号测绘成果

（二）案例 2：杭州古建筑测绘

本课程多次选择杭州古建筑作为课程实践对象，涉及宗教建筑、祠庙、民居、园林等不同类型。在杭州市园文局及其下属各单位的支持下，课程教学开展十分顺利。以岳王庙为例，课程思政要素的展开主要有以下环节。

（1）理论课遗产介绍环节：介绍我国丰富的建筑文化遗产，唤起对传统文化的热爱和自豪感；介绍当前紧迫的保护形势，引起关注，激发责任感。

（2）现场认识参观环节：结合每个测绘对象，理解优秀传统文化的内容。对于岳王庙可以用岳飞相关历史事实，唤起学生的家国情怀和爱国热情。

（3）测绘调查过程中：鼓励学生去挖掘文物古迹及其背后的故事，引导学生主动式学习，如在学生测量调查“忠泉”、石人石马等遗址建筑及周边时，做好文化引导。

（4）成果讨论过程中：鼓励学生总结遗产的内涵和外延，理解岳王庙屡毁屡建的历史过程所反映出来的精神实质。

（5）成果展示中：鼓励爱国情怀的当代表达。

（三）案例3：古建筑测绘成果参加ADM展

大比例的精美立面图和剖面图登陆ADM展，展现出了同学们绘制测绘图时精益求精的精神。精美的图纸引起展览观众的赞叹，推动了优秀传统文化的公共传播，让优秀的建筑文化遗产被更多人关注，从而有助于遗产保护事业的发展（见图4）。

图4　测绘成果参加ADM展的设计图及现场照片

六、教学效果

课程内容逐步得到拓展，如课程测绘对象已经从纯粹的古建筑单体，扩展到包括文物建筑、历史建筑、传统建筑等多种保护身份的建筑单体、建筑群和古村落；从单一建筑物测绘扩展到构筑物和景观环境的整体调查测绘；从纯建筑测量绘图扩展到对建筑及其内部生活的历史演变发展的全方位调查和实录，教学效果显著每年完成的测绘成果都是各地历史建筑宝贵的图档资料，霞山、屿北、石塘等处的测绘成果为这些地方的国家级历史文化名镇名村的申报奠定了基础，也支撑了《钱江源头古村落——霞山》和《屿北——楠溪耕读村 状元归隐地》的编著出版。

本课程在授课教师的努力和院系的支持下，举办了多次古建筑测绘成果展，并同时召开了第一届、第二届传统营造与建筑遗产保护研讨会，省内开设建筑学专业的高校均有教师参加，对展出的测绘成果给予很高的评价。既培养了优秀的学生、实现了教学目标，还为浙江传统建筑保护事业、为乡村振兴做出了积极贡献。通过师生走进乡村，调查传统建筑文化遗产，为乡村振兴挖掘了文化资源，也为遗产保护做了宣传。部分测绘成果在2020年ADM亚洲设计管理论坛生活创新展中也做了展示，得到公众的一致好评。课程入选浙江省一流课程。

本课程的学生反馈极好，毕业工作的学生回顾他们的大学生活，均会回忆起古建筑测绘实践带给他们的触动，他们对传统文化的进一步认识与更加热爱常常源于古建筑测绘的经历。

课程负责人：沈黎

教学团队：邰惠鑫、赵小龙、林冬庞、文旭涛、李爽、赵淑红、谢榕

所在院系：设计与建筑学院建筑学系

建筑构造 I

随风潜入夜，润物细无声。

——唐·杜甫《春夜喜雨》

一、课程概况

（一）课程简介

中国先秦典籍《考工记》对当时营造宫室的屋顶、墙、基础和门窗的构造已有记述，唐代的《大唐六典》，宋代的《木经》和《营造法式》，明代成书的《鲁班经》和清代的《清工部工程做法则例》等，都有关于建筑构造方面的内容。公元前一世纪罗马维特鲁威所著《建筑十书》，文艺复兴时期的《建筑四书》和《五种柱式规范》等著作均有对当时建筑结构体系和构造的记述。19 世纪，由于科学技术进步，建筑材料、建筑结构、建筑施工和建筑物理等学科的成长，建筑构造学科也得到充实和发展。

建筑构造是建筑设计不可分割的一部分。在进行建筑设计时，不但要解决空间的划分和组合、外观造型等问题，还必须考虑建筑构造上的可行性。为此，需要在构造设计中综合考虑结构选型、材料的选用、施工的方法、构配件的制造工艺，以及技术经济、艺术处理等问题，以满足建筑物各组成部分的使用功能。建筑构造其研究建筑物各组成部分的构造原理和构造方法，具有很强的实践性和综合性，内容涉及建筑材料、建筑物理、建筑力学、建筑结构、建筑施工以及建筑经济等有关方面的知识。建筑构造研究的主要目的是根据建筑物的功能要求，提供适用、安全、经济、美观的构造方案，以此作为建筑设计中综合解决技术问题、进行施工图设计、绘制大样图等的依据。构造方法是指运用各种材料，有机地制造、组合各种构配件，并提出解决各构配件之间互相组合的技术措施。

“建筑构造 I”课程是建筑学专业一门重要的专业课程，课程分为建筑构造Ⅰ、Ⅱ两部分，第Ⅰ部分讲述大量性建筑的基本构造原理和构造做法；第Ⅱ部分讲述高层建筑、大跨建筑以及建筑工业化的相关构造内容。2011 年本人主持了建筑技术课程群的课程建设项目，全面厘清了建筑学专业建筑技术类课程的教学体系和教学内容，合理调整了建筑构造教学的内容，目前正在进行的建筑技术与建筑设计融合的教学改革将更进一步地调整设计与构造课程的关系，将建筑学知识体系中的“技”与“艺”很好地融合在一起。

建筑是人类巨大的物质和精神财富，是文化的载体。不同地域的自然气候、地貌、地质条件等的不同带来了具体构造的不同，也正是如此才有了多样丰富的建筑文明。作为建筑师必须了解和理解这些差异，从中汲取中国传统建筑文化的精华，建立文化自信，传承工匠精神，从而创造出具有中国特色的现代建筑，为今天社会的和谐发展做出自己应有的贡献。

本课程属于浙江工业大学设计与建筑学院建筑学专业人才培养计划中第四学期的必修课程，总计 2 学分，48 学时。

（二）教学目标

1. 知识目标

（1）较为全面地了解建筑构造的一般理论和方法。

（2）掌握建筑构造组成的要素及其作用。

（3）熟悉建筑构造与建筑形态、功能和空间的关系。

2. 能力目标

（1）能运用构造原理和方法进行一般民用建筑的构造设计。

（2）具有建筑构造设计和绘制施工详图的综合能力。

3. 价值目标

（1）具有作为建筑师的社会责任感、职业道德与专业素养。

（2）明确专业要求及职业发展目标。

（3）形成基于建筑文化和时代精神的价值标准。

二、思政元素

建筑构造作为建筑学专业培养计划中建筑技术类的重要课程，在培养建筑师的经济、适用和绿色生态的可持续发展观方面具有重要的作用，同时建筑构造组成和各构件的作用对于培养学生的价值观也具有特殊的教育作用。

教学团队以立德树人为根本，专注于开展课程思政的教学模式实践与探索。基于课程内容，深入分析课程本身的育人价值和思政元素，从历史中发掘，汲取传统营造经验，传承建筑文化，树立文化自信；从时代中阐发，发展绿色建筑，培育生态观念，促进和谐发展；从建筑行业特点中发掘，加强团队合作，讲求精益求精，弘扬工匠精神等。从文化传承、主流价值、建筑师职业素养三个维度明确建筑构造Ⅰ的课程思政目标，将思政教育落实到人、落实到事，从线上线下、课内课外、创新创业、竞赛实践等角度入手，实现全过程、全方位育人。

（一）提高文化自信，传承传统文化

建筑构造Ⅰ课程的讲授从《考工记》《营造法式》《说文解字》等古代典籍入手，分析基础、墙体、楼板、屋面等建筑构件的发展演变过程及其字形字义的变迁，尤其是传统建筑屋顶形式的变化及其在建筑排水、“反宇向阳”等方面的科学应用，从传统建筑经验中汲取古人的建筑智慧，增加对传统建筑技术的认识，将传统文化与当代科技融合，传承传统建筑文化，设计具有中国特点的现代建筑。

（二）增强绿色观念，提高自我修养

指导学生通过对传统建筑“风水”——环境观念、保温、隔热、遮阳等的构造措施的分析，学习在构造设计中如何考虑与当地建筑气候的融合，提倡人工与自然环境和谐发展，将建筑节能与绿色建筑的观念融入建筑构造设计中，增强节能减排的观念，提高建筑师的绿色建筑修养。

（三）加强人生观教育，弘扬正能量

结合构造组成中各个不同部位建筑构件的功能与作用，联系到人的成长过程中人生观的养成，通过润物无声的教育，潜移默化地弘扬正确的人生观和价值观。“基础不牢地动山摇”，从建筑基础的作用功能比喻学习专业基础知识的重要性；建筑屋面功能的实现需要结构层、防水、保温、隔气层等各个层次的协同工作；楼梯的组成是踏步与平台，寓意人的一生如果期望攀登高峰必是一步一个脚印，才会逐渐步入更高的平台，登上更高的层次。

（四）通过设计实践，培养工匠精神

建筑构造的设计和功能构件的形成必定是通过不同材料不同层次的组成最终完成的。通过在构造设计环节启发学生对不同材料性能的认知，增强学生的创新思维，以构造层次的组合隐喻团队协作的精神，并结合构造设计与建筑设计的关系，说明“构造是建筑师解决技术问题的基本方法”，由此引入建筑师的职业素养问题，引导学生掌握建筑构造技术的同时，理解构造课程在建筑学专业课程体系中的作用和地位。

三、设计思路

本课程建设体系强调将建筑设计的“艺术性”“与建筑构造的“技术性”的融合，思政教育通过从线上线下、课内课外、创新创业、竞赛实践等几个方面进行以实现全过程、全方位育人（见表1）。

表1 “建筑构造Ⅰ”课程思政教育体系

课程章节	学时	课程内容	专业培养目标	思政教育切入点	思政教育目标
绪论	4	建筑构造组成 建筑构造设计的内容、要求、构造设计的原则	建筑构造基本概念、设计的方法和规范表达构造设计的能力	古代典籍中的建筑构造	文化传承 团队精神 职业道德
地基与基础	3	地基基础作用和设计原则 地基的种类、基础的形式及适用范围	建筑地基及基础的概念、基础形式，培养学生基础选型的能力	“基础不牢地动山摇”	人生观培养
墙体	7	墙体的作用和设计原则 墙体构造	掌握墙体构造设计的方法，具备构造设计的能力	圈梁构造柱与建筑安全问题	工匠精神
楼地层	6	楼地层的作用和设计要求 楼地层的类型	掌握楼层结构类型和基本构造	结构作用 与建筑安全	工匠精神
楼梯	8	楼梯构造组成 楼梯的设计 无障碍设计	理解楼梯构造组成和做法，具备设计楼梯的能力	一步一个脚印 消防通道 关怀弱者	老实做人 安全意识 以人为本
屋面	6	屋盖的形式、作用及设计要求 屋顶的构造 屋面的防水与保温隔热构造	了解屋面的构造组成和做法，培养学生设计屋面防水能力	屋面的举折与快速排水 反宇向阳	传统文化 民族自豪感 生态智慧 绿色发展观
门窗	4	门窗的作用、类型与构造	了解门窗构造、掌握设计能力	门窗节能	绿色发展观
饰面装修	6	装修的作用和设计要求 装修的类型与构造	了解装修的构造、培养设计能力	精益求精	工匠精神
变形缝	2	变形缝的种类及作用、构造做法与构造设计	了解变形缝的构造做法、掌握设计能力	建筑师终身责任制	工匠精神

四、教学组织与方法

本课程对标“一流课程”建设与教学改革需求，结合现有教学条件和工作基础，将知识传授的传统教学方式转变为能力培养的过程，教学过程以课堂讲授为主，结合建筑学专业的特点，将工科课程的内容采用文科教学的方法，并辅之现场和实验室参观，以及建筑测绘、课程设计等形式，通过调整课程内容，增加建造实验，加强建筑技术课程的实践教学环节，增强建筑学专业学生对于建筑技术的认知。团队由富有实践经验的教师组成，以期能对学生的实践能力培养有全面的提升。

五、实施案例

（一）案例 1：结合基础教学的文化传承教育案例

以人文科学的方法讲授工科教学的内容，通过介绍《营造法式》等古代典籍，从典籍中有关建筑构件的名称词义的演变，分析建筑构件的字形字义，如针对地基及基础一章的讲授，介绍典籍中关于基和础的概念，引入这个建筑构件的基本概念，同时通过图片示例等方式展示古代建筑和现代建筑的基础。

“基，墙始也。” ——《说文》

基，形声字。从土从其，其亦声。“其”意为“一系列等距排列的直线条”（见图1）。“土”指夯土层。“土”与“其”联合起来表示“夯土层剖面像一系列等距排列的直线条”。本义：叠加的夯土层，承重用的夯土地面。

础（礎）——形声。从石，楚声。本义：柱脚石，垫在房屋柱子下的石头。如柱础、柱磉。

通过以上介绍，使学生了解古人及古代工匠关于墙体基础的认识，从字体分析基础的做法和构造，以及古代建筑基础采用的建筑材料与做法，阐明古代在建筑科学技术方面取得的成就，增加对古代建筑工匠与建筑文化的认知，同时引导同学深入理解中国的传统建筑文化（见图 2、图 3）。

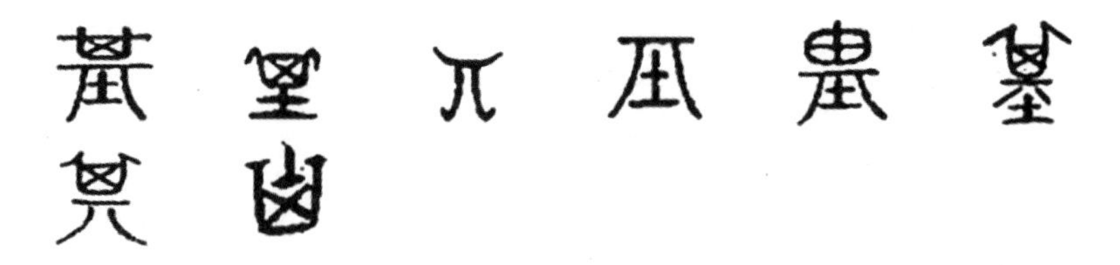

图 1　“基”的文字字形演变

图 2　北京琉璃河建筑遗址的夯土基础

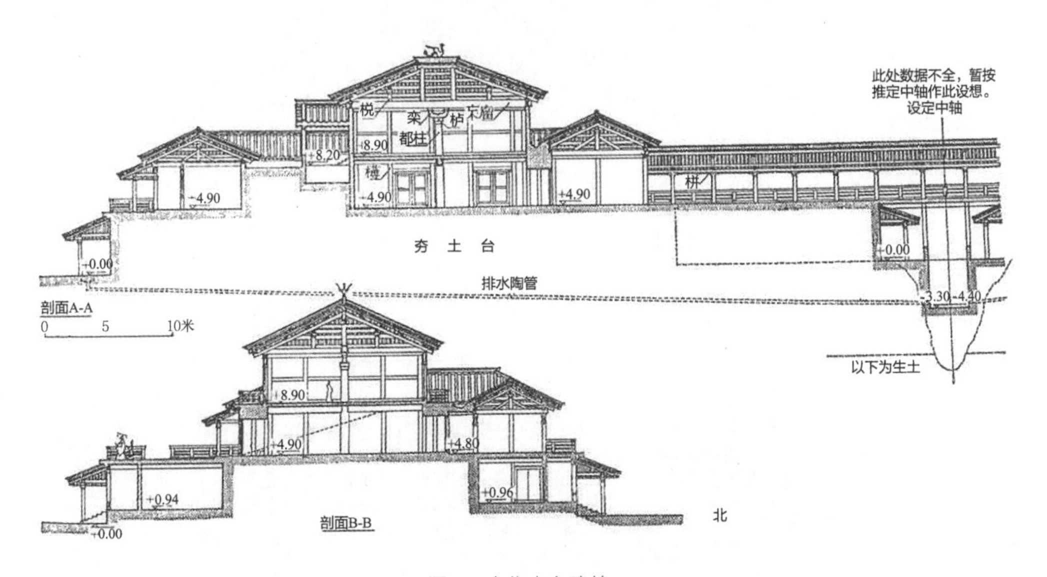

图 3　古代高台建筑

（二）案例 2：结合楼梯教学的人生观教育案例

在楼梯一章的讲课中结合楼梯的构造组成，分析楼层之间的联系方式，从提问开始引入，逐一简介以下联系方式：楼梯、电梯、坡道、自动扶梯……重点介绍楼梯的构造组成：梯段（踏步组成）、平台、栏杆扶手。

课堂讲述中以楼梯暗喻攀登的精神，并布置楼梯的设计作业，要求同学计算楼层的踏步数量，理解人生要努力进取，才能取得成绩，同时说明尽管现在楼层的联系也有了新的方式，但是楼梯对于楼层之间的联系依旧是必需的。要想个人的人生到达光辉的顶点，就必须一步一个台阶努力攀登。由此潜移默化进行正确的人生观和价值观的教育（见图 4）。

图 4　人的进步阶梯

（三）案例 3：结合无障碍设计培养人文关怀和职业素养的案例

本章节介绍无障碍设计的相关概念、规范，针对养老机构和老年建筑必须关注建筑入口、楼层交通、房间使用中的无障碍问题。作为建筑师一方面要遵守相关规范、标准；另一方面要以人为本，要体现对弱者的关怀，进行人性化的设计，提高建筑师的职业素养（见图 5、图 6）。

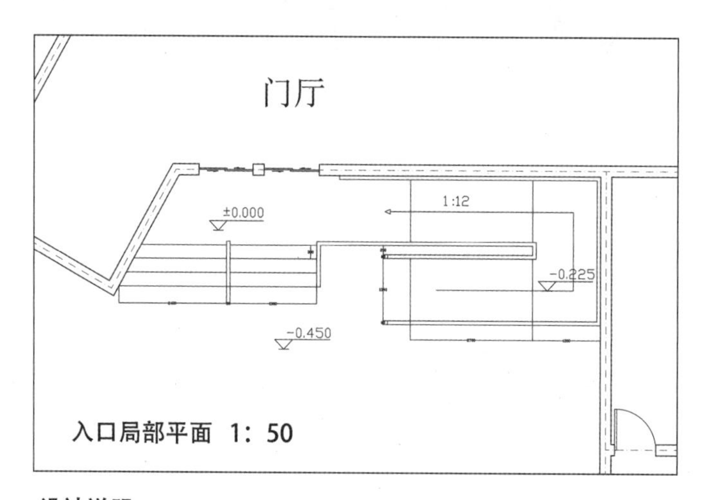

设计说明：

由于入口处是将整个建筑体型内凹处理，导致入口处空间有限，为不浪费空间坡道采用L型布置，使轮椅使用者和普通人从相同地点进入建筑物；坡道入口及休息平台进深为1500m，是根据轮椅的回转半径而确定；坡道采用1：12的坡度，符合规范；坡道两侧和台阶中部设置扶手：台阶高度为150mm,宽度为300mm；入口处门采用推拉门，方便老年人推开。

图 5　老人院楼梯构造设计

图 6　老人照料设施入口部分设计

六、教学效果

课程改革至今成果丰硕，课程建设已支撑本教学团队获得教学项目、学生学科竞赛等多方面成绩。团队成员获批 2021 年教育部产学协同育人项目、浙江省虚拟仿真实验教学项目；指导学生在全国绿色建筑设计技能大赛中连续两年获得一等奖。

（一）教学项目

依托“建筑构造 I”课程建设，教学团队成功获批浙江省教育厅 2020 年度省级虚拟仿真实验教学项目“建筑光环境虚拟仿真实验项目”，本年度学校一流课程建设项目“建筑构造 I”。

（二）教学效果

本课程旨在培养学生树立正确的建筑技术观念以及建筑构造设计能力。因此课程教学改革的重点是将原来单纯的知识传授转变为知识传授和能力培养。但是学生的建筑构造设计能力的提高非一朝一夕的事情，必须所有技术类课程和教师联动才能够取得明显的教学效果，仅本课程的教改效果来说，根据后续“建筑施工图设计”课程教师的反应，这几届学生在施工图设计课程中大样图的绘制正确率明显较前有提高，说明学生对建筑构造设计有了一定的了解和掌握。

（三）学生学科竞赛

课程与当前绿色建筑设计及未来社区建设紧密结合，教学以建筑构造设计为切入点，促使学生在学习之中逐步树立绿色建筑的理念并将之融入设计实践。随着建筑构造Ⅰ及相关技术类课程的改革，教学团队多次辅导学生参加国内外专业设计大赛，获得多项奖项，赢得学界良好反响。

图7　学生竞赛获奖

课程负责人： 邰惠鑫
教学团队： 张振彦、谢榕、姚援越
所在院系： 设计与建筑学院建筑学系

建筑设计基础

合抱之木，生于毫末。

——春秋·老子《老子》

一、课程概况

（一）课程简介

“建筑设计基础”课程开设在建筑学本科专业二年级第一学期，共128课时，计6学分，是建筑学本科专业基础必修课程，也是建筑学专业主干课程之一，内容适用于城乡规划等相关学科，具有专业基础课程的鲜明特性。课程具体包括传授设计基本原理知识、训练设计基本技能、培养解决设计问题的基本逻辑思维方式及建立基本专业价值观，是建筑学专业教学的重要课程。

课程以思政教育为引领，聚焦国家在行业发展上的政策走向，对接“浙江精神”，本着服务浙江的宗旨，培养学生在专业上求真务实、关注环境、以人为本的思想，建立文化自信并不断探索创新，精进专业，以工匠精神做出好的设计。

（二）教学目标

1. 知识目标

（1）较为全面地了解民用建筑设计的基本原理知识。

（2）能独立完成建筑单体设计与表达要求（包括制图）。

（3）熟悉建筑设计的完整过程。

2. 能力目标

（1）能独立理解设计任务要求与需要完成的具体内容。

（2）初步掌握进行建筑设计构思的能力。

（3）能进行合作交流与表达。

（4）能对案例进行筛选和分析。

3. 价值目标

（1）具有作为设计师及相关职业人员的社会责任感、职业道德与专业素养。

（2）明确专业要求及职业发展目标。

（3）形成基于中华优秀传统文化和时代精神的价值标准。

（三）课程沿革

自1987年浙江工业大学建筑系成立起，二上设计课就是专业主干课程。2009年教学改革实行专业模块制，二上设计课程定位在“空间与环境”模块内，课程改名为“建筑设计基础”。教学重心设置为帮助学生建立基本的环境与空间观念。2018年开始进行校级专业核心课程建设，进行课后学习的配套网络资源建设，同时根据学情特点进行了内容、教学方式等多方面改革。2020年新冠疫情期间，“建筑设计基础”被认定为校级精品在线课程。2021年该课程成为省级一流课程，建设力度加大、加快，并尝试进行学科交叉，为培养优秀的建筑学专业人才贡献力量。

二、思政元素

中国要成为技术大国，在世界竞争中占据强者地位，关键在于人才培养，其基础则在于各专业的课程建设，核心在于思政教育。“建筑设计基础”课程以培养“具有家国情怀、人本精神、具有创新意识与实践能力，能在建设领域从事策划、规划、设计与管理工作的高级应用型专业人才”为目标，秉持“知行合一、道法一体、工匠精神”的教学理念，努力提升学生责任感，发乎于心、践之于行，顺乎于势、止乎于理。

求真务实：本课程积极响应国家政策，聚焦当前中国新型城镇化建设中的具体矛盾，引导学生关注基于地域性的现实设计要素，关注本地居民真实生活模式，思考如何切实解决真实的人在生活中的各种问题，用专业知识更好地为人们服务。

关注环境：通过作业设置，一方面要求学生了解设计所在的真实基地，能熟练提取对建筑产生影响的场地自然环境要素，具备初步的专业转换能力，能在设计过程中贯彻对环境要素的提炼；另一方面，也逐渐建立对国家倡导的低碳及碳排放指标控制的环境意识。

以人为本：课程作业设置中引入“家庭成员构想表”，通过仔细调研分析不同年龄、职业、性别、特征的人，尤其是针对老年人的需求进行设计，对为人服务的建筑室内外空间进行细致推敲打磨，培养同学们从细节处体现出对人的关怀。

工匠精神：专业学习中最重要的就是对专业的无限追求和精益求精的精神，这样才能打造出精品。在教学中，深化实践与教学之间的互动关系，不定期请生产第一线的建筑师来校举办讲座，加深加强同学们对专业实践的理解，激励专业学习的热情，以工匠精神创造精品。

创新精神：课程在基础教学的同时，鼓励学生避免盲目借鉴，积极进行案例分析与理解，帮助学生理解一项设计的来龙去脉，用理性分析的方法厘清方案形成的过程，并积极进行现场体验与调查，在实践中启发学生的创新思维。根据调研获取的场地人文环境、自然环境、社会环境现状与特征，巧妙运用当地特有材料，在设计中发挥地域优势，培养具有创新能力、观察能力、实践能力的优秀设计人才。

三、设计思路

本课程的课程体系包括任务设置、过程方法、重点环节和评价等方面。在教学过程中，根据实际情况不断调整，以切合课程教学目标，包括：

（1）具体任务设置时，规模由大变小，设计周期由短变长，强化设计深度；进行过程控制，明晰各具体小目标；设计评价具体，注重年级交流及教师点评；精选案例分析。把该阶段需要掌握的知识点和方法落实，从而能真正内化成自己专业知识体系中的一部分。

（2）在教学方法上，选择真实基地，并实地考察；选择案例讨论，理解基地中环境要素与设计的关系。任务设置时强调建筑内外空间一体化设计要求，使得“空间与环境”模块的教学目标能落到实处，同时也适应建筑师工作中建筑、景观及室内一体的趋势。

（3）增加了“家庭成员构想表”，并把题目设置为“我未来的家”，增强代入感，用真实人物和场景丰满建筑设计。

四、教学组织与方法

（一）改革教学方法

除了保持传统的课堂师生一对一的交流方式外，还增加了小组内及年级交流、大课讲座等方式，同时搭建了课后学习在线平台，提供基本教学文件、课堂讲课视频录像、历届学生优秀作业、教师点评、精选案例及分析、拓展阅读资源链接等内容，帮助学生课后巩固补充，增强师生互动。

（二）强化教学管理

2017年建筑系实行导师组制，横向：全年级统一教学任务、目标、成果及时间节点要求，并进行年级中期和末期成果交流；纵向：各导师组内，展开个性化教学。由此形成有规有矩同时又灵活个性的教学管理体系。整个教学实行过程管理，严格时间节点和内容目标达成。

（三）成绩评定方式

设计课成绩由过程决定，最终图纸是过程的体现和表达。导师实行组内推优，名额及高分分值受限，推优成果在全年级交流会上展示。同时年级交流会也有助于同级同学明晰自己在年级中的学习质量排位，明晰评价标准。

五、实施案例

作为专业基础阶段的设计训练课程，在题目设置、具体课程设计要求以及整个教案设置都贯彻思政教育目标，帮助同学们在实际训练中体会思政教育的具体内容。

（一）案例 1："我未来的家"表格

以人为本：在作业设置中，通过具体业主人物设定，帮助同学们理解设计中具体的人以及真实的生活，从人们的需求出发进行设计（见图 1）。

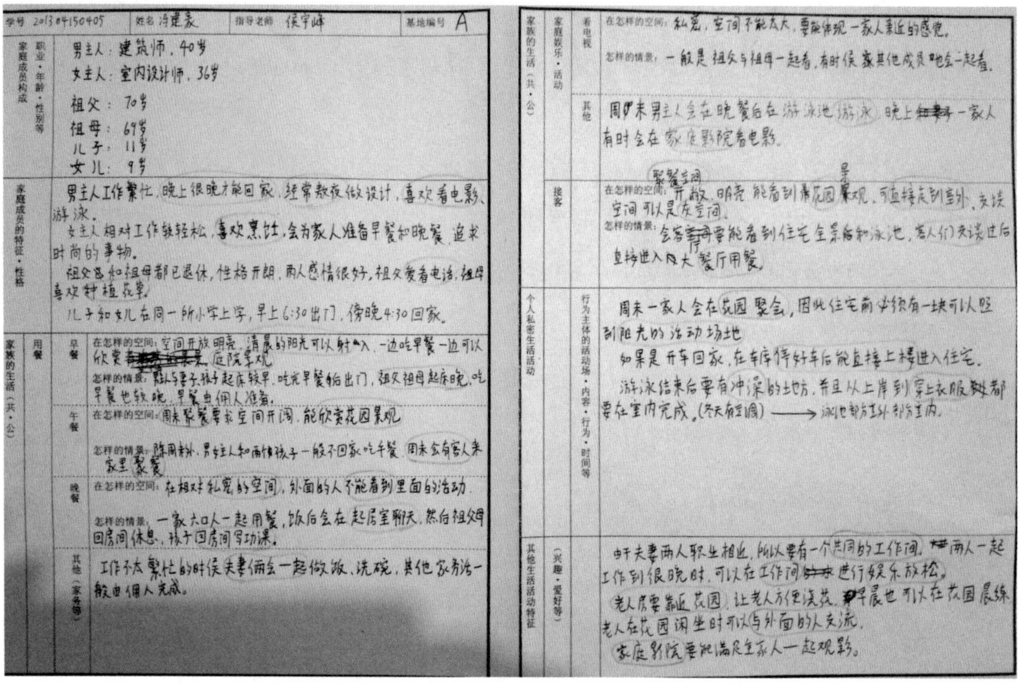

图 1　"我未来的家"人物设定表格（2013 级 冯建豪 侯宇峰老师 指导）

（二）案例 2：19 级独立式住宅设计 1

务真求实：对实际城市化进程中的村居聚集点进行调研及考察，以解决真实问题为切入点，确定设计思路（见图 2）。

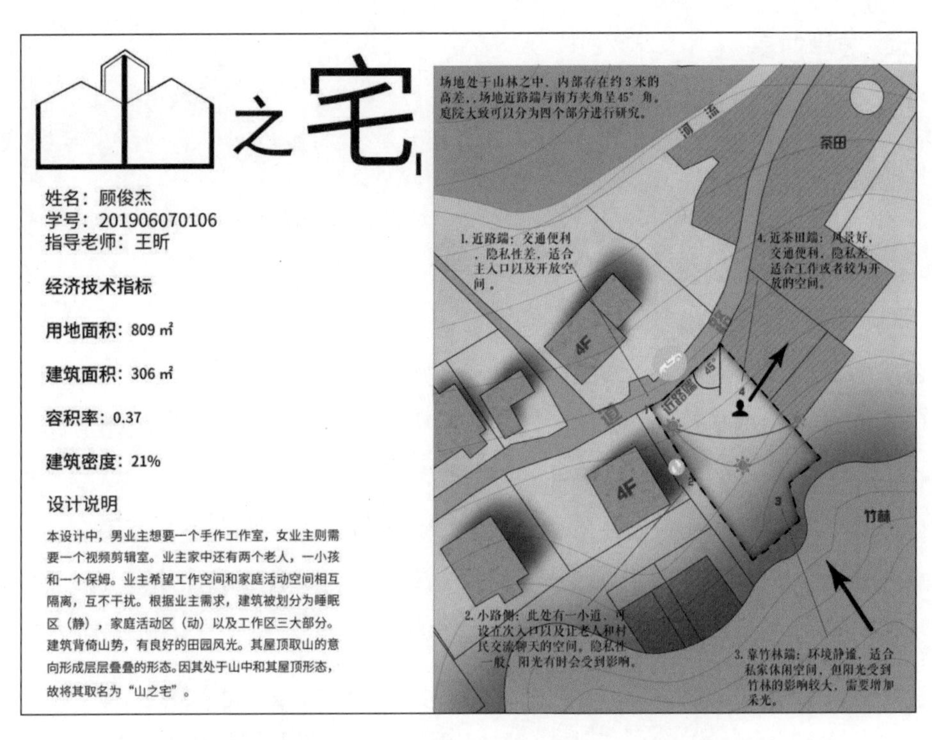

图 2　真实用地上的住宅设计（2019 级 顾俊杰 王昕老师 指导）

（三）案例 3：课程教案获奖方案

尊重环境：在整个教学过程中，通过对教案精细设置，对建筑与环境的关系进行了细致的分析和推导，一步一步引导教学过程推进（见图 3）。

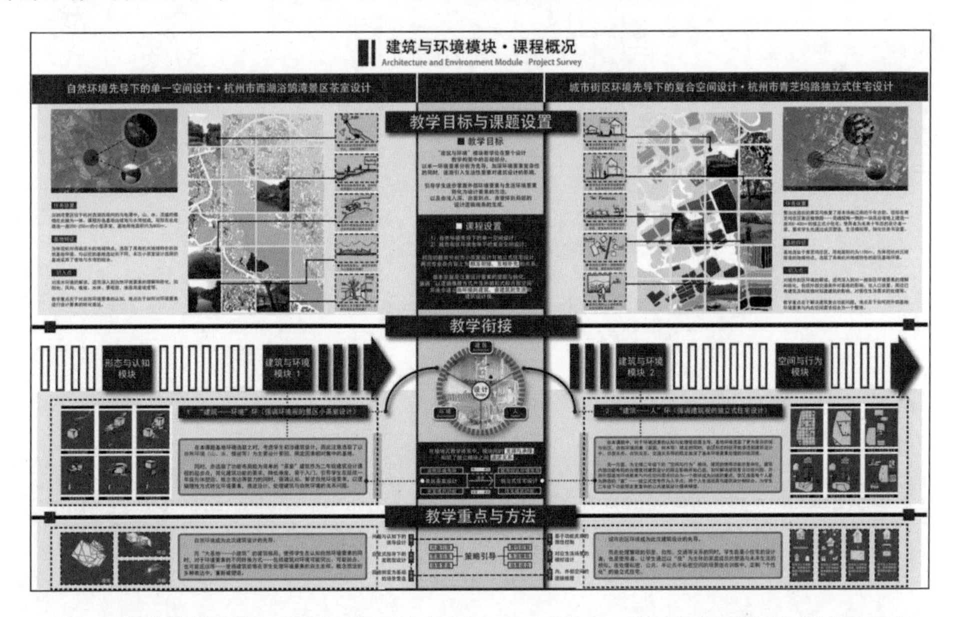

图 3　环境与建筑关系建立方式教案成果（王昕、侯宇峰指导，2012 级周军等同学参加 2014 年专指委举办的全国高等学校建筑设计教案和教学成果评选）

六、教学效果

课程建设至今取得了一些成果，体现在：

（一）教学项目

依托“建筑设计基础”课程建设，“建筑设计基础”2020 年被认定为校级精品在线课程。2021 年成为省级一流课程。

（二）学生学术论文

在课程教师团队指导下，学生撰写小论文并发表（见图 4），如：

（1）裘一恺，戴晓玲 . 老旧社区微空间活力影响因素探究——以杭州清波街道为例 [J]. 建筑与文化，2019（1）：149–151.

（2）傅铮，瞿叶南，戴晓玲等 . 从中心镇到小城市——来自小城市培育试点义乌佛堂镇的报告 [C]// 中国城市规划学会小城镇规划学术委员会 2019 年年会论文集 . 湖南益阳，2019.

荣誉证书

浙江工业大学：

贵校 周军、楼庄杰 同学（指导老师：王昕、侯宇峰）的作业《 消隐的水幕 》在“2014 全国高等学校建筑设计教案和教学成果评选活动”中获评为优秀作业。

全国高等学校建筑学科专业指导委员会

二〇一四年十月十六日

荣誉证书

浙江工业大学：

贵校 王昕 老师编写（侯宇峰、林冬庞参与）的教案《 建筑与环境模块·环境因素先导下的建筑空间设计 》在“2014 全国高等学校建筑设计教案和教学成果评选活动”中获评为优秀教案。

全国高等学校建筑学科专业指导委员会

二〇一四年十月十六日

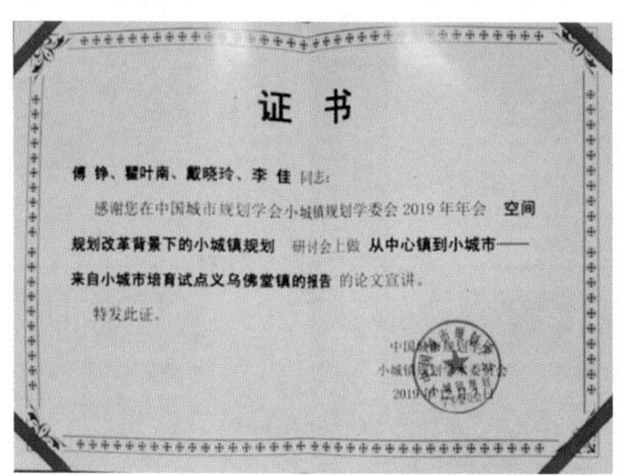

证　书

傅 铮、瞿叶南、戴晓玲、李 佳 同志：

感谢您在中国城市规划学会小城镇规划学委会 2019 年年会 空间规划改革背景下的小城镇规划 研讨会上做 从中心镇到小城市——来自小城市培育试点义乌佛堂镇的报告 的论文宣讲。

特发此证。

图 4　学生参赛获奖证书及撰写的文章发表

（三）学生学科竞赛

在教学团队教师指导下，学生参加竞赛并获奖，如：

（1）2020 年东南·中国建筑新人赛 TOP105，获奖名称：街头邻里（18 级 陈佳鑫、吴昊，侯宇峰老师指导，见图 5）。

由东南大学建筑学院主办的“东南·中国建筑新人赛”面向全国大一至大三的建筑专业学生征稿，旨在为年轻鲜活的低年级设计者提供竞赛平台，并鼓励他们展现创造性与合理性并存的设计思维；同时中国建筑新人赛作为选拔赛，将会根据优胜作品选出优秀选手，代表中国参加亚洲建筑新人赛。

这个赛事在国内建筑专业院校中有较高的影响力。我校师生在二年级参赛，取得了好成绩，这种横向的比较，有助于师生在教与学中发现不足，也证明自己的实力，提高自信。

图 5　学生参加 2020 年东南·中国建筑新人赛获奖

（2）2014 年全国大学生建筑设计作业观摩与评选，获奖名称：二上小住宅作业设计（2014 级 周军等，王昕、侯宇峰、林冬庞老师指导，见图 6）。

全国大学生建筑设计作业观摩与评选是由全国高等学校建筑学学科专业指导委员会主办，面向全国高等学校建筑学及其相关专业的在校学生的一次竞赛，在建筑学领域具有权威性，是在校大学生等级最高的作业评优竞赛，每年度组织一次，旨在促进全国各建筑院系建筑设计教学交流，提高各校本科教育水平和教学质量，激发全国各建筑院系建筑学专业学生的学习热情和竞争意识，培养优秀的、有创新能力的建筑设计后备人才。每年吸引了全国众多建筑学院系参加，是国内建筑学教育规格最高的教学和评选活动，也是扩大各个院校影响力的相对公平开放的最重要的平台之一。

同样是本教学团队，在建设期开始之前，就已经逐渐形成了自己的教学氛围。

同学们在二年级时参加专指委举办的全国大学生作业竞赛，取得了优秀奖的好成绩。这种比赛同时需要考察教学环节的设置，考察教师教学，同时也需要学生提供好的作业作品，考查学生，因此在此项全国教学环节专项的评选中获奖是对教师及教学成果的有力肯定。

荣誉证书

浙江工业大学：

贵校 王昕 老师编写（侯宇峰、林冬庞参与）的教案《 建筑与环境模块·环境因素先导下的建筑空间设计 》在“2014 全国高等学校建筑设计教案和教学成果评选活动”中获评为优秀教案。

全国高等学校建筑学科专业指导委员会
二〇一四年十月十六日

荣誉证书

浙江工业大学：

贵校 周军、楼庄杰 同学（指导老师：王昕、侯宇峰）的作业《 消隐的水幕 》在“2014 全国高等学校建筑设计教案和教学成果评选活动”中获评为优秀作业。

全国高等学校建筑学科专业指导委员会
二〇一四年十月十六日

荣誉证书

浙江工业大学：

贵校 陈蝶、徐心蔼 同学（指导老师：侯宇峰、王昕）的作业《 Silent in the courtyard 》在“2014 全国高等学校建筑设计教案和教学成果评选活动”中获评为优秀作业。

全国高等学校建筑学科专业指导委员会
二〇一四年十月十六日

荣誉证书

浙江工业大学：

贵校 叶珂韡、王丽媛 同学（指导老师：侯宇峰、王昕）的作业《 树丛中的家 》在“2014 全国高等学校建筑设计教案和教学成果评选活动”中获评为优秀作业。

全国高等学校建筑学科专业指导委员会
二〇一四年十月十六日

图 6　参加全国大学生教案及作业竞赛获奖证书

（3）在团队教师指导下学生参加“运河杯”并获得好成绩。

在本课程的学习过程中，不少学生针对自己学习中遇到的问题，课后展开调研思考，参加“运河杯”等赛事，也积极撰写论文，取得了一些成果，丰富了本课程教学内容，同时也给予学生自己以自信心。

《乡村活力重塑的路径研究——“乡村振兴战略”下的乡村公共进空间重构》获浙江工业大学第十三届“运河杯”大学生课外科技作品竞赛特等奖，指导教师林冬庞（2018 年）。

《养老机构中失智老人消极行为及环境相关因素研究》获浙江工业大学第三十届“运河杯”大学生课外科技作品竞赛一等奖，指导教师吴涌（2018 年）。

课程负责人：王昕

教学团队：林冬庞、李青梅、刘灵芝、戴伟、刘博新、沈黎、吴涌

所在院系：设计与建筑学院建筑学系

建筑摄影

横看成岭侧成峰，远近高低各不同。

——宋·苏轼《题西林壁》

一、课程概况

（一）课程简介

“建筑摄影”课程是面向建筑学和城乡规划专业本科的一门专业限选课。建筑摄影是以建筑为拍摄对象、用摄影语言来表现建筑的专题摄影。建筑摄影既是摄影中的一个分类，同时也是一种重要的建筑表现手段。其目的既要通过摄影训练提高学生的艺术素养，又要通过观察、认识、表现建筑加强对专业的理解和认知。在本科培养计划中，该课程开设在建筑学第六学期、城乡规划学第四学期，计2学分，共学时32（其中理论12，实践20），每年选课人数70～100人。

本课程自2005年开设，旨在架起建筑与摄影艺术之间的桥梁，通过摄影欣赏和训练提高审美素养，同时通过观察、表现建筑和城市，加强对专业的理解和认识。从2020年开始，在课程教学中逐渐融入课程思政内容，在教学目标、教学设计、教学内容、教学活动、教学评价中丰富和完善课程思政，通过讲述摄影故事、分析具有思政元素的优秀摄影作品及组织“课程思政”摄影实践活动，潜移默化地对学生进行思想政治教育，真正实现全程育人。

（二）教学目标

1. 知识目标

（1）熟悉摄影器材的性能和特点。

（2）熟悉摄影的基本原理。

（3）掌握摄影用光、构图、后期制作等基本技术。

2. 能力目标

（1）观察能力：通过学习和训练，养成发现美的能力。

（2）动手能力：通过实践操作，了解相机性能以及掌握软件应用能力。

（3）创作能力：利用所学原理和技巧，创作出符合要求且具有一定艺术水平的摄影作品。

3. 价值目标

（1）发现美、表现美、传递美，用摄影方式记录和歌颂美丽中国。

（2）以相机为笔，记录人民生活水平的提高和城乡面貌的变迁，树立文化自信。

（3）在观察和拍摄中培养设计师的职业素养和工匠精神。

二、思政元素

以帮助学生提升审美素养、通过镜头记录体现"爱国、爱校、爱专业"为主线，在教学内容中有机融入思想政治教育资源，并结合教学活动，落实立德树人根本任务。融入的思政教学资源主要来自习近平新时代中国特色社会主义思想、中华优秀传统文化、职业理想和职业道德教育等。

（一）美丽中国

摄影是对现实世界最直观最生动的记录和表现形式。通过摄影案例的介绍与分析，展现祖国的壮美山河画卷和日新月异的变化。摄影训练通过主题设定以及与专业课程调研活动相结合的形式，通过对校园、城市、乡村等拍摄对象的摄影表现，通过美丽校园、美丽城镇、美丽乡村的记录全方位展现美丽中国的形象。

（二）文化自信

建筑摄影的表现对象中，古建筑和园林是很重要的组成部分。通过了解和表现古建筑可以激发学生对中华优秀传统文化的历史自豪感，形成对社会主义核心价值观的普遍共识和价值认同。

（三）职业素养和工匠精神

摄影虽是一门瞬间的艺术，但拍摄好作品不但需要精湛的摄影技艺，更要有敬业专注、精益求精的工匠精神。通过图像讲述拍摄者的故事，学习名家经验、启迪人生智慧。优秀的建筑摄影作品还需拍摄者对对象有足够的理解力和感受力，客观上也是对学生职业素养的培养和训练。

（四）知行合一

摄影学习重在实践。课程拟以其他专业课程和校外实践基地为平台，通过设计调研、校地合作、参加竞赛、举办展览等多种形式和渠道，引导学生深入城市、乡村，走近真实的生活，在表现建筑的同时更能关注建筑与人的关系以及建筑在时间中的存在，触发学生对所学专业更深层次的理解和思考。

三、设计思路

“专业课程思政”教学是由思想政治教育、综合素养教育和专业课程教育相结合构成的三位一体的教学模式，承担了思想政治理论系统教育、综合素养培养与专业课程要素相互结合、相互渗透、相互影响的教学任务。“专业课程思政”的内涵着力于课程思政，赋予了专业课程教学更深层次的情感和价值教育意义，培养专业知识技能和具有“工匠精神、文化自信、时代担当”职业素养并且具有“双创”精神的高校学生。通过“专业课程思政”教学力图将中华优秀传统文化、社会主义核心价值观和做人做事的道理融入专业课程教学，使学生潜移默化地接受思想教育，实现“润物无声，立德树人”。

结合摄影课程的特点，镜头是我们的另一只眼睛，通过这只眼睛，我们可以更好地去观察和感悟这个熟悉却往往忽视的世界。32个学时很短，作为一门以实践练习训练为主的课程更是远远不够。因此，课程也许只是一个引子，一个引导学生仔细观察、用心感悟、创新表达、培养审美的过程。以往的摄影课教学往往只注重摄影知识的传授和拍摄能力的培养，专业思政则要求在课程中潜移默化地融入价值引领，引导学生关注社会主义核心价值观、民族精神和时代精神，传播正能量，激发学生的自信心、爱国情怀和民族自豪，引导培养学生具有精益求精的工匠精神，耐心地做好每一个创作拍摄，并与团队成员紧密协作，发挥自己的特长，感受到集体的温暖与力量，掌握团结合作的精髓，激发集体主义精神，从而提升教学的“高度”和“温度”。

基于本课程实践性较强的特点，课程实施“课程思政”在理论和实践环节有不同的途径：

（一）课程理论环节主要利用案例教学融入思政内容

表1　课程环节

课程章节	重要思政元素	相关联的专业知识或教学案例
绪论	知行合一 创新精神	从课程要求入手强调知识的掌握需要不断学习练习，强调案例、评价、实践的重要性，引出知而必行、以知促行在学习中的重要意义；通过两张相同拍摄对象（天坛祈年殿）比较的案例，强调摄影中拍摄者的想法和创新思维才是最重要的要素

续表

课程章节	重要思政元素	相关联的专业知识或教学案例
第一单元 器材与原理	工欲善其事，必先利其器 科学精神 学以致用，理论联系实际	通过不同镜头的分类及成像特征，诠释对器材了解和掌握于拍摄的意义；曝光、光圈、快门、感光度、白平衡、测光、曝光补偿、景深等基本原理通过摄影案例的形式讲述，让学生懂得掌握原理的最终目的是学以致用，摄影技术的熟练掌握需要既有理性分析又有探索创造的科学精神
第二单元 摄影用光	文化自信 美丽中国	光之美在于发现、更在于塑造，用大量优秀古建筑摄影案例传递美丽中国的景象，树立学生坚定的文化自信心和民族自豪感
第三单元 摄影构图	和谐之美 文化自信 美丽中国 工匠精神	画面元素间也需要相互配合、协调，画面构图才会产生和谐之美；但构图并无一定之规，各美其美，才能美美与共；用大量优秀中国建筑摄影案例展现美丽中国的景象，传递文化自信和民族自豪；通过案例展现阐释好的照片需要从画面构图的各方面精益求精，要有敬业专注的工匠精神
第四单元 摄影后期及其他	职业精神 诚实守信	通过摄影后期技术的“度”的把握，引领学生既要有精益求精、敢于创新的态度，又要严守职业道德，不抄袭、不作假

（二）摄影实践环节开展“课程思政”摄影实践活动

在课程实践中寻找思政元素，通过教师设定主题进行摄影创作。如结合 G20 杭州峰会、新中国成立 70 周年、亚运前城市风貌等重大事件，或指定拍摄对象，寻找身边的美，以此激发学生对美的追求和家国情怀。

联系学生其他课程教学进行摄影实践。既可以使课程互相融合，减轻学生的负担，又可在拍摄中加深学生对专业的认识和理解，提高职业素养。如建筑学的同学在进行设计课程调研时，老师会有意识地推荐合适的拍摄对象，引导学生从不同方面理解、观察和表现建筑。

接下来拟与适当的教学实践基地结合开展实践教学活动、鼓励学生参加各种摄影竞赛，使学生在学习中关注民生、关注地方，培养脚踏实地、服务社会的职业道德。不定期请优秀学长分享经验，在交流中感受榜样的力量，培养学习的动力。

四、教学组织与方法

为达到更好的教学效果，结合课程现有教学条件和工作基础，在教学组织模式和教学方法上采用多方位、多渠道、多手段，将这门实践性很强的课程融入课程体系和目标培养的方方面面。在教学上倡导“理论与实践相结合、线上与线下相结合、课程与专业相结合、对象与基地相结合”的组织模式，将课程全方位嵌入教学培养的整体框架，在课堂上采用“演示与实操相结合、课内与课外相结合、自评与互评相结合、评价与赛展相结合”的方法促进和提升学习效果，多元协同打造“全方位育人”的人才培养目标。

五、实施案例

（一）案例 1："西湖边的一棵树"及其背后的故事

在绪论中，讲述了《都市快报》摄影记者傅拥军获得第 52 届世界新闻摄影比赛（荷赛奖）二等奖的成名作品《西湖边的一棵树》背后的故事。他先是无意识地对西湖边的一棵桃树感兴趣，在同一个地方、用同一个镜头拍照，记录下四季变迁和各色人等的变化生活，近三年渐渐积累了一千多张照片，又从里面选出 9 张参赛（见图 1）。

用影像讲述故事，引导学生走出对摄影认识的误区。每一个看似毫不费力的背后都需要付出千万次的努力；摄影并不意味着惊心动魄，水滴石穿往往更有力量，简单的形式也可以蕴含丰富的内涵。以此为切入点让学生展开讨论，并养成细心观察、一丝不苟、脚踏实地的拍摄习惯。

图 1　傅拥军荷赛奖获奖作品《西湖边的一棵树》

（二）案例 2：建筑师王俊锋《浦西的浦东》系列摄影

第三单元摄影构图讲到构图基本原则之一——对比。用案例讲解了摄影中可以用多种对比手法体现形象或空间之间的关系，通过对比可以使画面的形式和内容形成强烈反差，给人留下深刻印象。上海建筑师王俊锋喜欢通过手机摄影记录城市，他认为隔着浦西的老房子看到浦东的天际线才是最上海的模样，在走街串巷中拍摄了《浦西的浦东》系列（见图 2）。通过这组照片的分析，感受到一种陌生的熟悉感和复杂的真实感：粗糙中的精致、市井里的摩登。学生留下了深刻印象，拓宽了拍摄思路，更重要的是学习以建筑师的视角，在城市环境变迁的大背景下关注建筑，在日新月异的变化中提升了民族自豪感，又潜移默化地对设计的环境观、大局观有了更深刻的理解。

图 2　建筑师王俊峰《浦西的浦东》系列手机摄影作品

（三）案例 3："美丽校园"摄影

在平时的摄影训练中，第一次拍摄设定就是以"美丽校园"为主题，选取同学熟悉的校园场景作为拍摄对象，一方面可以了解学生的观察力和在熟悉的事物中发现美的能力，另一方面也可以通过训练更加熟悉校园，激发学生爱学校、爱集体的热情（见图 3）。在之后的训练中，老师会带领学生更加深入地走近校园的建筑，发现并记录建筑之美，再选取优秀的作品进行交流。熟悉的对象更容易引起学生的共情，激发学生相互学习借鉴，对作品进行深入分析，引导形成良性的相互学习共同促进的氛围。

图 3　校园建筑摄影教学案例作品

（四）案例 4：古建筑摄影

古建筑是建筑摄影的重要内容之一，无论是飞檐流影、高塔叠彩，或是古祠余晖、水乡情浓，皆充分展现了我国悠久的历史和光辉的建筑成就。在阐述拍摄技巧时，需要在对拍摄对象的地点环境、历史溯源、建筑特征、艺术成就等充分了解的基础上才能进行更好的艺术表现，因此对每一个古代建筑进行拍摄练习的过程也是对中国古代建筑文化的再学习过程（见图 4）。教学过程中充分秉承文化自信的思政理念，较好地达到了本课程的教学目标。

图 4　古建筑摄影教学案例作品

六、教学效果

本课程从根本上说是一门潜移默化的艺术素养课，通过学习训练提升审美能力、摄影技艺和专业素养。很高兴看到通过这门课，使一些同学对建筑摄影开始产生浓厚的兴趣，使更多的同学养成了观察、取景、构图等摄影习惯。

在历年学生中，有同学从“建筑摄影”课程后开始迷恋建筑摄影，做建筑师的同时也兼做建筑摄影师，为一些建成项目拍摄竣工照片；也有同学用文字和照片记录建筑旅行，被各大建筑公众号广泛转载（见图6）。

图5　学生为实际建成项目拍摄的竣工照片

图6　学生被建筑公众号转载热帖的部分摄影作品

学生课后体会：

浙江工业大学2019级在读本科生史翼洋（浙江工业大学城乡规划系1901班班长）：在我看来，“建筑摄影”课程是一门兼容理性与感性、理论与实践紧密结合的课程。它既需要理性的思维来选择合适的场景，又需要感性的认知来确定一张照片的表达方式。在课程的学习过程中，我很喜欢老师理论结合实操的教学方式，对于摄影新手，老师讲解的专业理论可能刚开始会疑惑、不明所以，但是在自己动手后便亲自见证了在有理论思维作为铺垫的情况下，真的可以拍出不一样的照片。在上过这门课后，我对空间的敏感程度和美感都有提升，并且在照片拍摄的过程中，也见到了更多精彩的建筑、城市设计，为日后自己的设计带来了很大的启发。

浙江工业大学2018级在读本科生蔡雨峥：“建筑摄影”是一门以建筑物和结构物体为摄影对象的艺术学科。其拍摄主题范围很广，可以是一栋建筑，也可以是建筑的群体或一个地区、一座城市；可以是建筑的整体，也可以是建筑的局部。作为一名建筑学专业的学生，我认为，建筑摄影是建筑美学与摄影美学的有机结合，任何艺术门类都是对个人的观察力的考验，建筑摄影亦是如此。在学习建筑摄影的过程中，摄影思维的观察思考方式也在一定程度上对我的建筑设计有所引导。光影、色彩、构图、配景等等既是摄影要素，同时也是重要的建筑构成要素，我学会了跳出固有的思维框架，去设计形成更具有均衡、稳定和美感的作品。

课程负责人：徐鑫
所在院系：设计与建筑学院建筑学系

居住建筑设计原理

安得广厦千万间，大庇天下寒士俱欢颜！

——唐·杜甫《茅屋为秋风所破歌》

一、课程概况

（一）课程简介

“居住建筑设计原理”课程是一门设计原理与实践操作相融合的专业理论课程，也是建筑学及相关专业的基础课。课程紧扣人类生活与居住空间的密切联系，以居住建筑相关理论为基础，将学科前沿和工程实践问题融入设计基本原理，通过对居住建筑发展演变、套型设计影响要素、适应社会不同需求的居住建筑等方面的解读梳理和典型案例分析，使建筑类专业学生能更好地掌握居住建筑设计的基本方法，初步建立居住建筑设计的思维方式、研究方法和理论架构。课程依托我校建筑学国家一流本科专业，以培养具有“家国情怀、友善仁爱、生态共富”理念的建筑创新设计人才为目标，引导学生建立正确的住区设计价值观。本课程属于浙江工业大学设计与建筑学院建筑学专业人才培养计划中第七学期的必修课程，计 2 学分，共 32 学时。

课程以思政为引领，聚焦人类居住问题本质，服务城市更新和乡村振兴热点领域，以理论支撑实践、实践融合理论为原则，引导学生积极投身美丽中国建设，从而创作更多优质的居住建筑作品。

（二）教学目标

1. 设计基础知识的掌握

了解住居发展演变过程与规律；熟悉影响住宅套型设计的核心要素；住宅套型适应居住需求的分析方法和要点。

2. 设计综合能力的培养

培养学生对居住单体及群体建筑的综合设计能力，训练学生独立思考、发现和研究设计问题的能力，并引导学生对与课程相关的内容做出一定的理论思考。

3. 设计价值目标的明确

培养学生关注社会居住热点问题，关爱城乡弱势群体，积极投身新型城镇化建设浪潮，建立正确的住居设计价值观。

二、思政元素

课程思政并不是仅仅指我们日常所说的狭义上的“思政”，更多的是指“育人元素”。因此，我们认为思政元素主要是指通过课程的学习和教师的引导，对学生人生成长有积极推动作用、有助于激发学生的爱国、理想、正义、道德等正能量的内容。

（一）家国情怀、文化传承

引传统说热点。在课程中引入中国优秀传统居住设计案例，以及对中国传统文化演绎优秀的设计作品讲解，对学生进行中华优秀传统文化教育，树立文化传承理念。关注社会热点，将抗击疫情与住宅设计紧密结合，探讨后疫情时代居住建筑空间的变革，让学生认识到“家”与“国”关系的重要性。

（二）友善仁爱、住有所居

融社会话担当。强调要观察和了解现代生活方式，实地调研低收入人群、老年住户需求，引导学生从需求、功能、尺度、艺术等角度对住居展开分析思考。通过现场观察与沟通，培养学生关爱弱势群体的意识，并在实践研究中逐步建立友善仁爱、住有所居的设计观。

（三）生态共富、美美与共

讲生态求共富。通过理论学习形成对城乡未来居住空间形态的思考，关注生态、城乡共同富裕发展理念，要求学生完成问题梳理、课程汇报并参加相应竞赛。教师指导学生将方案设计从前期调研思考、资源梳理、设计构思到内容深化等，由简入深，层层递进，引领学生开阔视野、树立可持续人居发展观。

三、设计思路

本课程强调有理论支撑的创新型居住建筑设计人才培养，在总体建筑学人才培养模式框架下，完善课程教学目标定位，理顺前后课程群关系，夯实课程思政建设内容，对标国家一流课程建设标准。课程将思政元素全过程融入“知识 + 能力 + 价值”三个维度的“金三角形”培养体系中，在基础理论、社会调研、实践应用三个教学层面细致入微、润物无声体现思政元素（见图 1）。

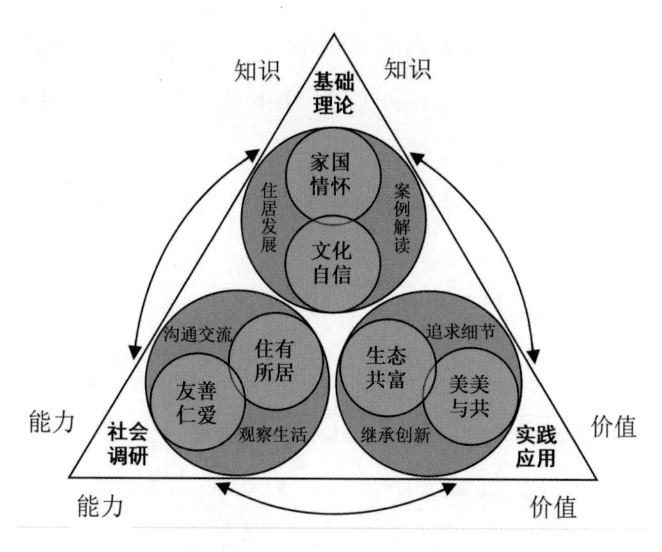

图 1 “居住建筑设计原理”课程思政设计思路

教学内容（见表 1）在基础理论、社会调研、实践应用 3 个教学模块中分“知识、能力、价值”三层面要求学生全面了解住居发展演变过程与规律，熟悉影响住宅套型设计的核心要素，掌握社会调研的方法与步骤，并通过实践案例的分析设计，建立初步的居住建筑发展观和正确的住居设计价值观，达到课程内容教学、素质教育、思政教育有机融合的建设目标。

表 1 “居住建筑设计原理”课程思政建设内容

序号	教学模块	思政元素	相应教学维度与教学案例			
			知识要求	能力要求	价值要求	教学案例
1	基础理论	家国情怀 文化传承 友善仁爱 住有所居	了解住居发展演变过程与规律；熟悉影响住宅套型设计的核心要素	熟悉不同时期居住建筑特征；住宅套型适应居住需求的分析方法和能力	建立初步的居住建筑发展观和正确住居设计价值观	中国传统优秀住居设计案例，以及对中国传统文化演绎优秀的设计作品
2	社会调研	文化传承 友善仁爱 住有所居 生态共富 美美与共	培养学习社会调研的基本内容和核心要素	培养学生进行社会调研的方法和分析套型优劣的能力	培养学生创新精神，关注社会热点与弱势群体	新杭派住宅设计、养老住宅设计案例。
3	实践应用	文化传承 友善仁爱 住有所居 生态共富 美美与共	培养学生自主学习、了解社会经济发展对居住建筑的影响	培养学生空间、环境和形态整体观、综合运用知识的能力	培养学生职业道德、批判性思维、创新精神	地域性住宅设计研究、乡村民宿设计研究

四、教学组织与方法

本课程遵循建筑学整体培养方案的逻辑路径，结合现有教学条件和工作基础，坚持“基本原理 + 设计实践 + 思政元素”的关联性导向，实行以“建筑设计问题”为主线的模块化教学。从教学目标定位、课程体系结构、教学组织方式三方面展开探索与实践。针对教学实际中存在的住居需求与设计实践的不对应性问题，强化问题调研导向，以原理讲解为基础，引导学生进行社会性思考，从而培养学生关注行业和社会需求的能力，建立以人为本的住居设计价值观（见图 2）。本课程归属“城市与文化”模块，主要为后续课程“居住区规划与住宅设计”奠定扎实的理论基础与实践先导。

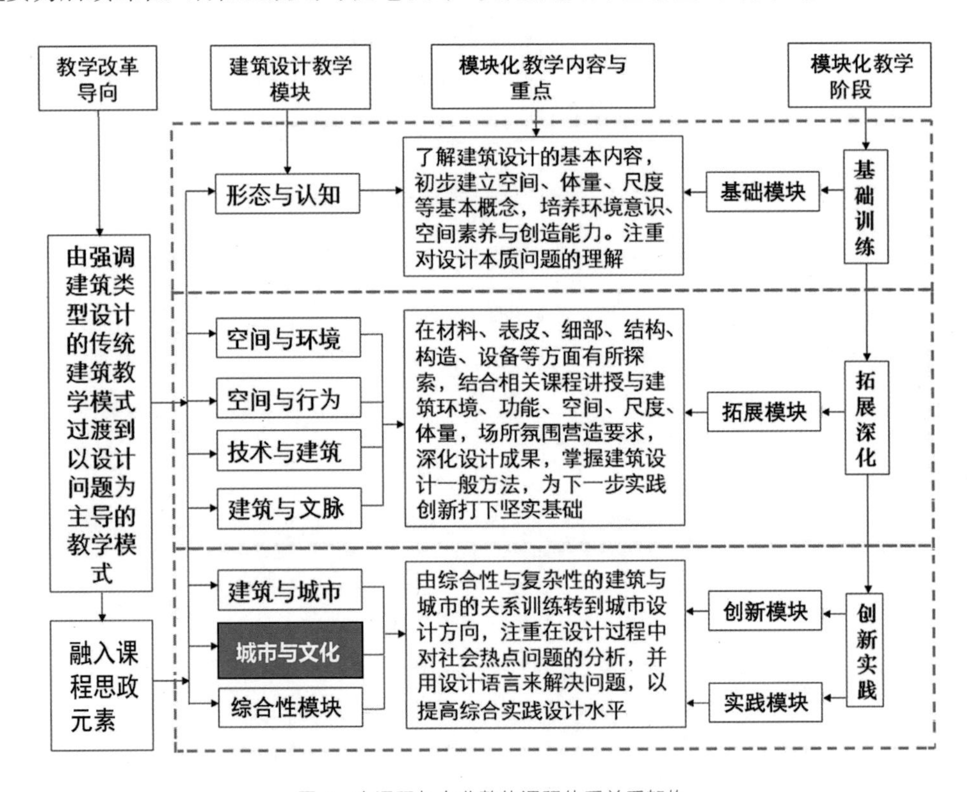

图 2　本课程与专业整体课程体系关系架构

五、实施案例

（一）案例 1：我家住在运河边——新杭派住宅设计研究

城市历史地段的文脉传承、高品质宜居环境的营建一直是城市更新的研究热点。案例（见图 3）采用校企合作方式，选址于杭州城北运河边，以“新杭派住宅设计研究”为设计实践主题，要求同学们对传统地域性住居文化进行深入研究，以重塑具有地域特色的人居环境，营建充满生活魅力和品质的居住空间。

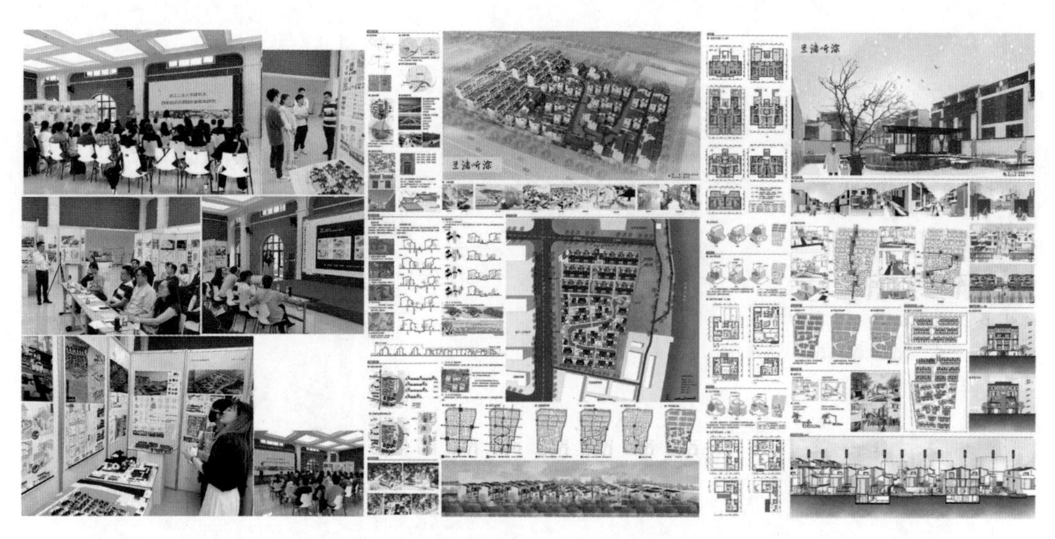

图 3　新杭派住宅设计教学案例作品

（二）案例 2：迎接社会老龄化——高层老年住宅设计

本案例（见图 4）以如何在居住层面体现社会老龄化需求为目标，要求同学们设计一栋满足未来养老需求的高层住宅，并符合“4+2+2”家庭人口模式生活需要，课程教学强调要观察和了解老年人生活方式，分析思考老年住居需求，并形成自己的设计概念。此案例教学旨在培养学生关爱社会弱势群体，体现出仁爱之心的设计观。

图 4　高层老年住宅设计教学案例作品

（三）案例 3：闲茶芬芳、归园而居——乡村民宿建筑设计

如何在发挥乡村生态优势基础上，通过建筑设计的手段，回应当地经济发展需要，是一个时代命题。案例（见图 5）以全国民宿建筑设计竞赛为切入点，选址于浙江省

开化县某村，要求同学们适度回答乡村生态保护、居住空心化、老龄化等问题，从城乡共富的视角，关注生态环境与村落可持续发展。最终，学生提交作品获全国二等奖和优秀奖各一项。

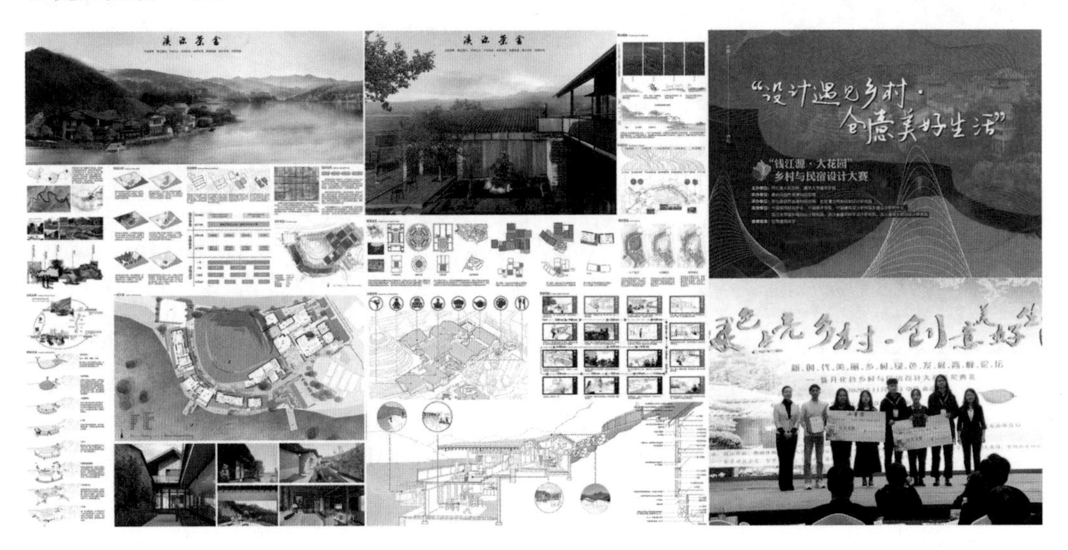

图 5　乡村民宿建筑设计教学案例作品

六、教学效果

本课程教学团队主持人为建筑学国家一流专业负责人，自课程建设与改革以来，在教学项目、教学成果获奖、学术与教改论文、指导学生课外科技竞赛、实践基地建设等方面取得了较好的成绩。课程团队主持、参与教育部产学协同育人项目和浙江省产学协同育人项目各 1 项；获得浙江工业大学教学成果奖二等奖 1 项（负责人）；发表学术和教改论文 30 余篇；指导学生获得中联杯国际大学生建筑设计竞赛二等奖 1 项、全国民宿建筑设计竞赛二等奖和优秀奖各 1 项、亚洲设计学年奖优秀奖 1 项、浙江省乡村创意设计竞赛一等奖 1 项，二等奖 2 项（见图 6、图 7）；在台州黄岩、绍兴诸暨、杭州等地建立产学研实践基地 3 个；主编的《居住建筑设计》教材自 2011 年出版以来，已连续印刷 5 次，累计印刷 1 万余册。以上教学项目和成果的取得，较好地支撑了本课程的建设与实践。2020 年，“居住建筑设计原理” 课程获学校一流课程培育。未来几年，课程教学团队将继续以课程思政为引领，不断推进课程教学改革，培养更多优质居住建筑设计人才，努力创建省级乃至国家一流课程。

图 6　第五届中联杯国际大学生建筑设计竞赛二等奖

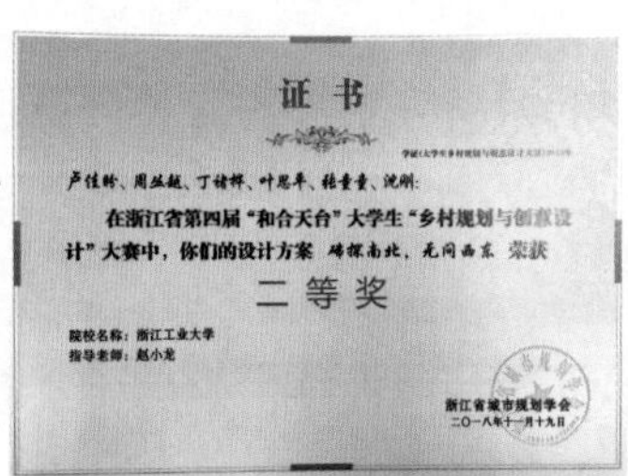

图 7　2015—2018 年浙江省大学生乡村创意设计大赛奖状

课程负责人：赵小龙

教学团队：林冬庞、张玛璐

所在院系：设计与建筑学院建筑学系

设计基础

应无所住而生其心。

——《金刚经》

一、课程概况

（一）课程简介

“设计基础”课程是建筑学、城乡规划专业的学科基础课程和主干课程。在本科阶段第一学年开设，是建筑学大类专业学生展开后续理论与专业技能学习以及素质教育与综合实践能力培养的基础。

“设计基础”课程主要通过基本技能训练，阐述建筑和城市空间形态现象的变化和发展规律，以及与人群活动、自然环境、社会环境、历史文化环境等内外因素之间相互联系、相互影响的关系，使学生学会运用唯物辩证法和方法论，即用事物普遍联系、永恒发展的思想观点去认识和掌握建筑和城市形态变化及其基本规律，并能初步理解与掌握建筑设计和城市规划的基本方法。

在本科阶段的第一学年开设，是建筑学大类专业学生开展后续理论与专业技能学习以及培养素质教育与综合实践能力的基础。课程于2001年开课，包括“设计基础Ⅰ”“设计基础Ⅱ”两个阶段，计7学分，共160学时。

（二）教学目标

1. 知识目标

（1）认识形态现象及形态现象内在构成因素之间的普遍联系和永恒变化。

（2）全面了解建筑和城市现象及其影响其生成与发展变化的内外因素。

（3）系统了解建筑和城市现象发展变化的一般规律。

（4）理解形态的评价及审美的基本原理。

2. 能力目标

（1）熟练掌握形态多维表达的基本原理和方法。

（2）初步掌握针对具体问题进行资料收集、整理、分析、解读的方法。

（3）全面了解建筑和城市空间规划设计思维的基本内容与一般方法。

（4）基本具备主动运用唯物辩证法进行辩证思考的能力，能够从现有条件出发，实事求是，构思、创造、表达具有美感的方案。

3. 价值目标

（1）形成：统一于物质的辩证唯物论世界观。

（2）理解：以唯物辩证法指导的认识论和实践论为基本的方法论。

（3）树立：以天下兴旺为己任的人生理想，弘扬中华优秀传统文化和时代精神，以人类整体利益实现为前提的价值观。

（4）建立：解放思想、实事求是的思维方式和行为准则。

（5）明确：专业方向和技术能力要求及职业发展目标。

（6）培养：设计师及相关职业人员的社会责任感、职业道德与专业素养。

二、思政元素

（一）遵循客观规律，勇于开拓创新（辩证唯物论世界观）

世界具有客观统一性，物质具有不依赖于意识的客观实在性。要做到一切从实际出发，实事求是，使主观符合客观。必须尊重规律，按客观规律办事，不能违背规律。

人具有主观能动性，在认识和把握客观规律的基础上，充分重视意识的能动作用，重视精神的力量，勇于认识和利用规律，勇于开拓创新。

（二）树立整体观念，重视局部作用（唯物辩证方法论）

世界是普遍联系的，联系是有条件和多样的。树立全局观念，从整体着眼，寻求最优目标。

整体由局部构成，局部之间、局部和整体之间相互影响、相互制约，处在不断变化发展中。重视局部，搞好局部，使整体功能得到最大限度发挥。

（三）树立群众观点，坚持以人为本（社会主义核心价值观）

社会由个人组成，进步靠个人努力。社会是个人理想和价值实现的基础，人类是个人构成的命运共同体。

立足人民，以人民为中心。将个人理想和社会、国家的利益相统一，德智体美劳全面发展，自觉成长为担当民族复兴大任的时代新人。

三、设计思路

（一）课程体系

课程建设体系强调建立对象、意识主体和实践中介三者的关系，通过教学和练习打通不同层面，培养学生达成知行合一状态（见图 1、图 2）。

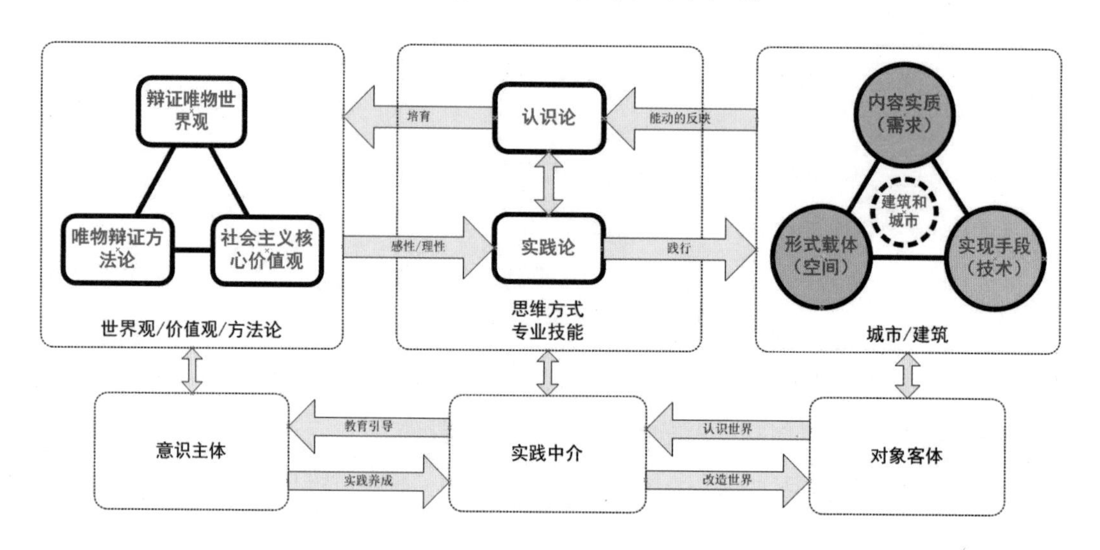

图 1　通过教学需要达到的不同认识层面

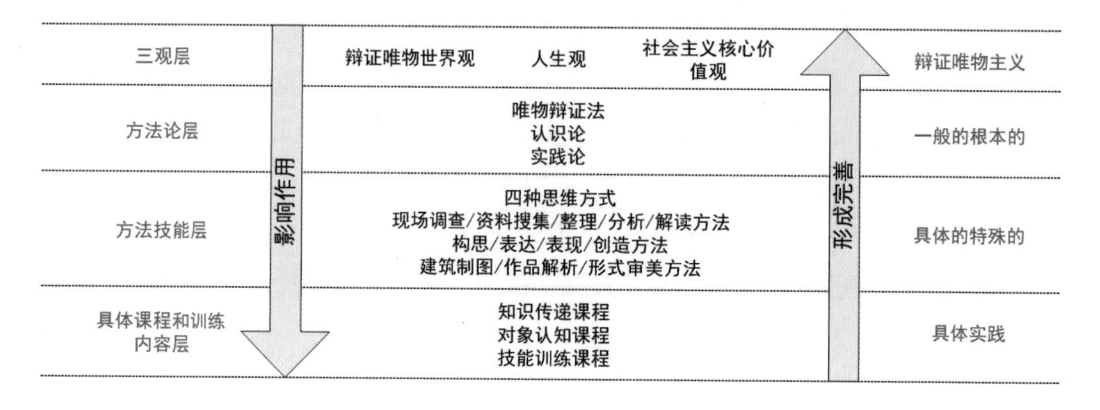

图 2　通过教学需要达到的不同认识层面

（二）教学内容

教学内容见表 1。

表 1　教学内容

教学模块	教学内容	培养要求	思政元素
空间对象初识	（1）专业介绍和线条基础 （2）专业和空间的感性认识	目标：对本课程性质及建筑与城市概念初步认识 内容一：课程性质认知 内容二：建筑与城市初识	（1）感性与理性的辩证统一，意识与物质的相互联系 （2）一切从实际出发，实事求是，使主观符合客观
空间语素认知	（1）空间案例收集 （2）空间单元分析	目标：理解空间语汇；理解空间的可设计性；掌握二维、三维表达方法 内容一：空间语汇初识 内容二：空间语汇认知	（1）理解建筑和城市现象；理解事物的普遍联系和永恒发展的辩证规律 （2）坚持联系观点，反对孤立观点；树立整体观念和全局思想；重视局部的作用，搞好局部，使整体功能得到最大限度发挥
空间整合认知	（1）寝室测绘 （2）传达室测绘 （3）建筑解析	目标：空间尺度扩大，提升空间认知层次，强化综合知识与技能训练 内容一：空间的差别认知 内容二：房屋建筑学基础 内容三：建筑材料与构造基础	学习综合的思维方式；从对象客观的联系中把握事物，避免主观随意性
空间拓展认知	（1）形态构成基本原理 （2）美学原理基础	目标：认识形态和创造形态，美学意识培养 内容一：平面形态构成 内容二：空间形态构成	理解事物存在和发展的各种条件；建筑和城市对象并非孤立存在，是受内外多种因素综合作用的结果
	（1）感性设计练习 （2）理性设计练习	目标：从建筑空间过渡到城市空间 内容一：空间感性组合练习 内容二：空间理性组合认知	
	（3）场地设计基础 （4）外部空间认知	目标：从建筑空间提升至城市空间；理解城市外部空间的概念与形态构成要素，初步掌握城市外部空间调研方法 内容一：城市空间语汇认知 内容二：城市空间组合认识与评价	
	数值与空间	目标：建立空间与数字的关联，掌握外部空间的设计和表达方法 内容：数字与城市空间	

四、教学组织与方法

以空间形态为核心，形态载体、内容实质和实现手段为纽带，以技能训练、方法养成、知识传递为路径，分两个学期、四个阶段，形成三路径螺旋立体迭代的教学结构设计（见图3），教学过程不断迭代，螺旋上升（见图4）。

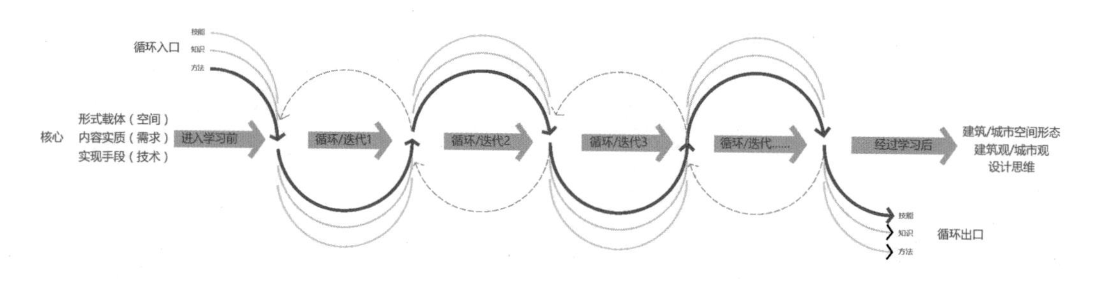

图3　三路径螺旋立体迭代的教学结构

教学路径将小循环和大循环相结合，将一学期和大学阶段的学习以及职业生涯的发展相结合，既各自独立又相互衔接，形成螺旋上升的立体式教学结构。

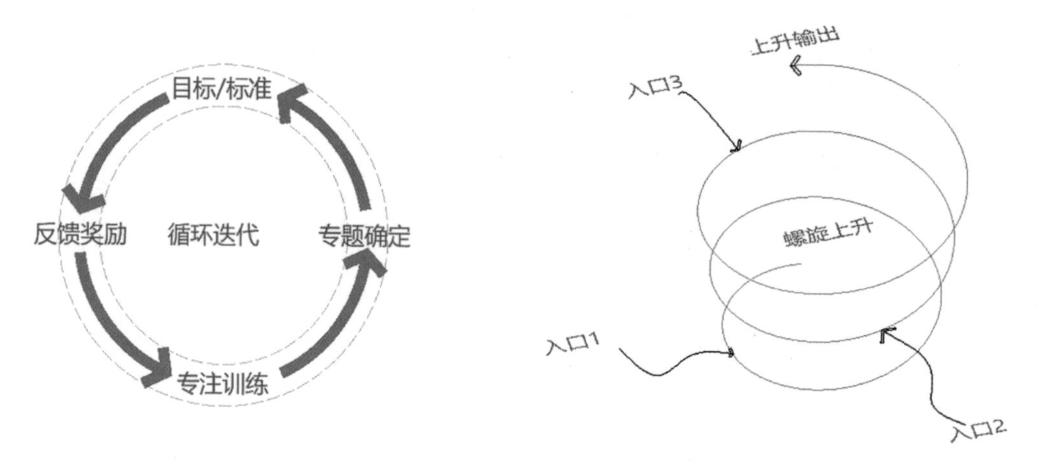

图4　循环迭代、螺旋上升的教学过程

（一）一个核心

以空间形态，尤其是建筑空间和城市空间形态作为教学的组织核心（见图5）。

（二）三组关系

（1）形态载体：空间。

（2）内容实质：人与人的活动。

（3）实现手段：材料、建构与营造技术手段。

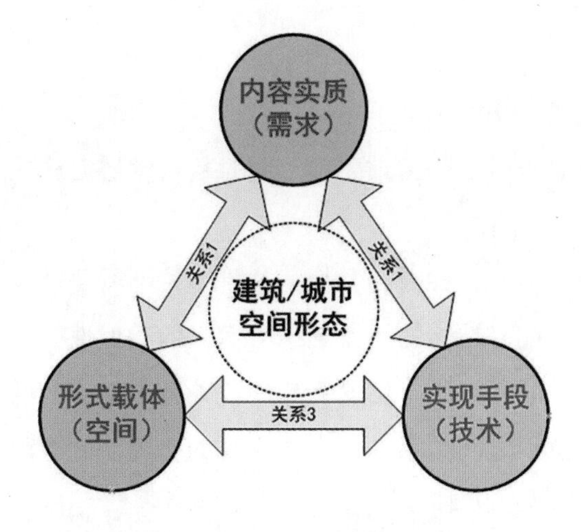

图 5 教学的核心内容和关系纽带

（三）两个学期

教学路径设计的两个学期、四个阶段、三条路线详见图。

（1）第一学期：基本功及基础知识学习；对建筑空间、功能和营造的认知。

（2）第二学期：各级各类形态认知和设计基础。

（三）四个阶段

（1）空间对象初识。

（2）空间语素认知。

（3）空间整合认知。

（4）空间拓展实践。

（四）三条路线

（1）技能训练线（基本技能训练：从简单到综合）。

（2）对象认知线（建筑和城市认知：从单一到整合）。

（3）知识传递线（建筑和城市相关知识的传递：从概念到系统）。

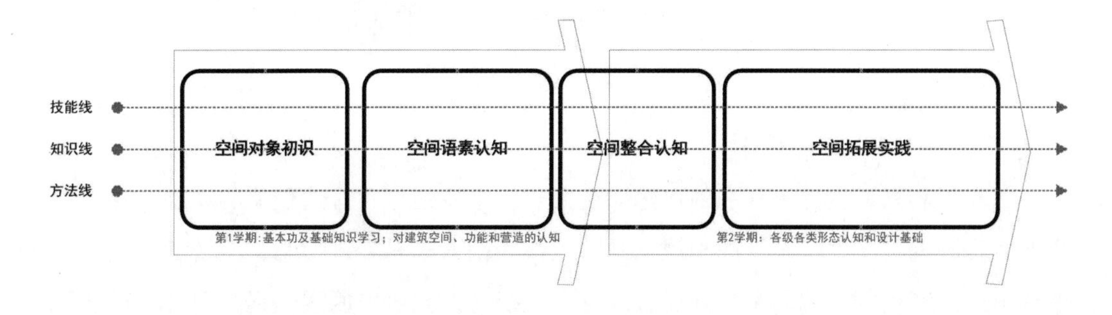

图 6 教学路径设计的两个学期、四个阶段、三条路线

五、实践案例

（一）案例 1：线条认知和练习

让学生明白线条对于本专业的重要性，同时从感觉层面让学生切实感受到线条有一般人想不到的力量（见图 7）。

怎么用形态去表达情感，并引起共情。这是一种不需要理性介入的直觉实验。通过这个实验，学生发现同一情绪的线条形态有惊人的相似性，让学生明白了线条和情感之间存在着明确的关联性。原本枯燥无味的线条和丰富多变的情感存在着紧密的联系。这里内含存在和意识之间关系的认识。主观的自由受到客观性的内在规定，并非随心所欲，主观反映客观，并具有能动性。

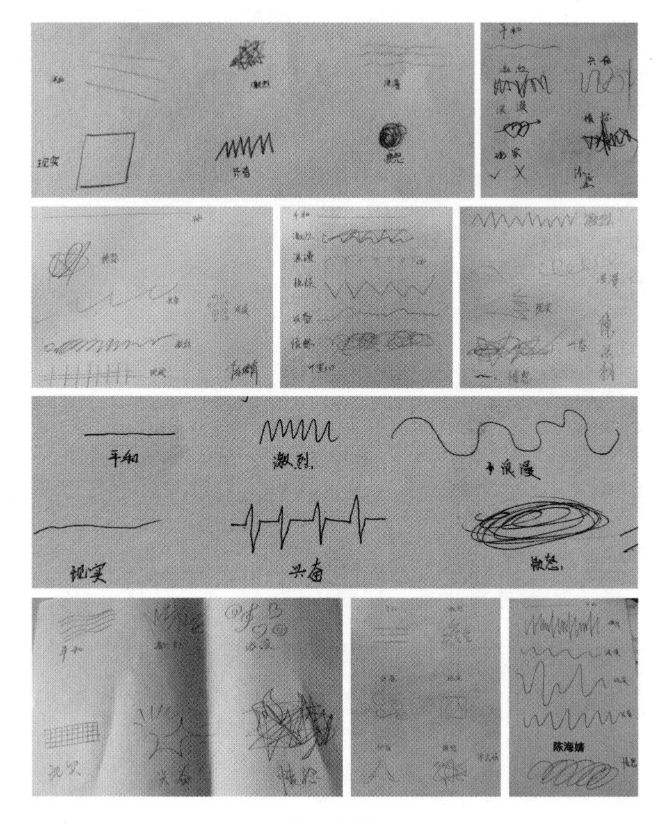

图 7　案例一

（二）案例 2：形态认知

自然界和人造世界中存在的形态千变万化。学生通过对普遍现象的观察，发现现象背后存在的规律性。设计师和规划师的工作表面看来是处理形态，但是背后是认识和理解形态背后的影响因素，并通过理性、系统地控制这些因素达到实现合理形态的可能（见图 8）。让学生知其然并知其所以然，将原本枯燥抽象的理论知识转换成具体的感性认识到理性认识的过程。

教学过程中，学生认识到形态认知是一个极为复杂的过程。是主客观共同作用的结果。其本质是主观世界对客观世界有序化、系统化过程。

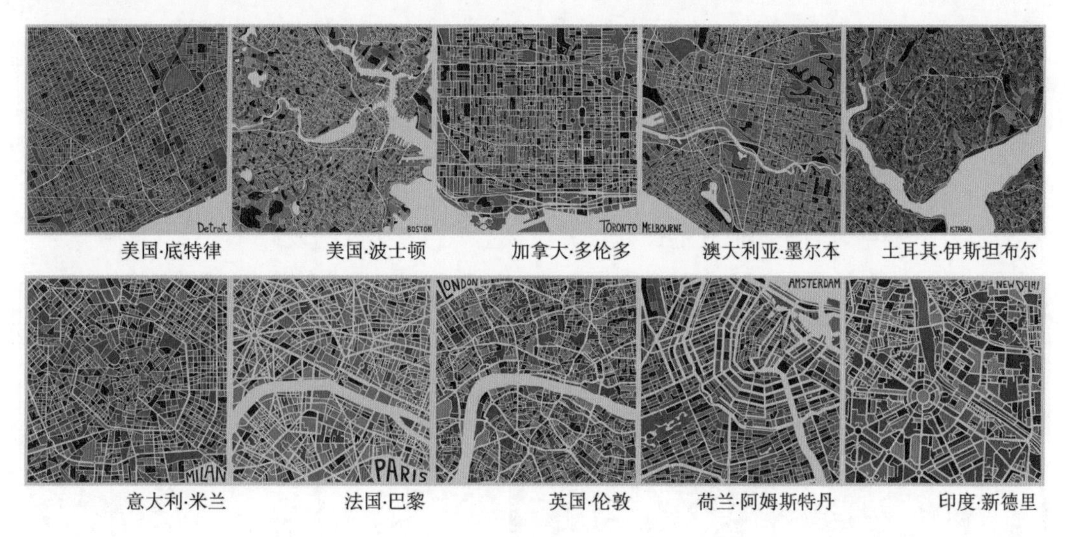

图 8　案例二

（三）案例 3：形态构成

让学生理解形态构成是形态认知的逆过程，其原理就是将客观形态分解为不可再分的基本要素，通过研究其视觉特性、变化与组合的可能性，并按力与美的法则重新组合。通过认识、理解并利用规律创造美的形态，实现从认识到实践的提升。

形态构成是一种元素的重新组合（见图 9）。这种组合可以是感性的，但是要上升到自由境界，则必须建立在理性认识的基础之上。通过由浅入深的教学过程，学生逐渐理解形态构成的概念并掌握一般方法。

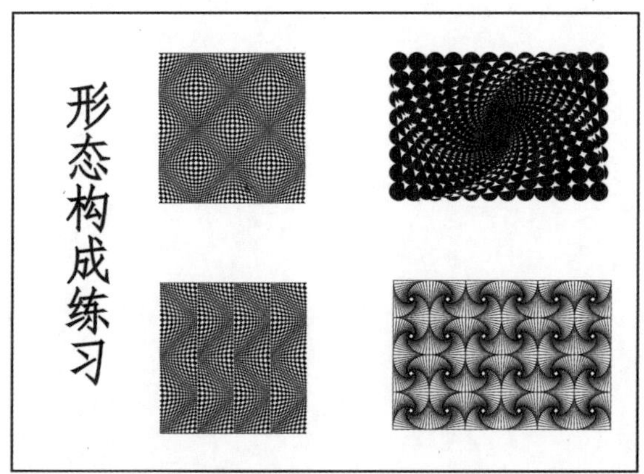

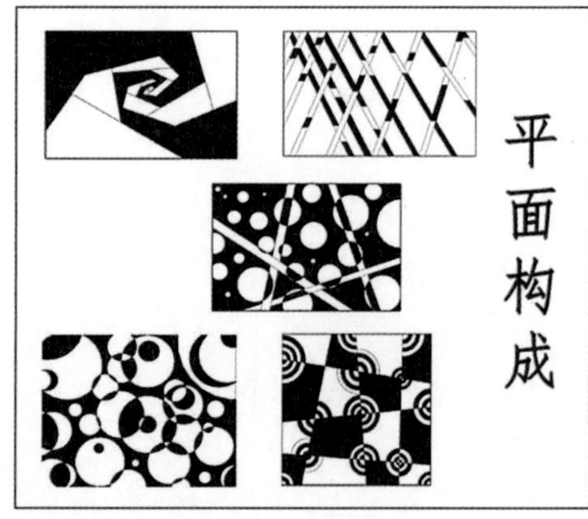

图 9　案例三

（四）案例 4：公共空间调研

外部空间的认知需要建立空间形态和人群活动的关联性。可以量化评价的物质空间和不完全量化的人群活动与感觉之间存在密切的联系。学生需要通过实地踏勘，不断观察，并通过数理统计，逐渐发现空间和人群活动之间的内在关联性（见图 10）。将空间质量的评价从感性判断上升到理性分析的层面。在此过程中，学生不仅掌握了感性和理性综合运用的基本方法，更重要的是建立了空间的价值观，明白空间的好坏标准，知道设计的目标与方向。建立空间为人服务，做好空间首先要研究人的行为特点和需要，避免为形式而形式的设计，避免从主观想象出发的设计。

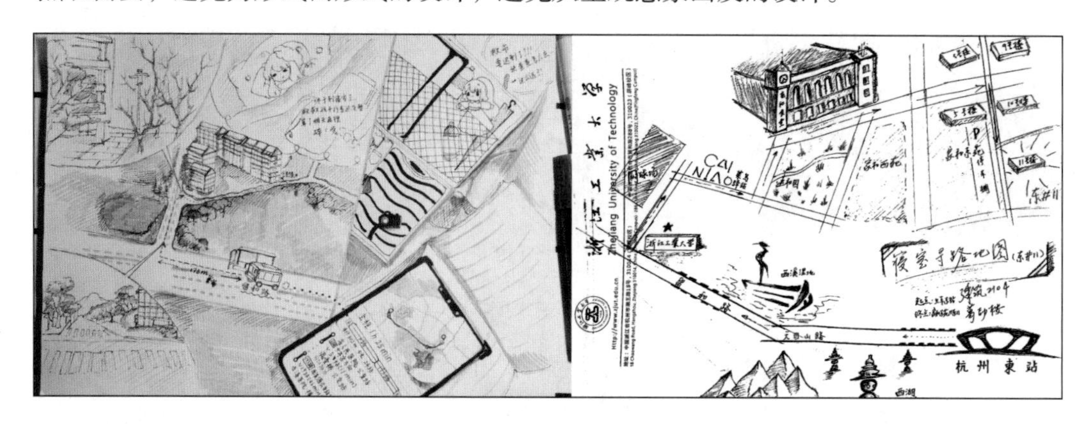

图 10　案例四

六、教学效果

（一）学生学科竞赛

本课程与三、四年级城市调研和城市设计课密切相关。高年级在竞赛中获得好成绩源于低年级打下扎实调研和设计思维方法基础。学生获得多项奖项，赢得学界良好反响（见图 11）。

图 11　历年专指委和国际性城市设计及城市调研竞赛获奖成果

（二）学生课后体会

1. 浙江工业大学 2018 级城乡规划在读本科生吴可

大一的设计基础课程奠定了我对本专业的基础认知，也引导我自发地学习、探索未知的领域。用如今的眼光回看大一的作业成果，无疑是稚嫩、粗糙的。当时的我们内心也都很迷茫，缺乏严密的知识体系支撑，我们无法架构自己的价值判断标准，时常困惑于概念之间，比起“完成作业”我更认为是一次次的“尝试”。设计背后既需要逻辑分析推理、遵循规则，但又不是简单的非黑即白。为此，必须从课堂、从专业书籍、从生活、从各处，主动了解更多背后的规律原则，并大胆去尝试不同的想法，这个过程的乐趣可能远胜成果。就我个人而言，我非常感恩大一的设计基础课程，因为它综合了知识性、实践性、艺术性、复杂性，使这一课程的学习更加有趣。而我们在老师的鼓励与带领下，逐渐将一些零碎的想法打磨成带有思想火花的成果，带来无与伦比的成就感，并引领我们更多地探索未知，尝试其多样性。广泛的学习、严密的论证、大胆的实践与对美的感知都是这门课程在我们身上种下的种子，并在此后的学习、生活、竞赛中长出枝丫。

假如有幸给学弟学妹们建议，那我要说的是：多思多想，多看多问。并祝大家学有所得，学有所获，学有所长！

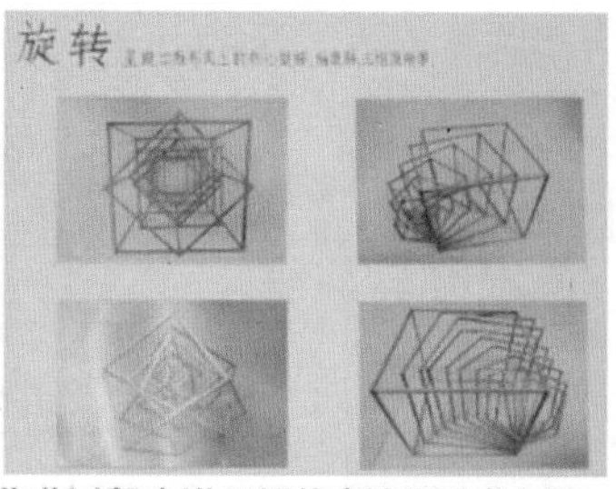

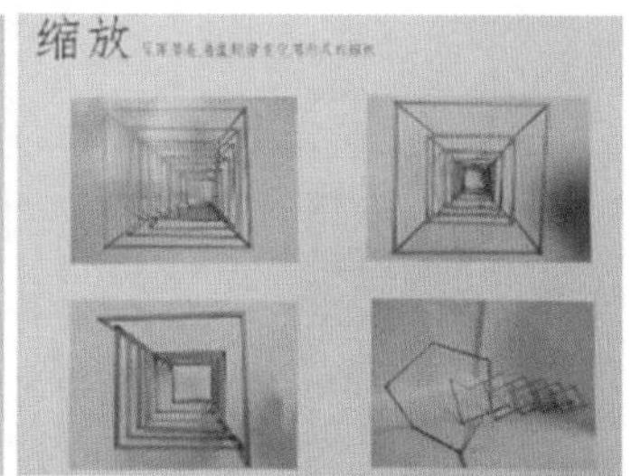

同学们在专教工作　　作业过程中进行杆状多边形变化探索

图 12. 教学过程

2. 2017 级本科生、2021 级保送东南大学规划学何西流

大一的设计基础课对我有很大的影响，不仅体现在设计上，也体现在我对专业的学习态度上。从最早的佛光寺抄绘、水彩渲染，到立体构成、外部空间测绘，逐渐培养起来我严谨的规划学习态度和感性的空间设计思维。其中外部空间测绘是我印象最深刻的作业。我们根据个人爱好选择学校里的一处外部空间，对空间进行测绘，同时记录人在该空间的活动内容和轨迹。这个作业第一次让我从观察者的视角审视空间内的要素构成和行为活动的关系，也让我明白了盖尔的《交往与空间》第一章中提到的“户外活动的综合景象受到许多条件的影响，物质环境就是其中的一个因素，它在不同程度上，以不同方式影响着这些活动。户外活动以及影响它们的种种物质条件，就是本书的主题。”

直到大三以后，才醒悟当时学习设计基础的意义。渲染手绘之于练眼练手的意义，立体构成之于构型学习和空间思考的意义，抄绘之于学习规范标准的意义，调研测绘之于熟悉项目野外调研的意义。也许以前在学习时是无心的，但是收获的本领和知识是实在的，并在日后逐渐有了体现。非常感恩老师们的严格要求和教育引导。

课程负责人：赵锋

教学团队：龚强

所在院系：设计与建筑学院建筑学系

中外联合设计

飞来山上千寻塔，闻说鸡鸣见日升。不畏浮云遮望眼，自缘身在最高层。

——宋·王安石《登飞来峰》

一、课程概况

（一）课程简介

“中外联合设计”课程是我校建筑系一门历史悠久的特色课程，从2005年起，在浙江省与德国石荷州政府的友好省州关系框架之下开始合作。自2013年起，“中外联合设计”成为建筑学专业的特色专业选修课程（英文授课课程）。2016、2017、2019、2021年四次受到本校暑期课程项目的资助。最近入选为浙江省2020年度本科一流课程。

本课程由吕贝克应用技术大学与浙江工业大学设计与建筑学院的教师团队进行联合授课。在疫情期间，采用线上线下混合式方式开展教学。课程为建筑系与城乡规划系的学生提供了宝贵的国际化交流平台。课程建设的目标包括以下四项：传承教学特色、接轨学术前沿、扩大学术影响、提升本校教师的国际化教学能力。

（二）教学目标

对应当前开放、多元和国际化的实践背景，本课程把塑造学生成为“具有国际化和本土化双重视野、符合时代发展需求的复合创新型专业人才”作为总目标，以设计工作坊方式进行教学。本课程既是根植于前沿理论研究的专业课，也可以被理解为一门文化交流课。

1. 知识目标

学习以人为本理念下的城市设计理论，在具体案例中运用调研与分析的能力，寻找设计问题。

2. 能力目标

训练学生从概念构思到总图设计以及形态塑造与表现的能力，以英文为工作语言，提升学生调研、决策、沟通协作与汇报的综合能力。

3. 素养目标：

拓宽国际化视野，获得开放性的知识结构，培养社会责任感与专业荣誉感。

二、思政元素

在设计工作坊过程中，不同国家的年轻学子在一起进行紧密合作，从而增进了对彼此的了解，锻炼了合作能力、沟通能力、协商能力与英语语言表达能力。在国外考察中，学生对西方的建筑和城市有了直观的了解，对国外知名建筑有了实地体验，同时开阔视野。本课程将为学生今后出国留学深造以及进入外资设计公司工作打下基础。

教学中，充分挖掘课程教学内容和教学方式中所蕴含的思政元素，把它们合理巧妙地融入具体教学过程中，提高教书与育人的融合度，体现了中华优秀传统文化和时代精神的价值标准与行为规范。

（一）以人为本

以人民的生活需求和学生的学习需求为主要出发点。以现实的研究问题为导向，进行行为与意愿的调研，切实了解当地人民群众的需求，进行方案的揣摩与深入设计。课程保持与学生的设计无缝对接，尝试在当地实践中探索设计思路。

（二）平等共享

课程中我方和德方合作，就工作坊主题以及人类共同需求展开讨论。在课程期间，双方以英语为主要交流语言进行沟通，不仅提升了双方的语言交流能力，也从中体现了和谐平等的精神。在双方的合作共享中，更好地了解自己的国家。

（三）开拓创新

课程中与德方交流学习联合国以及北欧地区公共空间的最新理论与国际研究成果，从而紧密结合我国的实践进行进一步的创新研究。从前沿的国际设计理念中探索如何实现“探索创新、现状改善”的有机融合，进一步激发我们对公共空间设计方式变革的深度思考。

三、设计思路

（一）整体构思

以“弘扬传统、面向世界、与时俱进”为指导原则，把本课程建立成一门有深度的文化交流课。育人的实施路径包括：（1）课程的选题地点，主要在传统村落、历史文化名镇名城。（2）课程选题的主题是我国当代城市建设的重点，如乡村建设、城市更新、城市化。（3）设计目标是激励学生提升专业技能，在实践中创造更美好的生活环境。

我们的国际合作不仅是请进来，同时也是走出去。教学中双方平等交流合作，一方面提升了我校学生的国际视野，坚定了为祖国争光理想信念；另一方面让德国学生感受到中国优秀传统文化的魅力，宣传浙江省城市建设成就，提升我校国际声誉。

（二）进行构思设计选题

中国的城镇化建设已经进入下半程。十九大报告中提到，中国社会主要矛盾已发生变化，我国社会主要矛盾已经转化为人民日益增长的美好生活需要和不平衡不充分的发展之间的矛盾。作为建筑环境设计专业的从业人员，我们应该做什么？作为培育未来设计师的高校教师，我们又应该怎样改革设计课程，呼应新时代的要求？

疫情期间，设计工作坊的基地选址在杭州，主题设定为："重塑人性化公共空间（Rethinking the Enhancement of Public Spaces）"。在深入理解公共空间设计国际前沿理论的基础上，教师团队精心选择了五种类型的公共空间，进行城市更新设计的案例讨论。

设计选题分两个类别。前三个课题的出发点是浙江省与杭州市的公共空间建设热点，确定了A社区公园、B社区绿道、C运河工业遗产地这三类更新对象。后两个课题的出发点是当前理论热点，确定了E办公综合体园区、D市中心景区这两种更新对象，分别对应"开放街区""绿色出行与城市竞争力"议题。

四、教学组织与方法

课程采用研讨类授课形式，可以划分为4+1个阶段（见表1）。在阶段1，学生对城市设计、环境行为学调查、宜居城市等原理、概念与技术做到一定的了解与认识。阶段2、3按如下步骤实施：问题发现，客观陈述事实，不必提出设计构想；寻找主题，基于已发现的问题提出主题，在整个基地中确定想要改进的位置，起到针灸式改造的效用；形成概念，厘清价值（value）、目标（goal）与解决方式（solution）三者之间的关系，考察场地的约束条件（constraint）与潜力（potential）；完成作品，依据设计概念构思造型。

表1　教学方法

	阶段内容	主题	参与人
1	语言准备、理论学习与设计准备	前期热身	中方学生
2	联合实地考察	设计构思	中德双方
3	混合组设计与汇报	设计推进、成果输出	中德双方
4	独立深化修改设计成果，整合成果文本	成果修订	中方学生
+1	我校部分师生赴德国吕贝克进行回访（一般在十一假期进行）	自愿选项	中德双方

注：在阶段1安排3个校内教师讲座，阶段3、4中穿插2位德方教师以及3位客座教授的讲座。

五、实施案例

（一）案例1：办公综合体改造设计

此案例主要研究“莱茵矩阵国际”办公综合体及其园区（见图1）。设计总体构思为用两种新的管理理念更新这个园区，促进物业业主与公共空间使用者的共赢。首先是开放街区理念——打开园区围墙，使之融入公共空间系统，提升周边居民的生活便利性，并促进公共资源的共享。其次是人行优先理念——在园区内以人车分流设计，保证人行流线优先，营造更加人性化的园区，体现了“以人为本”的思政要素。

图1　案例一

（二）案例 2：小城市公共空间城市更新

在佛堂镇更新设计中，发现一条街道所在的位置十分关键，有可能成为游客从酒店步行前往古镇核心区的主要路径。设计吸收了友好学校德方师生的建议，讨论城市设计对新旧片区相融合的作用。通过慢行交通的梳理、界面与功能的更新，致力营造一条活力街道，缝合古镇与老城肌理，提升空间轴线的可意象性。成果体现了“平等共享”的思政要素，为新时代城市更新设计提供思路（见图 2）。

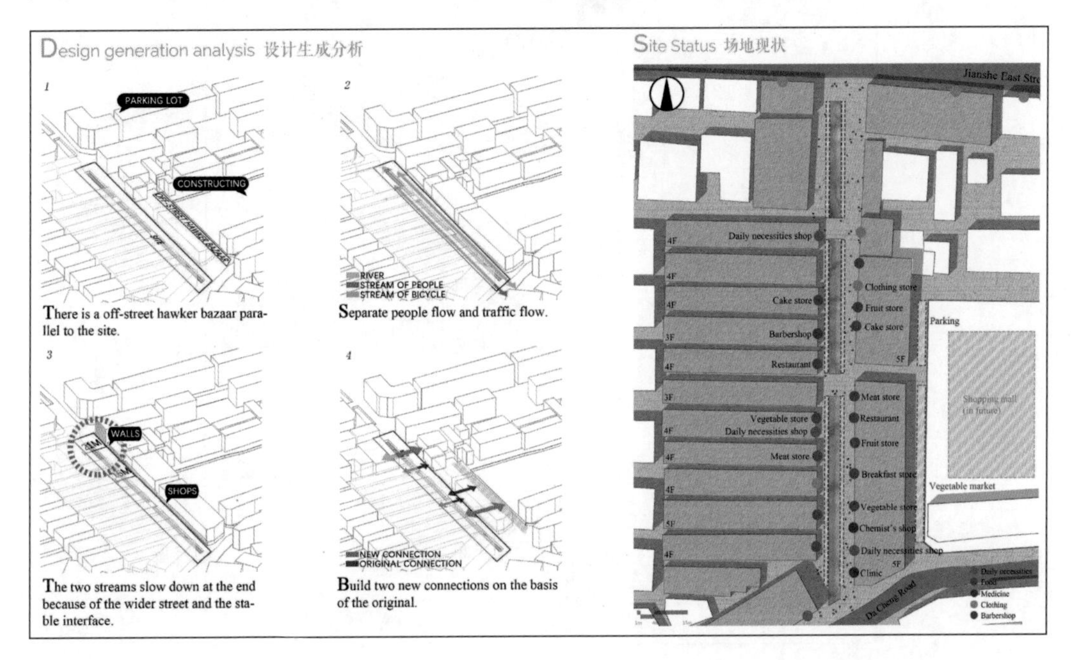

图 2　案例二

（三）案例 3：历史城区漫步路径设计

该案例中的路径处于河坊街与西湖之间，目的是打造一条适于步行的探索游览路径（见图 3）。设计中需要重视游客与居民关系的平衡。在理论学习中，了解到西方公共空间更新中，常常使用迭代（iteration）设计的方式，推进项目，平衡多方的需求。本次工作营所呈现的成果可以作为整个迭代过程中的起步阶段，通过测试性的小项目，来调整路径实施方案。本提案为市中心的景区升级，创造了一种新的可能性，体现了“开拓创新”的思政要素。

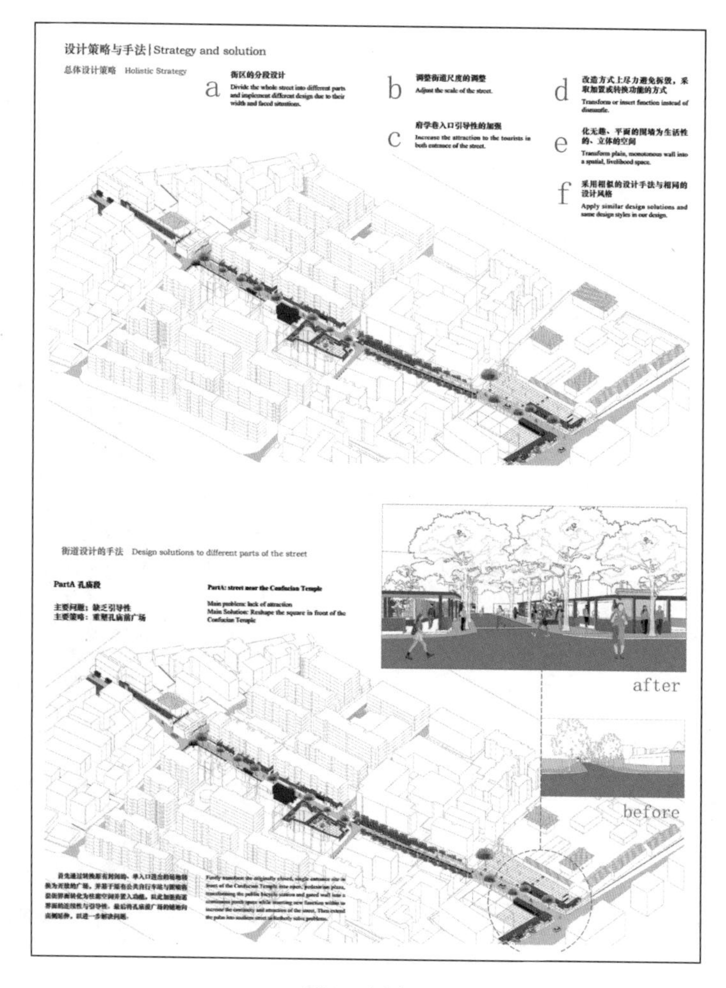

图 3　案例三

六、教学效果

迄今在本课程中受益的本校学生已超过百名，部分学生毕业后被哈佛大学等世界著名高校录取。联合设计中诞生的作品，现已成为学生求学或求职的作品集中重要的一部分。2019 年本课程的总结汇报被评为全校第二名；2020 年本校的本科教学成就展选用了本课程的案例介绍；本课程还产生了多篇中德教师联名发表的论文及书籍。

课程负责人：戴晓玲
教学团队：吴涌、刘博新、赵小龙、
陈怀宁、戴伟、贺文敏
所在院系：设计与建筑学院建筑学系

三

数字媒体艺术系

DEPARTMENT OF DIGITAL MEDIA ARTS

专业培养具有国际化视野并系统掌握数字媒体艺术领域专业知识及技能，在新一代的数字传播媒体领域内，应用新的数字媒体工具，从事动画、数字游戏、虚拟现实、交互设计、数码视频剪辑等数字内容创意与制作的复合型创新人才。本专业侧重培养学生科技与艺术的整合能力、以用户为导向的创新思维能力，以及为产业需求提供解决方案的创意制作能力。毕业生可面向互联网、动漫游戏、传媒影视、文化创意和大专院校等企事业单位。在学期间除了大类通识课程和专业基础课程外，主要专业课程包括：数字媒体艺术概论、动画运动规律、视听语言与实验影像、创新思维、数字插漫画设计、移动媒体应用设计、编程基础、影视特效、三维动画、动态图形、游戏设计、虚拟现实设计、交互设计、艺术与科技实验创作、开放媒体与创新实践等。

动画创作

木欣欣以向荣；泉涓涓而始流。

——东晋·陶渊明《归去来兮》

一、课程概况

（一）课程简介

“动画创作”课程是数字媒体艺术专业本科的专业课程，要求学生掌握动画创作的基本原理和系统流程，掌握数字媒体艺术各模块创作的基础技术和艺术语言，学会综合运用动画思维完成主题作品设计，用艺术的手法将崇高的精神价值悦耳愉目地内化于人的心灵，将时代精神化为生命充盈的美的形象，在润物无声中引人思考，用动画的方式讲好中国故事。在浙江工业大学设计与建筑学院的人才培养计划中，该课程开设在第五个学期，计 4 学分。

（二）教学目标

1. 知识目标

使学生了解我国优秀传统动画的创作幕后，明确基础调研和案头工作的方法，掌握数字媒体艺术时代动画创作的标准与流程。

2. 能力目标

通过创作实践，使学生熟练掌握创作方案的规划与整理方式、运用数字技术解决艺术内容制作的能力，激发学生的原创力，提高数字媒体艺术实践创新的创造力。

3. 价值目标

引导学生关注时政，关注社会，关注本土优秀文化，创作内容以社会主义核心价值观为导向，传递文化自信和正能量。作品更多地关照当下社会，把握时代脉搏，聆听时代声音，坚持与时代同步伐，以人民为中心，以精品奉献人民。

二、思政元素

将我国传统动画创作主体——上海美术电影制片厂动画创作的宝贵经验与当下动画教学紧密连接。赏析环节辅以创作幕后讲授和国家政策历史背景解读，揭示优秀作品离不开大量的实际调研和案头工作这一创作规律，鼓励学生“将设计工作做到祖国大地上”。带领学生从动画作品进入动画大师艺术品格，让前辈们的优秀思想品质和创作态度在潜移默化中渗透到学生的心里，使中国动画精神得到传承，号召学生沿着前辈们在 20 世纪开拓的“动画民族化之路”继续探索。

（一）创新意识

我们的学生群体是成长于欧美、日本动漫文化席卷全球的一代，价值观与创作观深受其影响，对我国曾经辉煌的动画史和动画作品的了解极其匮乏。课程引导学生重视艺术传承，发展原创力，让中华优秀传统文化在青年学生的设计中真正活化，推动学生思考和实践动画创新的民族化探索之路。

（二）美育精神

提升动画作品的精神高度、文化内涵、艺术价值。通过学生动画作品创作，展现生活中的真善美，传播社会正能量，突出动画和数字媒体艺术作品形象生动、易于传播的优势。发挥教育引导社会公众，特别是广大青少年群体的作用。

（三）家国情怀

引导青年动画人才树立“为国家立心，为民族立魂”的创作观，推动专业建设、人才培养与新时期国家文化战略需求相结合，提升学生专业信念感和文化复兴的使命感。高校艺术设计人才培养，是培养未来的文艺工作者，尤其是数字媒体艺术专业培养的学生更是数字时代的内容创造者和传播者。在课堂中让学生牢牢树立为人民大众服务的创作观念，作品关注当下社会，把握时代脉搏，坚持与时代同步伐，以人民为中心，以精品奉献人民。

三、设计思路

设计思路详见表 1、图 1 和图 2。

表1 设计思路

动画创作	思政元素	课程内容
动画前期	发扬美育精神，提高创新意识，树立社会主义现实主义创作观	（1）观看我国动画创作纪录片、视频论文、上海美术电影制片厂优秀国产动画，辅以动画大师概论，激发民族荣誉感，激活创作思维 （2）解读优秀动画的时代背景、传统艺术传承、艺术家个人风格和艺德。思考和讨论个人创作中的活化可能性 （3）寻找题材，着眼于当下中国现实，立足新时代，以社会主义核心价值观为导向，深入生活 （4）从美影厂动画艺术家对历史和社会课题的回应中，学习如何记录新时代，书写新时代
动画中期	以史为鉴，追本溯源，提升学生的专业信念感和文化复兴的使命感	（1）确定选题，在确定创作题材的同时要求有相关的阅读和阅片，选择一名或多名国内动画大师作品进行深入研究，横向比较，学习其创作手法，分析其思想内容表达上的方法和技巧 （2）学习经典动画大师在作品美术风格上的艺术表现，如何将动画创作与我国优秀传统艺术融会贯通 （3）学习老一辈艺术家真诚的创作态度，创作过程走进实践深处，关注现实生活；创作不忘历史本源，勇于借鉴吸收各门类优秀作品和艺术文化
动画后期	培养学生认真的专业态度与匠心精神，乐于奉献，精诚合作	（1）学习美影厂动画大师坚持以精品奉献人民的创作初心，进行介绍美影厂创作案例和采风下乡等实践。在课程中强调艺德、匠心精神的重要性 （2）从美影厂动画创作群的代际传承和群体创作中的学习合作精神，引导学生坚守高尚职业道德
动画作品传播和交流	美美与共，发挥数字媒体艺术的特长，传播中国故事，提升文化自信	（1）坚持文化创作为人民，发挥互联网信息软件等现代化传播工具的作用，举行动画作品线上展览，将优秀作品推送给更多观众，传播社会正能量。 （2）美影厂早在20世纪就广泛开展动画作品海内外交流活动，号召学生积极参与国内外专业比赛，坚持文化走出去，将中国力量、中国精神、中国效率传递出去

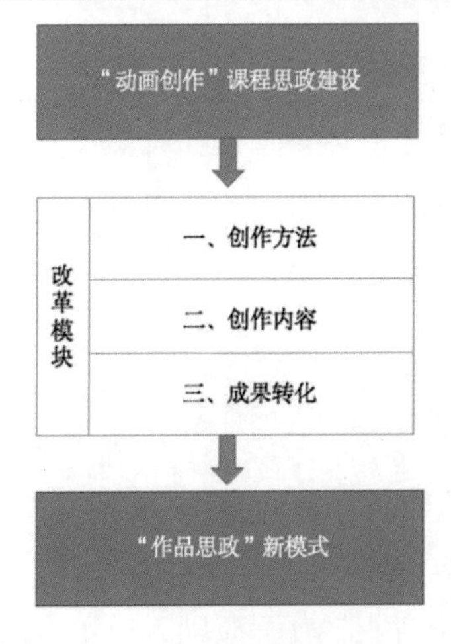

图1 改革模块

一、改革创作方法——树立正确的创作观

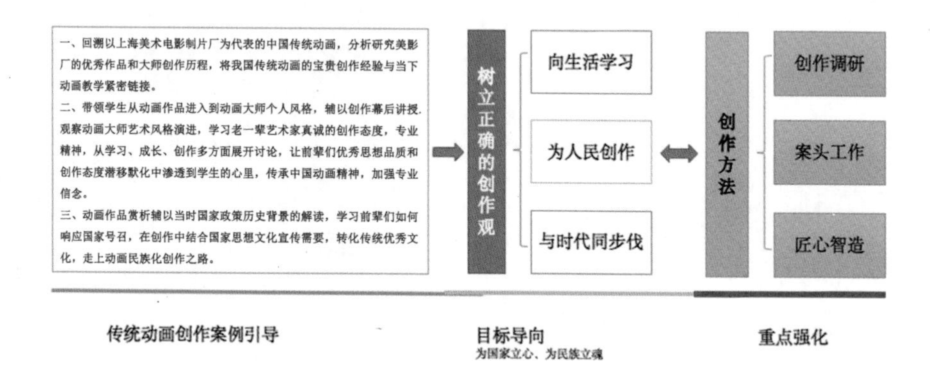

二、改革创作内容——将设计工作做到祖国大地上

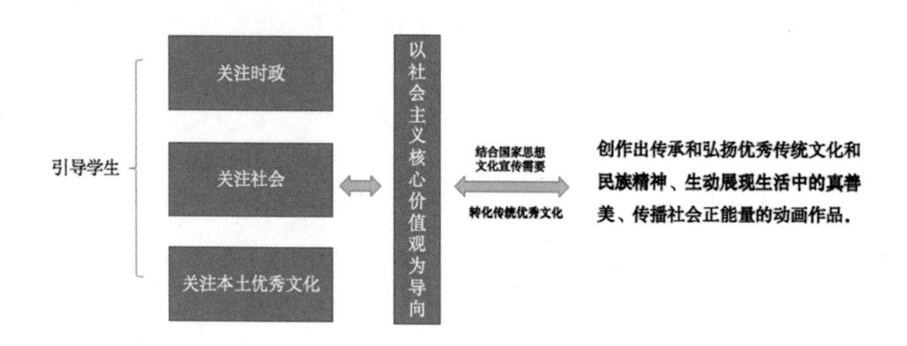

三、成果转化

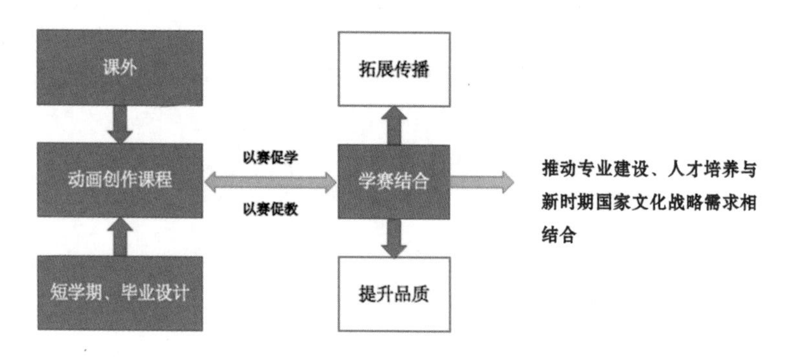

图 2　改革模块

四、教学组织与方法

本课程对标“金课”建设与教学改革需求，结合现有教学条件和工作基础，坚持“以赛促学”教学机制和“三全育人”教学原则，以美育人、以德树人。从课程内容设

计、教学实践形式、教学成果转化三方面开展探索和实践。针对教学培养中项目内容与创意转化的课程核心任务，本课程思政建设兼顾动画创作观念和内容，培养艺德以端正创作观念，修养匠心以铸造精品。艺术作品是时代的肖像，时代精神是艺术创作的灵魂，课程发挥数字媒体时代动画作品的优势，践行“作品思政”新模式，开拓社会主义核心价值观传播的新途径。

五、实施案例

上海美术电影制片厂有一句创作口号“不模仿他人，不重复自己”，在动画片的美术风格探索上彻底践行了这一理念。动画片美术设计下乡采风的传统，最早可以追溯到其前身东北电影制片厂美术片组，为筹备动画《谢谢小花猫》到东北农村进行素材收集；我们所熟悉的经典动画《大闹天宫》，在导演万籁鸣指导下剧组十余人背着创作工具进京，遍访故宫、颐和园、西山碧云寺、大慧寺等地了解古代建筑、绘画、雕塑各方面的艺术，通过临摹、写生收集壁画佛像等素材；我国第一部宽银幕电影《哪吒闹海》，应邀担任总美术设计的张仃先生和主创团队曾前往山东一带的海边进行写生和取景（见图 3）；现实题材《草原英雄小姐妹》两度赴内蒙古草原体验生活寻找创作原型。水墨动画《牧笛》剧组组建时间为下半年，江南地区天气转凉，导演特伟带着剧组成员到广东的农村，到水田里干活体验生活（见图 4）；改编自敦煌壁画鹿王本生图的《九色鹿》剧组多次分别前往敦煌临摹壁画，赴云南鹿场写生，动画师林文肖记得当年他们无论走到哪都会带上一个小速写本，走到哪里画到哪里。这样扎根生活，基于大量调研的创作方式，正是上海美术电影制片厂频频缔造经典背后的原因。

图 3　1978 年夏天，《哪吒闹海》摄制组

图4　1962年《牧笛》摄制组在广东收集创作素材
右起：戴铁郎、吴应炬、特伟

六、教学效果

动画创作课程践行“作品思政”新模式以来，创作出了一批品质优秀的动画作品。学生在课程中转变了创作观念，呈现出扎根本土文化的多样性和原创力。不少作品内容主旨与艺术形式相辅相成，灵动地展现了社会主义核心价值观，在国内众多竞赛中表现优异，作品得到了广泛的传播。

（一）学生学科竞赛项目

课程思政提升了学生作品创作立意的高度和主题开凿的深度，近三年获国家级竞赛7项（见图5）。其中任课老师张一品带领2015级学生共同创作的《十八枚硬币》获国家广电总局主办的第二届“社会主义核心价值观动画短片扶持创作活动”三类优秀作品。张一品老师带领2017级学生共同创作的《廊桥》《我们和它们》《圣果寺》三部动画短片，入围2020年国家广电总局主办的“理想照耀中国——第四届社会主义核心价值观动画短片扶持创作活动”优秀创意作品，入选作品数量居浙江省入围单位榜首。终审阶段，《廊桥》被评为三类优秀作品。本次赛事中我系师生作品入围众多，成绩突出，为浙江工业大学赢得优秀组织奖（全国12家），张一品老师获得优秀教师奖（全国8组）。2015级学生作品《山洪》获得第十三届全国数字艺术设计大赛银奖。2016级学生作品《搬家》获得第八届全国高校数字艺术大赛全国总决赛一等奖、2021年米兰设计周中国高校设计学科师生优秀作品展一等奖。

图 5　荣誉证书

（二）媒体宣传

数字媒体艺术系师生创作的动画短片《十八枚硬币》就是展现时代之美的典型，创意取材于杭州地铁的互助事件，一个小小的善举引发了爱的能量流通，人们为城市中陌生人之爱和回馈社会之美所感动。这部作品通过动画再现新闻事件，将隐形的正能量流动用动画语言表达出来。随着地铁移动支付时代的到来，剧本也适时进行了调整更新，与时俱进地展现杭州城市新面貌。影片在央视少儿、北京卡酷、湖南金鹰等电视频道和央视网、爱奇艺等平台播出，产生了良好的社会反响，并入编《追光·筑梦——社会主义核心价值观百部优秀动画作品》（见图 6），作为中华人民共和国成立 70 周年献礼之一，《中华读书报》做了专版推荐。其他作品于各大新媒体等平台都获得良好的传播效果。

图 6 《追光·筑梦——社会主义核心价值观百部优秀动画作品》

任课老师总结了课程建设经验，将部分教学案例分析汇编入论文《高校数字媒体艺术专业动画教学创新与实践》发表于《数字教育》2020 第 2 期。

课程负责人：张一品
教学团队：徐育忠、吕欣、王东、樊黎明、陈晓萌、许新国
所在院系：设计与建筑学院数字媒体艺术系

数字插漫画设计

欲把西湖比西子，淡妆浓抹总相宜。

——宋·苏轼《饮湖上初晴后雨二首·其二》

一、课程概况

（一）课程简介

“数字插漫画设计”课程通过对漫画、插画发展历史的梳理和学习，以及创作方法的掌握，引导学生以弘扬社会主义核心价值观进行插漫画创作。插漫画作为大众文化的重要内容，其历史是以政治漫画为发展脉络的，意识形态的表达是漫画的本质，因此，这门课程尤其显得具有现实意义。

本课程的特色是以表达社会主义核心价值观、中华优秀文化和习近平新时代中国特色社会主义思想三大主题为核心，通过对主题内涵的图解表现，创作出大众喜闻乐见的插漫画作品。课程依托上下游课程群协同、实践基地协同、科研协同和学科竞赛协同产出教学成果。数字插漫画设计课程通过15年的积累和建设，已经具备完整的课程内容和课程体系，有4部中央级出版社出版的相关教材，其中1部为国家普通高校艺术类“十三五”规划教材、1部为浙江省普通高校“十二五”优秀教材、2部为浙江工业大学重点教材。在全国性学科竞赛中，学生插漫画作品获得包括中国国际动漫节、米兰设计周、中国数字艺术作品大赛等奖项10多项；浙江省多媒体大赛、浙江省原创动漫大赛等奖项30多项；获得全国大学创新项目2项、浙江省新苗计划项目1项、中国创新创业联盟入选作品1项。2020年本科学生联合研究生共同承担浙江省委宣传部委托的“习近平六个理论”插漫画创作任务，并在浙江在线播放，点击量超过1000万。协同科研创作的优秀作品在浙江新闻、天目新闻等主流媒体展示，点击量超过30万，产生了广泛的社会影响。

课程在浙江工业大学设计与建筑学院的人才培养计划中，为数字媒体艺术专业必修课，开设在第 4 学期，总课时 32 课时，学分 2 分，每学期学生人数在 40 人上下。

（二）课程目标

教学以中华优秀文化、社会主义核心价值观和习近平治国理政理念为核心，学习世界漫画、插画发展中各个时期的重要作品、人物、出版物，使学生对漫画、插画纵向横向不同历史时期、不同国家的表现特点和社会历史背景做进一步了解，并结合当下思政内容，利用当今数字媒体的前沿技术，创作出大众喜闻乐见的插画、漫画作品。通过课程思政改革驱动，相关课程协同、实践基地协同、科研协同和竞赛协同，使学生数字插漫画创作具有思政内涵的表达能力、计算机数码绘画能力和艺术创新能力。

知识与技能：熟练掌握 Photoshop、Sai 等数字绘画软件和手绘板；掌握数字插漫画创作的一般流程；掌握叙事内容的图解表达；掌握数字绘画的基本要素和基本方法。

过程与方法：（1）收集国内外优秀作品进行分析欣赏。（2）多媒体展示绘画流程。（3）上机创作作品。（4）作品进行分析讲解和讨论。

态度与价值：达到对数字插漫画各类审美风格和绘制流派的充分了解，通过课程思政主题的导入和计算机绘画技术的训练，创作出具有高度审美和情感表达的数字插漫画艺术作品。

二、思政元素

（一）优秀中国传统文化

课程创作实践主题围绕中国优秀传统文化，尤其是浙江省“唐诗之路”文化工程，通过文化考察、调研、采集、查阅资料文献，选择创作主题。意在通过创作活动，让学生了解中国优秀的传统文化，进一步热爱祖国、热爱民族文化，对中国文化有认同感、归属感和自信心，创作出具有民族特色的艺术作品。其中，学生通过传统优秀文化调研采风创作的插画作品在 B 站的点击量超过 200 万。在美丽乡村建设中对插漫画创意作品的需求旺盛，学生对自己家乡或者浙江美丽乡村进行设计创作热情高涨。

（二）时政热点

课程创作主题围绕社会热点、国家政策、感人的英雄事迹和大学生精神健康等积极向上的内容进行创作，学生以自己身边发生的故事作为课程创作选题，2018 级数字媒体艺术学生以抗疫为主题进行创作，获得第八届全国高校数字艺术设计大赛和米兰设计周全国高校设计学科作品展等各层次奖项 10 余项。围绕社会服务，学生在课程中以迎接亚运为主题，创作吉祥物、文创衍生品、数字交互产品相关的插漫画作品，并获得奖项。在课程思政主题的引领下，结合时政、结合社会热点进行创作一直是本课程内容的重要部分。

（三）社会主义核心价值观和习近平新时代中国特色社会主义思想

创作主题以社会主义核心价值观和习近平新时代中国特色社会主义思想为主。引导学生充分理解社会主义核心价值观，通过课堂提问、案例分析、网络调研、政策解读，在创作前用一定的课堂时间帮助学生充分理解较为抽象的文字表述，理解内涵精神。例如，习近平总书记的“八八战略”、党史学习、红船精神、脱贫攻坚、红旗渠精神等，以及将改革开放40周年、新中国成立70周年、建党100周年的时间点作为主题融入课堂练习，进行红色文化主题的插漫画创作，参加全国高校改革开放40周年作品展览、建党100周年——浙江工业大学党史学习教育红色绘画作品展。

三、设计思路

本课程分为:（1）理论基础知识部分，包括数字插画概述、数字插画的应用、数字插画绘制的装备和软件工具、数字插画创作基本流程和基本要素。（2）数字插画实践训练与作品欣赏部分，包括涂鸦风格、拼贴风格、水彩风格、厚涂风格、平涂风格和动态插画。

本课程为实践性专业课程，通过线上数字插画视频教程观摩，线下充分利用插画软件绘制不同风格和类型的插画。以故事版为基础，进行多幅系列创作，充分发挥学生的创造力和表现力。课程主要围绕以下三个方面内容融入数字插画的实践创作进行授课。

（1）要求学生从插画与漫画的定义、起源和各个国家不同历史时期的作品、人物、出版物、事件进行学习，要求学生明晰作为大众文化的漫插画在中国、欧洲、美国、日本等的差异和特点，观察分析各个地区各个时期的代表作品，进而对插漫画与意识形态的关系进行分析研究。

（2）充分学习习近平新时代中国特色社会主义思想、社会主义核心价值观、中华传统优秀文化和二十大精神的基本内容，树立正确的价值观，通过对漫画、插画创作的基本技能训练，探索创作出有时代意义的漫插画作品。

（3）研究全媒体时代下的漫插创作手段，通过数字媒体前沿技术的探索和应用，激发学生的创新意识，提倡内容创新、技术创新、形式创新，创作出易于传播的优质数字插画作品。

四、教学组织与方法

本课程主要解决学生数字插漫画创作中的思政内涵表达能力、计算机数码绘画技术能力、艺术创新思维能力。因此，课程围绕这三个能力的掌握进行设计，如图1所示，以作品成果导出为目标，课程思政改革为驱动，设计了系统课程体系。主要以教材建设、课程思政改革、国际化合作、实验平台建设作为驱动力，通过上下游课程群的协同、实践基地的协同、科研的协同、学科竞赛的协同最终导出教学成果，通过社会主流媒体的展示和学科竞赛的奖项检验教学成果。

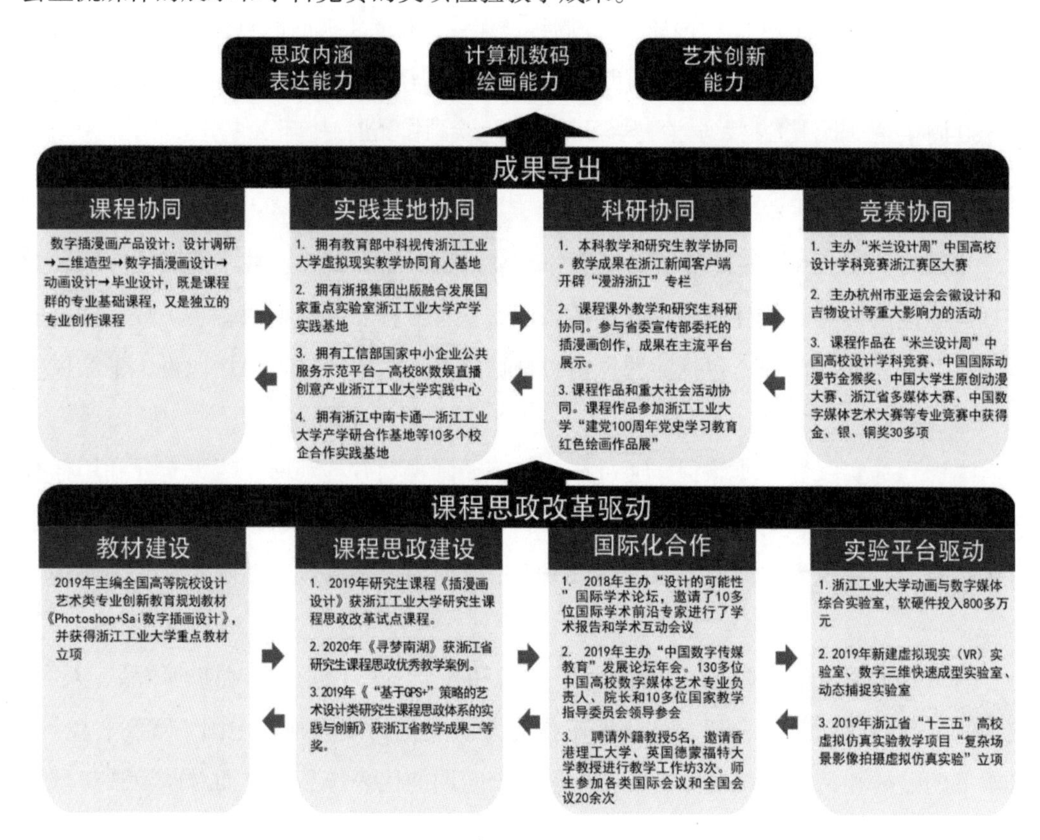

图1　教学组织与方法

五、实践案例

课程实践依托校企产学研实践基地：浙报集团出版融合发展国家重点实验室浙江工业大学校企业实践基地、工信部中小企业公共服务平台高校8k数娱直播创意产业浙江工业大学实践中心、杭州市创意设计研究会、教育部中科视传浙江工业大学虚拟现实教学协同育人中心等实践基地，并邀请浙报集团副总经理为特聘教授，开展课程作品服务社会、参加竞赛的活动，检验和优化数字插漫画课程思政成效。

（一）案例1：中华优秀传统文化创作

响应浙江省委宣传部的文化建设工程，将浙江传统优秀文化项目导入课程，以“唐诗之路”文化工程对杭州传统文脉进行梳理，以其中的亮点为切入点进行课程专题创意设计，完成以优秀中国传统文化为特色的专题创作课程训练。学生创作的“西溪且留下”插漫画文创设计，获得了2019年度全国数字创意大赛金奖（见图2）。美丽乡村插画文创作品《归盐》获得海盐文化创意设计展金奖，并和文创企业签订开发合作协议。

图2 学生传统优秀文化插漫画作品获奖（部分）

（二）案例2：社会时政热点创作

课程以全民抗疫、光盘行动、共同富裕、大学生心理健康为主题进行实践创作，学生作业入选中国创新设计产业联盟《众志成城设计抗疫——同心抗疫作品选》;《疫情中人们的生活》获得第八届全国高校数字艺术设计大赛全国总决赛二等奖；全国数字艺术大赛华东赛区一等奖;《战疫——山海吉祥兽传》获得第八届全国高校艺术设计大赛三等奖（见图3）。

围绕杭州市2022年亚运会，带领学生进行亚运吉祥物和会徽设计，创作了“迎亚运”手机端交互条漫作品，并在2020年度杭州亚组委组织的亚运文创大赛中获得银奖，米兰设计周中国高校设计学科师生作品展三等奖，全国高校数字艺术大赛三等奖。

图 3　抗疫主题作品（部分）

（三）案例 3：社会主义核心价值观和习近平新时代中国特色社会主义思想

依托浙报集团和国家重点实验室浙江工业大学校企业实践基地，学生组团创作了“漫游八方”手机条漫作品，并在浙江新闻客户端的专栏发布，点击量超过 30 万。通过马克思主义学院老师的指导，学生创作出“习近平在浙江”动态插漫画作品一套，并由学校宣传部选送参加全国高校改革开放 40 周年作品展览。接受浙江省委宣传部委托，创作习近平新时代中国特色社会主义思想的移动端条漫作品，利用课程教学组织优秀本科学生进行课外创作，并在浙江在线主流媒体播放，点击量超过 1000 万，产生了良好的社会影响。学生的 30 多幅课程作品参加了“建党 100 周年——浙江工业大学党史学习教育红色绘画作品展”。

六、教学效果

本课程在思政建设中对教学大纲做出进一步修改和调整，在教学中加入以党建时政、大学生心理健康、中华优秀文化、习近平新时代中国特色社会主义思想和社会主义核心价值观为核心内容的漫插画数字内容创作作品。

（一）课程改革成效显著

本课程思政建设成果显著，获得学生的高度认可，学评教情况良好。通过专业竞赛和课程结合、产业项目和课程结合，使学生获得了丰硕的学习成果，毕业的学生在用人单位也获得了较高的评价，学生的专业水平得到社会的一致好评，专业声誉和知名度较高，已经成为专业分流方向的热门。通过课程思政和插漫画课程实践的结合，树立了新时代大学生社会主义核心价值观，以及对中国文化的自信和对党的初心，尤其在思政内容和具体课程特点的结合上具有很好的示范性。

教改课题浙江省教科规划项目“高等院校动漫特色专业创新型人才培养模式研究”获得浙江省教科规划成果一等奖、浙江省优秀研究生教学案例、浙江工业大学教学质量优秀奖。以本科生课程优秀作业案例为主体，课程建设有 4 部中央级出版社出版的相关教材，其中 1 部为国家普通高校艺术类“十三五”规划教材、1 部为浙江省普通高校“十二五”优秀教材、2 部为浙江工业大学重点教材。

（二）实践成果社会影响显著

通过课程实践创作的作品，不仅在学科竞赛层面获得成果，还在主流媒体浙江新闻获得较多的传播，同时也在全国的大学生作品展上进行展示，在社会上产生较好的影响，获得了较好的社会效益，宣传了优秀文化和红色文化，弘扬了社会主义核心价值观。

（三）课程实践提升学生思政素养显著

本课程的学习，不仅提升了学生数字插漫画的创作思维和创作技能，也是对创作者正确价值观的培养和提升。在课程实践的引导下，将抽象的思政内容转化为艺术作品的案例，使学生对社会主义核心价值观有更直观的、具体的理解，真正培养出未来社会主义建设的接班人。

（四）提升了双师型教师培养

本课程在教师团队的共同努力下，提升了教师对课程思政的理解，在教学方式、教学内容和教学成果转化的环节上进行了卓有成效的推动，为教师专业教学和思政素养的提升树立了模板。专业教师带领学生完成的浙江新闻条漫作品、“八八战略”条漫作品、党史教育红色作品展作品等实践项目受到省市领导的好评。通过党史教育和课程思政，教师自身师德师风也得到了提高。

（五）进一步拓展数字媒体技术传播手段

围绕课程思政的核心指导思想，在课程教学中采用前沿的数字媒体技术手段，研究全媒体时代下的漫插创作方法。通过数字媒体前沿技术的探索和应用，激发学生的创新意识；通过课题组形式，拓展技术平台，组织学生围绕“红色文化”进行“红色之旅”的创作实践；通过实践基地和主流党媒的合作，进一步运用数字技术进行插漫画课程的探索。

课程负责人：徐育忠
教学团队：幸洁、吕欣、樊黎明
所在院系：设计与建筑学院数字媒体艺术系

数字媒体艺术概论

满眼生机转化钧，天工人巧日争新。

——清·赵翼《论诗五首》

一、课程概况

（一）课程简介

“数字媒体艺术概论”课程作为数字媒体艺术专业本科生必须掌握的专业基础课，是专业系统学习的第一个台阶。作为数字媒体艺术专业的先导课程，以其为核心形成了一个课程群，在教学组织中起着提纲挈领的作用，同时也是学院相关各专业继续学习和研究的重要专业基础课，具有学生受益面广的特点。

在实际教学安排中，本课程是浙江工业大学艺术设计类本科生专业分流后，选择数字媒体艺术方向的学生所接触到的第一门专业课，这门课的教学效果直接影响了学生的专业认知以及后续课程的学习效果。因此，在课程教学设计中，一方面要提高学生对数字媒体艺术的认识和鉴赏能力，另外一方面，培养学生对数字媒体艺术的兴趣。在课程建设中将思政内容与教学内容有机结合，让学生感受到他们所面对的不仅仅是回顾历史，还是开创未来。基础课程教学目标设置的合理性与教学成果的有效性将直接影响学科全面课程体系的设置与建设，课程教学设计依托我校设计学现有的优势教学资源，构建艺术与技术真正融合的课程教学模式和人才培养方案。

（二）教学目标

通过讲述数字媒体艺术的基本理论知识，使学生了解必需的基础理论知识。课程目标主要分为两个部分，一是概述，主要介绍基本概念、理论基础、艺术特征等方面内容；二是案例分析，以案例切入数字媒体各种艺术类型的介绍。通过结合教材的课程学习，使学生初步了解数字媒体艺术的原理、概况以及发展状况，启发学生将日常生活和艺术创作联系起来，激发学生对于数字媒体艺术的热情。

1. 知识目标

（1）掌握数字媒体艺术的概念以及媒介特征，了解其技术基础。

（2）基本了解影视特效与数字动画发展的相关知识。

（3）了解数字插画的制作工艺流程和艺术特点。

（4）了解国内外游戏产业现状，掌握数字游戏设计策划的基本原则。

（5）学习虚拟艺术历史和现状，重点是了解虚拟现实的技术基础和艺术特征。

2. 能力目标

（1）重点掌握数字媒体艺术的媒介特征，学会以专业的眼光去观察。

（2）掌握影视特效和数字动画的艺术特征和发展现状。

（3）了解如何保持数字媒体艺术中技术性与艺术性的平衡。

（4）提升学生数字媒体艺术应用案例的理解和应用能力。

3. 价值目标

（1）培养学生的职业道德和创新精神，开阔视野，明确目标。

（2）提升学生语言文字表达能力及学生的沟通能力、领悟力和执行力。

（3）培养学生严谨细致的工作态度和精益求精的工匠精神。

（4）使学生具有科学的世界观、人生观和价值观，践行社会主义荣辱观。

（三）课程沿革

数字媒体艺术系从2014年开始着手改革动画专业和视觉传达设计中数字媒体艺术方向的现有课程体系，构建具有我校数字媒体艺术专业特色的模块化课程体系结构，取得了初步的成效。更新优化了课程教学大纲和授课计划，确保核心课程符合对专业人才培养目标和毕业要求的支撑。2018级开始使用新的课程教学大纲，2018–2019（1）学期“数字媒体艺术概论”首次开课，并在同年立项校级专业核心课程。

针对本课程教学学术性、交互性强等特点，综合运用了多媒体教学、互动式教学、案例教学、实践项目教学以及网络教学“五位一体”有机结合的“立体化”教学方法，充分将当代技术和实践融入教学之中。在课程建设过程中，结合教学实际和本专业优势、特色，主要针对数字插画和交互设计内容，补充了相关教材。课程目前选用教学团队主编的《Ps+Sai数字插画设计》（人民邮电出版社，2019年，徐育忠、樊黎明），以及本专业教师主编的《跨界思维——交互设计实践》（浙江大学出版社，2016年，吕欣等）为辅助教材。

在课程建设中，参与建立中国高教学会高校设计创新实践竞赛与展示交流浙江省合作实践中心，推动竞赛进课堂，在米兰设计周中国高校设计学科竞赛、中国国际动漫节金猴奖、中国大学生原创动漫大赛浙江省多媒体大赛、中国数字媒体艺术大赛等国内外有影响力的专业竞赛中指导学生参赛，获得多个奖项。

二、思政元素

（一）中国传统文化的数字化探索

传承中华优秀传统文化是一项重要的历史使命。指导和启发学生在对传统文化符号的数字化探索过程中，将传统文化素材融入数字媒体艺术创作，可以赋予传统文化时代感，并拓展数字媒体艺术创作范畴和内涵。既可以进行中华优秀传统文化教育，又可以培养家国情怀。

（二）服务地方经济，促进数字文创

作为数字经济新的增长点之一，数字文创迎来了良好的发展机遇。课程团队积极对接地方发展需求，促进课程实践项目与数字文创设计深度融合，展现中国特色社会主义和中国梦教育。

（三）从理论学习出发分析时政热点问题

关注学生思想动态和精神生活，在课程教学中提倡书籍阅读和发散思考，启发学生打破学科间的界限，增强文化素养。在分析时政热点问题时，将课堂学习的历史和理论联系起来，以史为鉴、以论为据，更理性更深入地思考和解决问题，树立正确的世界观、人生观和价值观，培养学生的社会责任感。

三、设计思路

对“数字媒体艺术概论”的核心课程建设和教学改革主要依托本专业的转型升级，改进现有的教学方法，以案例、项目、研讨等多方式探索理论性基础课程的互动式、浸没式教学形态，同时以课程思政建设推动课外教学实践的发展。

（一）以赛促学，服务地方数字文创

在实际教学过程中积极鼓励学生以课堂中多种数字媒体艺术形式参加比赛，关注对学生艺术审美能力和基本艺术表达能力的训练，以培养符合社会数字媒体行业需求的人才为最终教学目标。依托赛事，构建理论内容与相关教学实践模式。因为面向的是刚进入专业学习的二年级本科生，该部分内容极大地调动了学生的学习积极性。

（二）以案例促实践，关注当下热点事件

每学年授课计划根据当年的热点案例进行更新，如组织学生参观热门专业展览、访问行业前沿企业、关注社会热点话题等，在考察调研的基础上，结合课堂内容，学

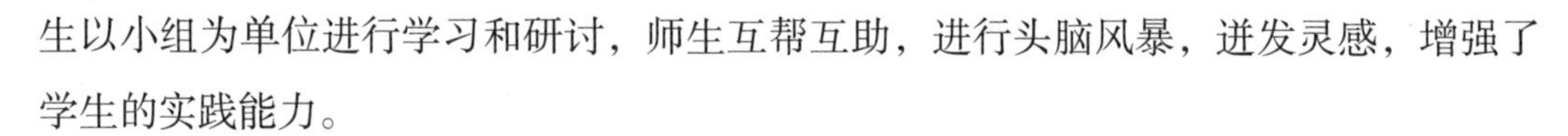

生以小组为单位进行学习和研讨，师生互帮互助，进行头脑风暴，迸发灵感，增强了学生的实践能力。

（三）以问题促思考，理论联系实际

促进自主课堂，每学年针对与数字媒体艺术有关的社会热点，组织学生展开研讨，以翻转课堂的形式，鼓励学生上台汇报。此外，每年都会推荐课外书籍，增加学生阅读量。主要从当下社会热点媒体问题出发，让学生了解数字媒体文化的知识地图，增强课程对实际生活的意义，强化了学生的“自主、探索、合作、创新”能力。以问题设计为关键，以自主学习为基础，探索合作为核心，创新设计为特征，鼓励学生团队完成课程作业，而教师更多发挥润滑剂、催化剂、黏合剂的作用。

四、教学组织与方法

根据本课程内容的安排，从知识的传授、技能的应用，到精准教学重点、难点，再到素质习惯的锻炼，结合社会主义核心价值观和职业规范，将课程思政全方位融入专业教学组织中。采用启发式、讨论式、案例分析、翻转课堂等多种教学方法，高效发挥专业课程的思政效应，培养学生知行合一。让社会主义核心价值观内化为精神追求，外化为自觉行动。除了相关课程思政项目外，还进行课外的思政追踪，布置跟思政主题相关的设计和制作任务。通过对同学们的作品追踪，了解学生的思想觉悟情况。具体方法设计如下。

（一）以理论学习触发思想进步

课堂作业和自学要求中，加入《理解媒介——论人的延伸》《娱乐至死》《机械复制时代的艺术作品》《人类简史》《未来简史》等专业著作的阅读，同时结合课堂讨论，让学生通过对前沿思想和经典理论的研读，树立正确的历史观，激发学生奋发图强的意识，激励学生努力学习，勇于探索。

（二）以案例分析带动观念更新

在理论教学之外，带领学生进行实践考察。带领学生参观浙江博物馆、中国丝绸博物馆、杭州工艺美术博物馆等展馆，启发学生将专业知识和技能与传统艺术和文化相结合，让学生提升民族自豪感，激发爱国情怀。结合案例学习，穿插整合工匠精神教育，以团队合作，引导学生养成认真负责的工作态度，增强学生的责任担当，培养学生的大局意识和核心意识。

（三）以互动教学启发文化思考

在每次的教学设计中，设置互动讨论环节，帮助同学们对当下社会的一些数字媒体文化现象进行批判性分析，强化学生问题意识的培养，从而具备独立思考与研究能力。树立正确的人生观和价值观，培养学生良好的职业道德素养，具有责任心和社会责任感。

五、实践案例

以课外实践环节的引入促进理论与实践的结合。在本课程设计中，以案例以项目为出发点，让学生走出课堂，以多种实践方式来倡导自主学习，突出学生的主体地位，以人为本，强调学习的主动性。此外在基础课程学习中，学生大多对虚拟内容不感兴趣，也缺乏学习的积极性。因此在课程内容中加入了诸如文化创意产业调研、校园数字文化研究等实践内容，进一步让学生明确学习的目标，提高学生的综合水平。

（一）案例 1：VR 游戏产业调研

关注产业前沿。从 2017 年开始，针对 VR 产业的兴起，带领学生在上海和杭州参观相关数字媒体艺术展览（见图 1），在课程中加入了当代艺术与数字媒体艺术创作的主题，将数字媒体艺术史与艺术史联系起来，拓展学生的创作思路。例如，2018 年参加“上海 Gamebox 沉浸艺术展”，2019—2020 年参加“瘾瘾作乐：浸没式新媒体艺术群展”。

图 1　VR 游戏产业调研

（二）案例 2：中国传统艺术的数字媒体衍生产品设计

关注传统文化数字化。启发学生将中国传统艺术与数字媒体艺术结合，开发相关衍生产品，探索传统艺术、宗教文化对当代艺术的影响，还有学生以其为毕业创作的主题，很好地将这一实践延续了下去（见图 2、图 3）。学生设计的课程作品包括机游、手游、交互游戏、动画短片、博物馆导览、网店、交互学习 App、手机软件等多种形式。

图 2 中国传统艺术的数字媒体衍生产品设计调研

图 3 中国传统艺术的数字媒体衍生产品设计案例作品

六、教学效果

（一）整体教学效果

对“数字媒体艺术概论”核心课程建设及课堂教学改革，一方面解决了学生在基础理论课程学习中积极性不足、参与性不强的问题。用研讨教学、案例教学和项目教学等多样化方式和手段，可以实施循序渐进的课程学习，本着调动学生学习兴趣的原则，注重培养学生再创造的思维与技能，建立起学生对数字媒体艺术学习的信心。培养学生建立起良好的学习兴趣与习惯是本课程的教育目标，培养学生对基础技能的掌握能力以及对后续课程的辅助学习能力是本课程的教育内容。

另一方面实现了基础理论课程与技术实践课程的自然衔接，有利于形成人才培养的模块化课程体系结构。通过以上多个方面的课堂教学改革，希望将案例式、浸没式、互动式的学习模式引入到课程教学中，为学生在后续专业实践打下基础，混合多样的教学思维模式和操作方法，并引申到后续专业课程的项目式教学中，实现无缝对接。

此外，网络课程和微信等多媒体互动教学平台的建设和开放扩大了本课程教学的影响力和受益面，另外一方面也通过与学生的互动交流，教学相长，促进课程建设的不断增强改进。

（二）学科竞赛成绩

在实际教学过程中积极鼓励学生以课堂中多种数字媒体艺术形式参与比赛（见图4），2017年参加浙江省第十六届大学生多媒体作品设计竞赛（三等奖2项）；2018年参加杭州亚运会会徽设计征集（121份作品）、第三届浙江省大学生公益广告大赛（优秀奖1项）、第十二届全国数字艺术设计大赛（银奖1项）；2019年参加“友邦杯”海盐县文化创意大赛（金奖1项、铜奖1项，优秀奖22项）、杭州亚运会吉祥物全球征集活动（70份作品）、米兰设计周中国高校设计学科师生优秀作品展（一等奖1项）、第13届全国数字艺术设计大赛（金奖1项、银奖1项）、第十九届白金创意国际大学生平面设计大赛（优秀奖1项）、湖北省孝感市城市动漫形象设计大赛（三等奖1项）；2020年参加“创意亚运”杭州市文创设计大赛（一等奖1项、二等奖2项、三等奖5项）；2021年参加米兰设计周中国高校设计学科师生优秀作品展（一等奖3项，三等奖3项）。

图4 各类大赛学生获奖证书

（三）学生课程报告

加强学思结合。当前许多“数字媒体艺术概论”相关课程设置只是简单地将数字媒体艺术的形式陈列出来，忽视了艺术作为一门人文学科不可避免地要探讨人类生活的本质及其研究方法，特别是在数字媒体时代的当下。在课堂教学中启发学生打破学科间的界限，理解数字技术、媒体技术和艺术都离不开对社会文化的思考，要了解我们的技术是如何为这个世界进行创造的。每学年针对与数字媒体艺术有关的社会热点，组织学生展开研讨，以翻转课堂的形式，鼓励学生上台汇报（见图5）。此外，每年都会推荐课外书籍，扩展学生阅读量。

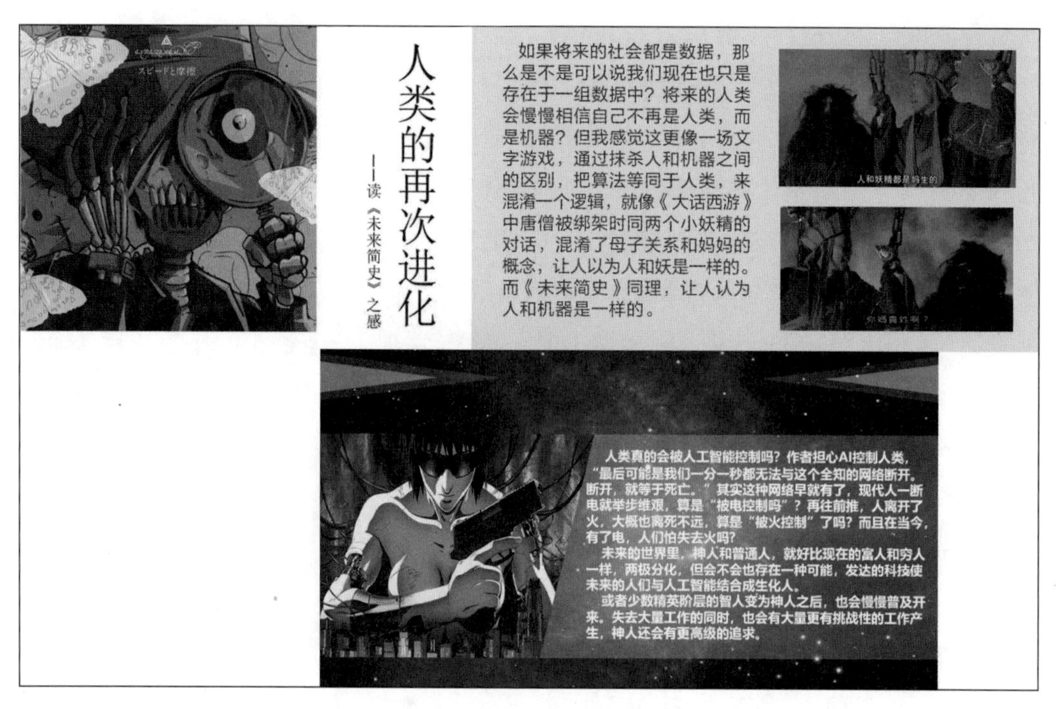

图5　学生课程报告截图

课程负责人：幸洁
教学团队：徐育忠、樊黎明、陈晓萌
所在院系：设计与建筑学院数字媒体艺术系

四 公共艺术系

DEPARTMENT OF PUBLIC ART

IV

培根铸魂　润物无声

浙江工业大学设计与建筑学院课程思政案例集

专业秉持“吾城吾形，美美与共”的办学宗旨，立足浙江，聚焦城乡空间；以“美”为媒，发挥艺术在服务经济社会发展中的重要作用，把“美”的设计成果更好地服务于人民群众的高品质生活需求。培养具有扎实的造型艺术基础、具备系统整合能力、公共文化和跨界艺术设计人才，为浙江城乡建设空间品质提升输送急需的空间艺术造型设计生力军。

专业共有专任教师 12 人，其中正高职称 1 人，副高职称 1 人，具有博士学位人数 5 人。拥有省部级公共艺术研究中心、实验室，主持省部级及以上课题 10 余项，科研到款 800 万，获国家级艺术奖项 6 项，发表核心期刊 10 余篇，申请发明专利 5 项。

平面与色彩表达

日出江花红胜火，春来江水绿如蓝。

——唐·白居易《忆江南》

一、课程概况

（一）课程简介

“平面与色彩表达”课程是公共艺术系本科二年级第二学期的专业课程，是一门学习平面版式与色彩表达的课程。本课程首先从平面设计出发，探索版面设计与色彩表现的规律与语言；其次深入研究色彩之间的内在关系，并研究色彩与图形、文字、空间、节奏、内容、环境等诸多方面的关系，探索平面与色彩表达的语言；以及平面与色彩表达在多种界面的表达。通过课程思政模式，培养学生们爱国主义、民族精神与经世致用的当代设计师使命，和以人为本的人性化设计观与基于中国东方设计美学的综合视野。

（二）教学目标

本课程通过教学理念、思路、方法、环境的创新，从价值塑造、知识传授和能力培养等方面构建起完整的思政教学目标体系：（1）通过价值体系重建与教学过程创新，培养适应国家文化自信战略需要的又红又专人才。（2）通过知识体系重组和教学内容创新，赋予学生交叉复合型人才的内涵和新意。（3）通过组织体系重构和教学方式创新，建立起一种多主体全方位协同育人的高效机制。

二、思政元素

（一）爱国主义、文化传承

在课程设计中，以“中华优秀传统文化传承”为课程目标，将社会主义核心价值观深入课程内容，培养学生们高度的爱国主义精神。通过带领学生们调研中国艺术宝库、丝路文化中最具有代表性的敦煌文化，用现代设计理论探索与分析敦煌的色彩表达，让学生们致敬一代又一代的敦煌守护人，在心中油然升起致力于弘扬中国优秀传统文化与艺术的使命感。

（二）勇于创新

在本课程作业中要求学生将设计实践与中华民族精神、时代精神相连，体现当代设计师勇于创新的精神。培养学生们思考平面与色彩表达在公共艺术专业领域的多个界面的跨界创作审美与形式，深入研究文化内涵，打造独具特色的创新优势。

（三）学以致用

在本课程中要求学生们在设计创作中能够勇于任事、不务空谈，注重实效和理论联系实际。通过授课鼓励学生积极关注时事，培养以解决问题为导向的设计思维，使平面与色彩表达的创作真正地学以致用。

三、设计思路

本课程将“爱国抗疫”“丝路敦煌”等思政元素全过程融入专业技能价值训练体系，培养又红又专的创新型人才。构建并强化了“创新能力”价值训练体系，通过调查、策划、设计、评估等过程，将思政教育和专业训练有机融合，培养了学生的家国情怀。更全面客观地评估学生的综合能力及教学效果。

四、教学组织与方法

本课程响应浙江工业大学设计与建筑学院的课程建设与教学改革发展的要求，融入平面与色彩表达的专业特色与理论方法，结合教师多年设计实践工作经历与现有的教学资源。通过特色主题式、工作情景式、表达挑战式和项目评估式四个方面展开课程的教学组织与教学方法探索。

五、实践案例

（一）案例 1 ：敦煌文化 IP 创新设计

在课程练习中，学生们通过敦煌文化调研，以“九色鹿”为研究对象展开，首先通过色彩提取、色彩来源分析和创意配色等三个方面，完成了色彩表达创新设计（见图 1）。该色彩系统不仅仅基于中国优秀传统文化，也体现了学生在设计研究中的爱国主义精神和民族精神，体现了学生们学习社会主义核心价值观并在设计中融入表达。其次学生们通过文化 IP 设计、赋色一体化设计，将敦煌文化发扬光大，解决当下 IP 文化面临的诸多问题。该阶段体现了学生们勇于创新、学以致用的精神。

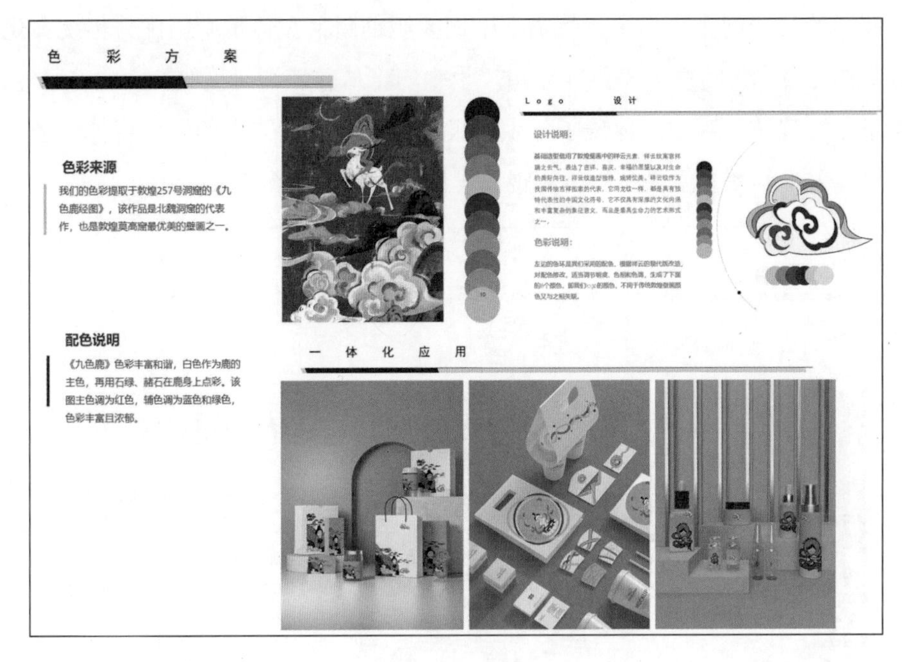

图 1　案例一

（二）案例 2：抗疫海报设计

在疫情防控当下，带领学生关注国家政策和时事。致敬最美逆行人——那些奋斗在抗疫一线的各行各业的人们！通过设计创新来设计抗疫海报，用平面与色彩表达赞美抗疫英雄的心声。本创作培养了学生的民族精神和文化创新与设计实践能力（见图 2）。

图 2　案例二

（三）案例 3：东方美学建筑外观探索——版式与色彩表达在空间中的应用

在课程的实践创作探索中，鼓励学生们大胆创新，在传承中国优秀传统文化基础上，对版式与色彩进行多元多界面创想。学生们将从敦煌调研提取的文化 IP 与色彩系统应用于各类建筑外观中，体现了学生积极探索现代公共艺术的民族精神、创新精神与东方设计美学的社会主义核心价值观和设计价值观（见图 3）。

图 3　案例三

六、教学效果

本课程改革至今，多次获得浙江工业大学本科教学“优课优酬”奖励。课程围绕教学设计、课程思政、考教分离落实情况、教学过程管理、课程教学目标达成度评价、学生评课等多个方面进行积极的改革与提升，并被学校认定为课程教学效果综合评价优秀。

课程负责人：叶赟
教学团队：梁勇、程犁
所在院系：设计与建筑学院公共艺术系

设计管理

锲而舍之，朽木不折；锲而不舍，金石可镂。

——战国·孟子《孟子·告子下》

一、课程概况

（一）课程简介

“设计管理”课程是公共艺术专业的一门专业核心课程，旨在基于中国特色和国际化视野，培养学生的公共艺术设计项目实践与管理的技巧与理论知识（2017 年正式开课）。本课程利用设计管理学基本理论与工具，结合课程思政和中国设计的实践要求，使学生进一步掌握国内外设计管理前沿知识与趋势，培养学生实践设计项目的管理能力，并为后续专业课程的学习打下良好基础，同时为帮助学生进一步找到公共艺术项目的设计方法提供有效途径。依托该课程，与国外学院、各地企业等建立战略合作意向，完成了一批设计实践项目管理，得到了社会的广泛认可。课程开设在浙江工业大学设计与建筑学院人才培养计划中的三年级第一学期，总计 2 学分。

（二）教学目标

该课程以培养具有“爱国、创新与实践”相结合的公共艺术建设与管理人才为目标，结合“设计管理”理论教学，通过组织学生参与设计实践项目、引导学生进入专业考察、鼓励学生推广爱国特色品牌。全过程构建学生能力体系，全面提升学生在调查、策划、规划、设计、表达五个方面的专业综合技能。并将思政教育融入专业训练，通过教学理念、思路、方法、环境的创新，从价值塑造、知识传授和能力培养等方面构建起完整的思政教学目标体系。

二、思政元素

（一）中国梦

在课程教书育人方面，以建设富强、民主的中国为立足点，对“中国科技、中国智造、中国北斗卫星导航”进行解读，将思政课题与国家需求作为实践与创作的方向，鼓励学生们为努力实现中国梦而奋斗！发挥公共艺术专业特色，使学生们能学以致用，培养具有文化自信的专业人才。

（二）职业精神

要求学生在设计管理中，具有正确的职业理想和职业道德。在设计创作中能够勇于任事、不务空谈，并且注重理论联系实际。在课程中培养学生对项目管理的系统分析、管理路径和风险应对能力，调动学生的学习与管理热情。形成一种融合了设计管理的前沿性、跨界性和实践性的专业特色，以及建立一种多元、多主体、全方位协同育人的高效机制。

（三）勇于创新

在本课程作业要求学生将设计实践与中华民族精神、时代精神相连，体现当代设计师勇于创新的精神。在课程建设中积极开拓实践教学，将设计管理理论与实践同国际前沿的设计管理理论案例相结合，力求赋予学生一定的设计管理能力与知识和交叉复合型人才的内涵。

三、教学组织与方法

本课程响应浙江工业大学设计与建筑学院的课程建设与教学改革发展要求，融入设计管理国际化发展的视野与方法，结合教师的多年设计管理研究与著作、大型设计项目管理的实践工作经历与现有的教学资源，通过主题式、情景式、挑战式和论坛式4个方面展开“设计管理”课程的教学组织与教学方法探索。

四、实践案例

（一）案例1：“北斗科技与公共艺术跨界创新”全案设计项目管理实践——设计管理助力中国梦创新发展

在中国科技创新和产业升级的时代背景下，带领学生关注中国北斗卫星导航系统的民用化发展进程，探索创新设计项目中的管理之道。通过设计管理理论与方法的学习，结合北斗科技调研，探索艺术与科技的跨界，进行全案设计项目管理实践

（见图 1）。本课程培养了学生为实现中国梦而努力奋斗的拼搏精神、勇于创新的精神，符合社会主义核心价值观的职业精神，以及与文化、科技跨界融合创新的设计实践管理能力。

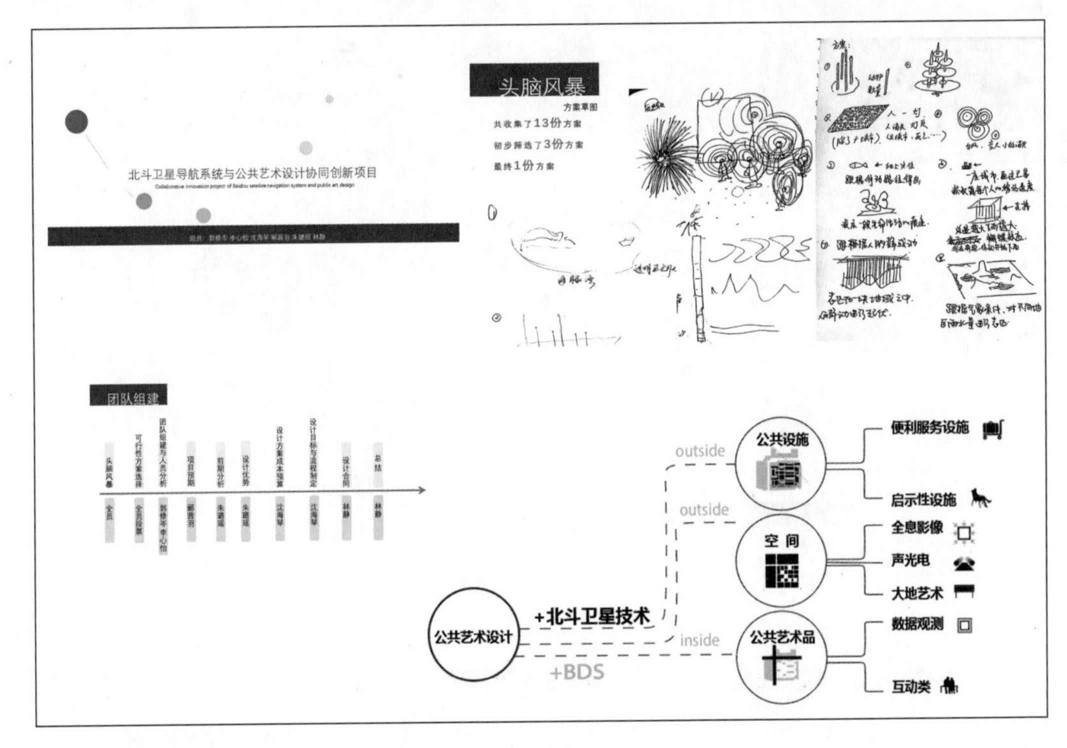

图 1　案例一

（二）案例 2："中国文化 IP 设计：以敦煌 IP 为例"全案设计项目管理实战

在课程练习中，展开培养具有社会主义核心价值观的设计管理职业理想和职业道德的课堂实践。首先以中国文化创新和时代潮玩相融合为主题，引导学生关注当下的盲盒市场，分析优劣，展开问题讨论，探索设计提升之道。其次通过敦煌文化研究，探索开发中国文化 IP 的设计管理路径，展开头脑风暴，拟定设计策划书。接着通过设计管理理论与方法的学习，结合传统文化调研，拟写全案设计执行方案，展开创新设计。最后通过实施设计项目管理，进行项目分析与评估。本课程全面培养了学生们的设计实践管理能力和职业精神（见图 2）。

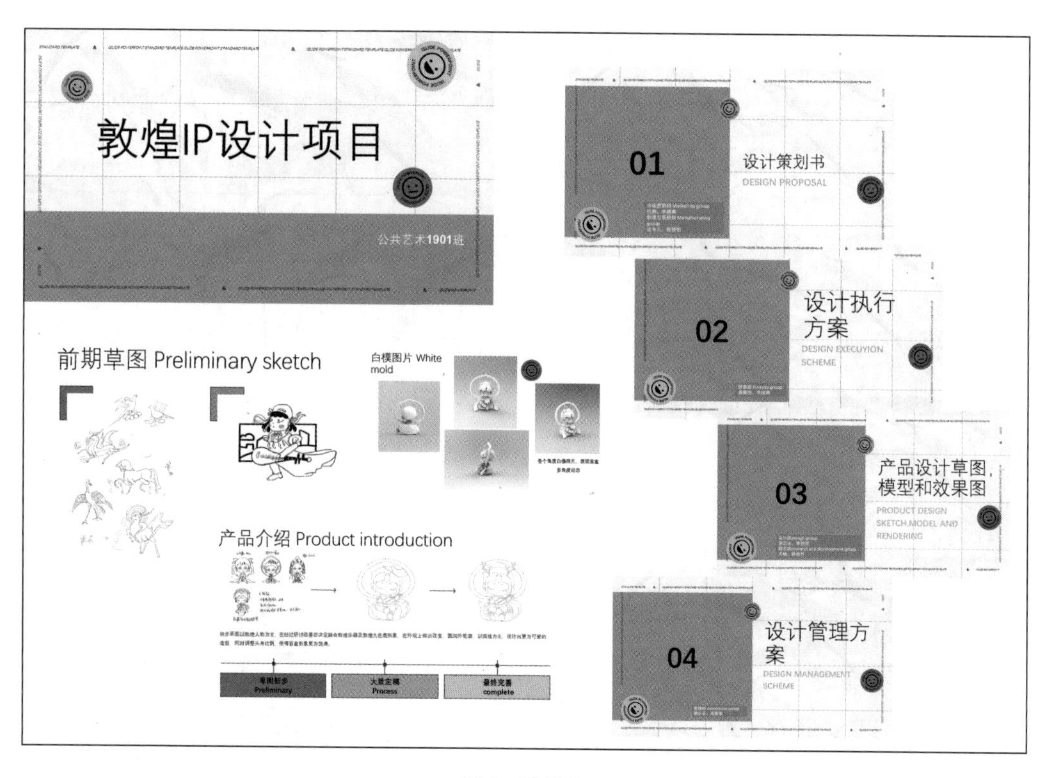

图 2　案例二

（三）案例 3：“敦煌文化 IP 设计挑战与创新成功法则”分析实践

在课程练习中，鼓励学生们积极创新。学生在调研市场与传承传统的基础上，通过项目目标、工作范畴、期望收益与规划信息四个板块展开设计挑战分析，并探索成功法则（见图 4）。本课程通过课程思政中的“育人元素”，激发学生的爱国、理想、正义、道德等正能量的职业精神，培养职业道德，并将勇于创新、努力实现中国梦等思政元素潜移默化地融入专业教育的“价值 + 知识 + 能力”体系之中。

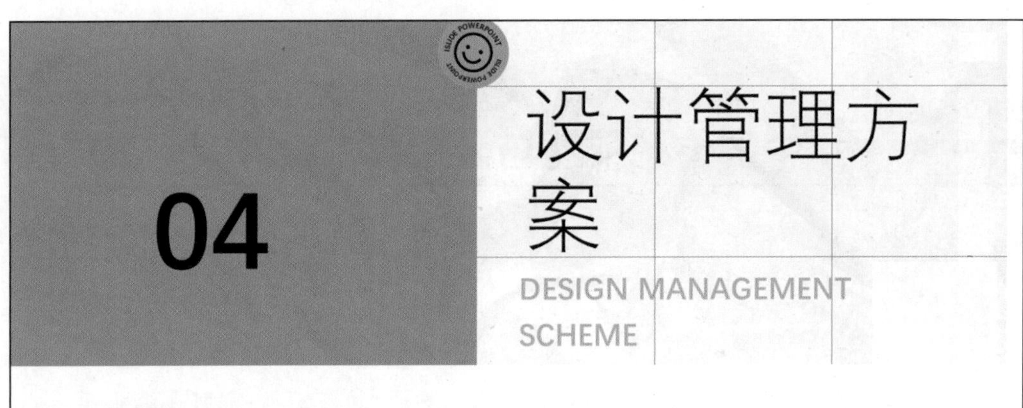

设计挑战 Design challenges

项目目标

设计出一款大众喜爱的，具有敦煌特色的盲盒

工作范畴

确认策略和理念
分析，调研盲盒的市场和消费力
进行产品草图的设计，模型的制作，最终通过3D打印形成成品
通过一定的推广方式进行销售

期望收益

预期一个月卖10w+个盲盒，净收入400万不等

规则信息

用户至上，继遵循可持续发展原则，敦煌特色，提高产品竞争力，突破常规，将创新理念与设计实践相结合

图 3　案例三

五、教学效果

本课程改革至今，多次获得浙江工业大学本科教学“优课优酬”奖励。课程围绕教学设计、课程思政、考教分离落实情况、教学过程管理、课程教学目标达成度评价、学生评课等多个方面进行积极的改革与提升，并被学校认定为课程教学效果综合评价优秀。

课程负责人：叶赟
教学团队：梁勇、程犁
所在院系：设计与建筑学院公共艺术系

中国传统雕塑与公共艺术设计

艺术之常，源于人心之常；艺术之变，发于人心之变。常其不能不常，变其不能不变，是为有识。常变之道，终归于自然也。①

——潘天寿

一、课程概况

（一）课程简介

面对当前中国文化全面复兴的社会背景，积极响应文化自信精神，“中国传统雕塑与公共艺术设计”致力于探索如何将传统美学精神与雕塑造型化用于当代艺术设计中。首先，在中国传统艺术的整体观照下，对传统造型的文化观念、审美精神和技法特征进行讲解。其次，结合户外古迹考察，进一步对传统雕塑有直观的认识和真切的感受。最后，结合特定的项目或相关展览赛事，将中国传统雕塑造型进行当代转化，探索具有东方美学精神的当代公共艺术设计。本课程于 2018 年开课，是一门面向设计与建筑学院公共艺术设计方向硕士研究生的专业选修课，开设在研究生一年级第一学期，总计 2 学分。

（二）教学目标

1. 知识目标

（1）在中国传统艺术的整体氛围下对古代艺术造型的历史概况和总体面貌有基本的了解。

（2）学习中国传统雕塑背后的基本观念、造型语言、技法特征及材料工艺。

（3）对中国传统雕塑语言在当代公共艺术设计中的运用案例有一定的了解。

① 潘天寿. 潘天寿谈艺录 [M]. 杭州：浙江人民美术出版社，1985：32.

2. 能力目标

（1）初步掌握中国传统雕塑的造型规律和基本方法。

（2）从观念、形式、材料等方面对传统造型进行当代转化，探索具有东方美学精神和中国风貌的公共艺术创作。

（3）能较完整、清晰且具有设计感和美感地呈现公共艺术设计方案的整体内容。

3. 价值目标

（1）通过深入学习中国传统艺术造型，坚定文化自信。

（2）通过学习蕴含本民族文化心灵的传统造型，增加公共艺术设计的公共性，更好地具有走向公众的心理基础和认知基础。

（3）建立坚守常变之道的认知。不忘本来、面向未来，将传统造型作为当代设计的一种“源头活水”，致力于当代化用，在继承中转化。

二、思政元素

艺术是中国文化的强项，并且中国传统艺术主张将道德美和艺术美合二为一，认为艺术具有成教化、助人伦的作用。雕塑是中国传统艺术的重要组成部分，深刻蕴含了本民族的文化心灵。因此，对于具有公共性的公共艺术专业来说，这既是传承与弘扬中国传统雕塑独特价值的需要，也是探讨公共艺术如何更好地走向公众和中国人的生命状态与情感世界建立真切关系的一种探索。

（一）坚定文化自信

中国传统雕塑在美学和技法上均自成体系，具有独特价值，充分体现了东方性的审美精神。通过对传统经典造型的学习，坚守中华文化立场、传承中华文化基因，展现中华审美风范。

（二）传承真善美

文艺的永恒价值是对于真善美的追求。中国传统艺术精神注重人品与艺品的合一，将艺术实践作为提升自己心灵境界与引导人们趋向于真善美的一种方式。

（三）践行知行合一

在对中国传统造型的审美精神有基本认识的前提下，结合临摹及户外古迹、博物馆的实物考察，进一步对传统雕塑有真切的感受。最终，结合相关展览、比赛，将传统雕塑美学运用于当代公共艺术创作实践中。

（四）讲好中国故事

当前，国家的文化政策强调文艺工作者要讲好中国故事、传播好中国声音、阐发中国精神、展现中国风貌。因此，无论从出于中国形象、中国表达的需要，还是全球化进程中作为国家软实力的重要组成部分，当代雕塑及公共艺术的东方性身份确立和表达都是极为重要的。

三、设计思路

课程教学内容环节主要包括古代雕塑赏析、文物古迹考察、经典造型临摹和现代创作转化。教学过程注重理论结合实践，在对中国传统雕塑精神有基本认知的前提下，进行考察、临摹以及创作实践，希望在较短时间内对于传统造型与当代设计这一方向的研究和创作有相对完整的把握（见图 1）。

图 1　思政元素与教学环节

四、教学组织与方法

在课程教学设计方面，首先，在中国传统艺术的整体观照下，对传统造型的思想观念、审美精神和技法特征等进行讲解，使学生对传统造型语言有基本的认识。然后，结合户外古迹、博物馆等的实物考察，进一步加强学生对中国传统艺术的认识，同时收集资料和创作素材。通过实物、实地和实境的观摩学习从而对传统雕塑有直观的认识和真切的感受，并且要求现场完成临摹或速写手稿以及考察报告，进而以线描作为传统造型研习的门径和东方性审美的认知和造型基础。同时，理解书画笔法以及由此产生的线性形态与传统雕塑的关系。最终，结合实际项目或相关展览等艺术活动，将所学的传统雕塑精神和造型，从观念、形式和材料以及工艺等方面进行当代转化，并完成小稿制作，结合一定的环境，形成完整的方案效果。教学设计详见表 1。

表 1　教学设计

<table>
<tr><th>序</th><th>授课时间</th><th>时数</th><th>授课内容</th><th>授课方式</th><th>思政元素</th></tr>
<tr><td>1</td><td>第一周</td><td>4</td><td>古代雕塑赏析</td><td>课堂讲授</td><td>坚定文化自信</td></tr>
<tr><td>2</td><td>第二周</td><td>4</td><td>文物古迹考察</td><td>实地讲解</td><td>践行知行合一</td></tr>
<tr><td>3</td><td>第三周</td><td>4</td><td>经典造型临摹</td><td>课堂示范</td><td rowspan="2">传承真善美</td></tr>
<tr><td>4</td><td>第四周</td><td>4</td><td>创作方案汇报</td><td>课堂点评</td></tr>
<tr><td>5</td><td>第五周</td><td>4</td><td rowspan="3">公共艺术小稿制作</td><td rowspan="3">课堂指导</td><td rowspan="4">讲好中国故事</td></tr>
<tr><td>6</td><td>第六周</td><td>4</td></tr>
<tr><td>7</td><td>第七周</td><td>4</td></tr>
<tr><td>8</td><td>第八周</td><td>4</td><td>总结交流</td><td>课堂讨论</td></tr>
</table>

五、实施案例

（一）案例 1

在中国传统艺术的整体背景下，对传统造型进行讲解，使学生对于中国传统雕塑美学精神和造型体系有了一定的认识。然后结合相关雕塑文物古迹的考察，进行实物、实地的学习和资料的收集。在此基础上再进行雕塑实践，加强造型能力的培养和审美认知的提升。最终进行当代转化，探索具有东方美学精神的当代公共艺术创作。教学过程见图 2。

图 2　教学过程

（二）案例 2

该设计围绕“南孔圣地·衢州有礼”主题。从衢州的山水以及月文化出发，经过提取简化，将人们对三衢山水以及对家乡的思念寄托于山月造型之上，同时，也是家国情怀的象征（见图 3）。

图 3　“南孔圣地 • 衢州有礼”主题教学案例作品

（三）案例 3

该设计围绕衢州的围棋文化。作品以棋子和棋盘为元素符号进行构成组合，以象征天圆地方、动静之象（见图 4）。

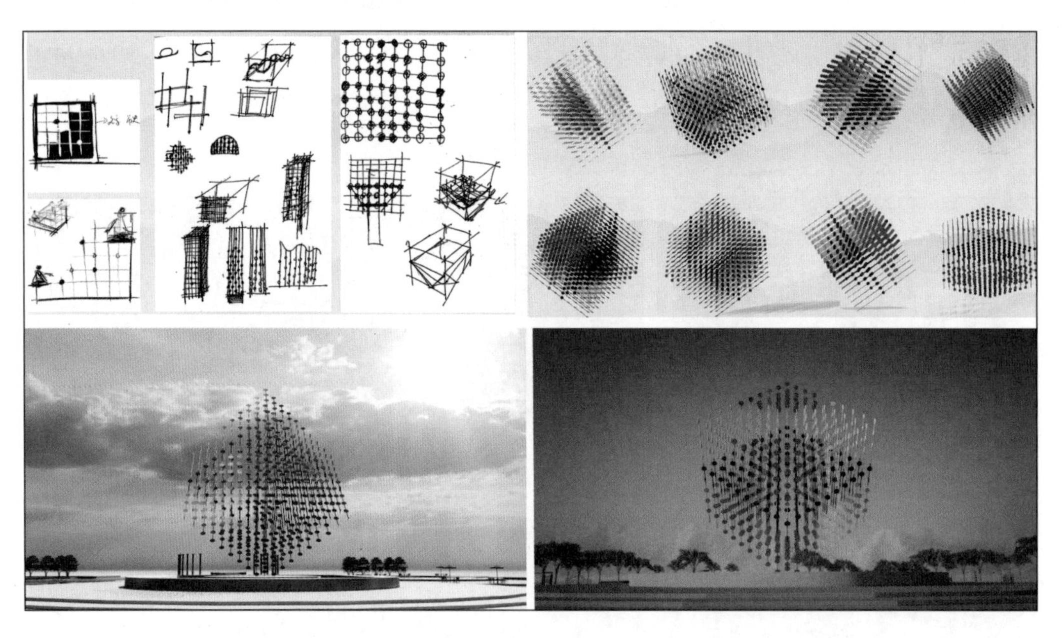

图 4　“南孔圣地 • 衢州有礼”主题教学案例作品

六、教学效果

本课程致力于探索中国传统雕塑语言在当代的化用，自 2018 年开设以来，在教学内容和方法上也进行了一些尝试。目前初步形成理论讲解、古迹考察、经典临摹以及创作转化等几个主要的教学环节。通过本课程的学习，学生对于中国传统造型的思想观念、形式语言和表现手法也有了基本的认识。并且，对于如何在当代语境下，从观念、形式和材质上对传统造型进行当代转化也有了一些方法上的尝试，这些都为将来进一步在传统造型与当代设计这一方向的研究和创作上奠定良好的基础。另外，本课程注重教学与相关展览等学术活动的结合。教学期间学生多次参与了当代公共艺术方案征集活动，获得了较好的锻炼和展示机会。中国传统雕塑在美学和技法上均自成体系，具有独特价值，充分体现了东方性的审美精神。当今社会，艺术表现的形式、媒介不断变化，但艺术的本质应该是有常而不变的部分。本课程将坚守常变之道，不断完善教学体系，助力文化自信和文化复兴。

课程负责人：曾齐宝
所在院系：设计与建筑学院公共艺术系

五 工业设计系

DEPARTMENT OF INDUSTRIAL DESIGN

工业设计专业创立于1993年，先后入选浙江省重点特色专业、浙江省“十二五”优势专业、浙江省一流本科专业和国家级一流本科专业建设点。目前共有专任教师25人，其中教授6人、副教授12人，博士生导师2人、硕士生导师7人，具有博士学位的教师17人，教育部高等学校机械类工业设计专业教指委委员1人、浙江省高等学校本科教指委设计学类专业教指委副主任委员1人。

专业建设目标是以浙江省数字文化、健康装备产业发展和中小企业转型升级的创新需求为建设导向，结合学校“以浙江精神办学，与区域发展互动”的办学理念和现代“工程化”教育办学方向，构建以提升学生创新实践能力和解决复杂工程问题能力为核心的工业设计工程技术人才培养体系，将工业设计专业建设成为国内一流、国际知名的品牌专业。

创新思维

删繁就简三秋树，领异标新二月花。

——清·郑板桥《赠君谋父子》

一、课程概况

（一）课程简介

创新思维是产品设计的重要驱动因素，也是工业设计专业本科教育的重要内容。“创新思维”课程是工业设计专业结合基础理论与实践指导的一门特色课程，内容适用于工业设计专业各类课程，并具有多学科交叉的鲜明属性。课程以《国务院办公厅关于进一步支持大学生创新创业的指导意见》（国办发〔2021〕35号）为指导，引导学生强化创新意识、发扬工匠精神、立足家国情怀，提高学生自主发现和解决企业实际创新设计问题的能力，切实掌握产品创新设计方法与技术实现能力，促进产科教融合，提高“双创”教育质量，培养学生全面的创新思维。依托该课程，学生获红点至尊奖1项、概念奖2项，“互联网+”大学生创新创业大赛省赛银奖2项、铜奖1项，省“挑战杯”三等奖1项；申请专利100余项。

本课程以思政为引领，以“双创”为导向，对接“浙江精神”，与区域文化和区域经济互动，凸显“设计+工程+艺术”三位一体的特色。在浙江工业大学设计与建筑学院工业设计专业的人才培养方案中，“创新思维”为工业设计专业的专业必修课程，开设在二年级第二学期，共48学时，共计3学分。

（二）教学目标

该课程贯彻浙江工业大学“以浙江精神办学，与区域经济互动”的办学理念，以我国制造业与战略性新兴产业的创新需求为建设导向，聚焦浙江中小企业转型升级热点，依托浙江省工业设计技术创新服务平台、浙江省智慧健康装备工业设计研究院等创新人才培养实践平台，以培养具有“家国情怀、创新意识、工匠精神与实践能力”的顶天立地的工业设计创新与管理人才为目标。除了“创新设计思维”理论教学，该课程还通过组织学生参与企业实际产品开发项目以及开设校企联合 workshop，全面提升学生的创新实践能力和解决复杂工程问题的能力。另外，将思政教育融入专业训练，通过教学理念、思路、方法、环境的创新，从价值塑造、知识传授和能力培养等方面构建起完整的思政教学目标体系：（1）通过价值体系重建与教学过程创新，培养适应国家制造业转型升级的又红又专的人才；（2）通过知识体系重组和教学内容创新，培养交叉复合型人才；（3）通过组织体系重构和教学方式创新，建立多主体全方位协同育人的高效机制。

二、思政元素

“创新思维”课程以培养“具有家国情怀、创新意识、工匠精神与实践能力，能在工业设计领域从事设计、策划、管理与解决复杂工程问题的高级应用型专业人才”为目标，秉持“知行合一、创新实践、家国情怀”的思政理念，努力提升学生的责任感。

（一）知行合一

结合创新思维理论知识，借助“互联网＋”大学生创新创业大赛、“挑战杯”大学生课外学术科技作品竞赛、红点设计大赛等平台，引导学生走进产业、服务企业，针对企业实际创新需求与项目命题，鼓励学生敢闯会闯、长于创新，开创大学生助力制造业转型升级的新模式。

（二）创新实践

课程在开展基础教学的同时，鼓励学生在实践中运用创新思维、采用问题解决式的研究型方法进行问题分析与调研、进行自主学习和探究式学习，培养解决复杂问题的综合能力和高级思维。引导学生从企业实际命题出发，直面企业创新需求，结合理论教学内容，围绕“发现问题→分析问题→解决问题”的实践流程完成设计项目，提升专业技能与综合素养。

（三）家国情怀

“家国情怀”在增强民族凝聚力、建设美丽环境、提高幸福感与获得感等方面都有重要的时代价值。课程在教学培养环节，强调家国情怀，凸显民族自豪感，深挖新时代的中国智慧，解决产品创新过程中涉及的社会老龄化、全民健身、弱势群体关怀等社会热点问题，促进浙江建设新时代全面展示中国特色社会主义制度优越性重要窗口作用在教学过程中的体现。

三、设计思路

“知行合一、创新实践、家国情怀”思政元素贯穿教学全过程，同时融入专业教育的“价值 + 知识 + 能力”体系之中。例如，与企业党支部通过“党建共建”形式建立校外课程实践基地等实践平台，开展校企合作；通过研究型教学、科技结合设计等过程，将思政教育和专业训练有机融合，强化了学生的家国情怀；结合校企 workshop 和模拟路演，更全面客观地评估学生的综合能力及教学效果。课程建设体系如图 1 所示。

图 1 “创新思维”课程建设体系

课程教学内容包括：（1）理论教学。包括创新思维概论、创新思维方法、优秀创新设计案例分析三部分。理论教学引入“Design Thinking”和“创新设计”理论，根据本专业学生的基本需求和知识基础，构建面向工业设计创新思维的前沿理论教学框架。同时采用案例式教学方法，采用“典型产品分析、理论讲解、再设计思考和技术实践”的“先感性后理性”的模式，引导学生从实际应用角度思考问题，通过实践获取知识。（2）实践教学。从企业实际命题出发，培养学生实践能力。采用“科技 + 设计”的思路，引入产品快速开发平台，降低学生学习成本，培养学生快速创意实现能力。教学模块与内容见表 1。

表1　“创新思维”课程思政设计思路

	知识模块	教学内容	学时分配	能力培养教学要求	思政元素
理论教学	创新思维概论	（1）创新思维的重要性 （2）创新思维的时代背景 （3）创新思维的生理机制 （4）工业设计中的创新思维	6	培养学生对创新思维的定义、理论做到心中有数，具备理解创新设计精妙之处的能力	培养学生的家国情怀
	创新思维的知识构成	（1）创新思维的知识构成内涵 （2）图形认知、图形记忆、图形判断、美感、知识库、智商和情商、性格特征、观察力等和创新思维有关的能力点讲解	6	培养学生了解并掌握创新思维知识体系，能够学以致用，举一反三，应用在自己的设计案例实践中的能力	树立正确价值观，知行合一
	优秀创新设计案例分析	（1）优秀创新设计案例的设计思维分析 （2）优秀创新设计案例的设计思维延伸	6	培养学生的设计策略意识、创新案例鉴赏能力以及观察能力、分析能力和思考能力	培养学生科学的思维观与设计观，具备职业素养
	创新思维方法	（1）头脑风暴法和KJ法的定义、操作流程及应用 （2）思维导图法的定义、操作流程及应用 （3）观察法的定义、操作流程及应用	18	使学生熟练掌握并使用课堂教授的设计方法与相关工具，应对后期设计实践	弘扬求真务实精神
实践教学	问题调研	针对企业实际项目命题开展市场调研，发现需解决的实际社会问题	4	使学生熟练运用文献调研、竞品分析等调研方法，针对特定主题进行前期调研，发现问题	培养学生通过科学严谨的方法综合分析并发现问题的专业素养
	设计定位	基于调研结果，对需解决的问题进行分析和预定位，确定创新设计想法	4	使学生熟练运用创新思维方法，针对特定主题分析问题，寻找解决方案与设计定位	培养学生通过科学严谨的方法综合分析并定义问题的专业素养
	方案实现	结合文献调研和技术应用，通过构建产品原型实现解决方案	4	培养学生通过草图、建模、渲染等设计方法对特定主题的问题解决方案可视化实现的能力	培养知行合一品质、工匠精神

四、教学组织与方法

课程采用线上线下混合式教学模式：理论部分中的12课时采用线上教学，利用超星网络教学平台向学生提供课件、教学视频、案例等教学资源，并设置作业、调查等互动模块，学生自主完成学习任务并通过平台与教师交流；理论部分的其余课时和实践部分采用线下课堂教学，教师根据学生在线学习的情况，邀请企业参与人员一起对疑难问题进行针对性的讲授，邀请国内外设计师来课堂分享产品开发经验（见图2），学生结合校企 workshop，采用小组形式（2～3人）完成课程实践内容。

图2　国内外设计师讲座

课程以设计报告书讲解和实物模型展示作为最后的考核形式，并增加模拟路演环节（见图3），要求每位学生在特邀嘉宾（来自企业界）面前，利用功能性的实物模型来阐述自己的设计方案。

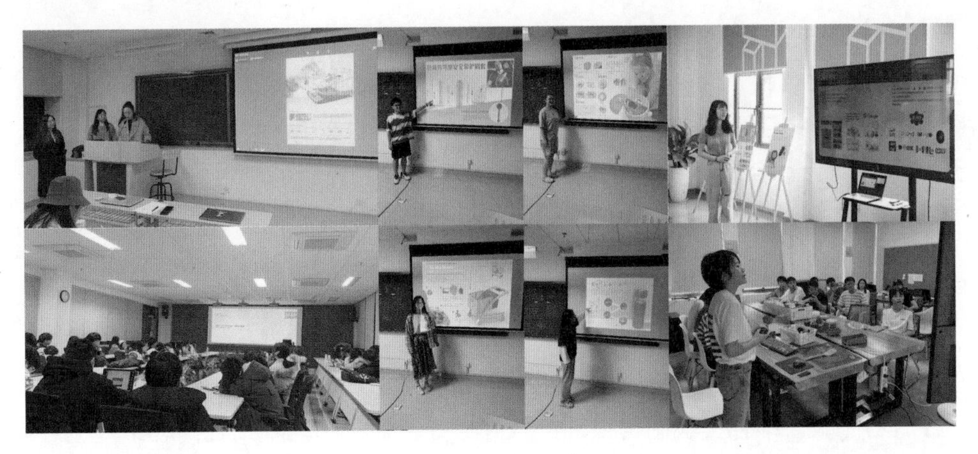

图3　模拟路演环节

五、实践案例

（一）案例1：康复外骨骼设计

该设计方案（见图4）针对现有康复器材无法实现家庭式康复服务的问题，采用模块化的设计实现上肢手部、腕部、肘部等多模式、多部位的康复训练，利用 SSVEP

脑电信号主动控制外骨骼运动，加快脑神经重塑，并通过3D打印技术高效快速定制符合用户尺寸的外骨骼。作品体现了“家国情怀、创新精神、求真务实”的思政要素，面向老龄化与弱势群体关怀等社会问题，采用先进科学技术提供家庭式康复解决方案。该作品获2021年红点至尊奖、2021年浙江省挑战杯大学生课外学术科技作品竞赛三等奖、2021年浙江省“互联网+”大学生创新创业大赛二等奖。

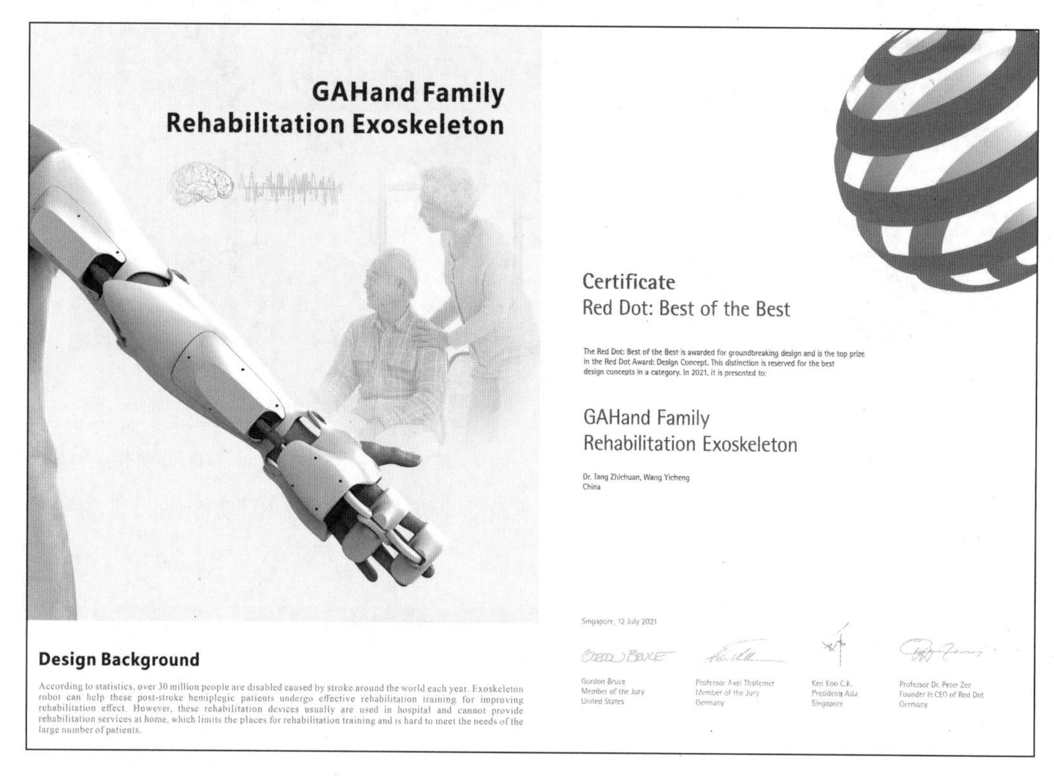

图4　脑控康复外骨骼案例作品

（二）案例2：助力功能服设计

该设计方案（见图5）针对身体机能衰退、长期损伤积累导致四肢运动障碍的老年人，设计了一种通过鲍登线牵拉辅助肘关节的屈伸运动和臂肌运动的穿戴式上肢柔性外骨骼功能服，结合气囊结构提升穿戴舒适性，通过运动辅助提高轻中度上肢运动障碍人群自理能力与生活质量。作品体现了“知行合一、家国情怀、创新精神”的思政要素，面向独居老人生活难以自理等社会问题，提出一种具有良好人机交互舒适性的民用化助力解决方案，实现自然的、轻量化的日常动作辅助。该作品获2021年红点概念奖。

图 5　助力功能服案例作品

（三）案例 3：智能假肢设计

该设计方案（见图 6）针对现有假肢缺少驱动助力、智能评估等问题，基于人体运动意图识别算法帮助残疾人进行康复锻炼、辅助下肢运动，并结合患肢肌电信号构建下肢肌力评估模型，实现患者下肢康复效果的实时评估。作品体现了“知行合一、创新精神、求真务实”的思政要素，以建设美丽环境、提高人民幸福感与获得感等重要的时代价值为目标，面向弱势群体关怀的社会问题和健康中国战略，采用智能技术对传统假肢的使用方式进行优化，并提出一种基于人体生理模型的健康评估模型。该作品获 2020 年全国大学生工业设计大赛铜奖。

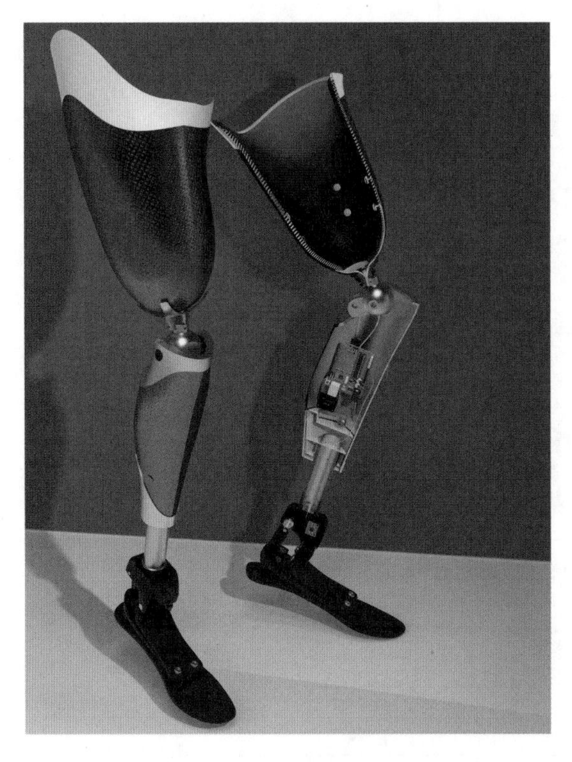

图 6　智能假肢设计

六、教学效果

经过 5 年的改革探索，课程建设已取得显著成效。课程获得 2022 年浙江省省级一流课程，获 2022 年浙江省教学成果二等奖 1 项。团队获批浙江省普通本科高校“十四五”教学改革项目 1 项、教育部产学合作协同育人项目 6 项。团队主持校级教改项目 2 项、校级研究生教改项目 1 项；团队公开发表学术与教改论文 100 余篇，指导学生授权专利 50 余项，申请专利 100 余项；学生创新创业成绩斐然，获红点奖 3 项、“互联网 +”大学生创新创业大赛省赛 3 项。

（一）教学成果突出

依托“创新思维”课程建设，教学团队获批《面向人工智能与设计相结合的设计学专业课程建设与实践》《设计思维驱动下的〈UI 与交互设计〉课程教学改革与建设》等教育部产学合作协同育人项目 6 项；《面向产教融合与双创教育的工业设计专业创新思维教学改革实践研究》《面向企业创新需求与产教融合的设计专业创新型人才培养体系改革与实践》等校教学改革项目 3 项；获校教学成果奖一等奖 1 项（《企业创新需求导向的工业设计人才培养体系改革与实践》）；发表《“人工智能 + 设计”——设计学专业产品设计类课程教学实践新探索》等学术与教改论文 100 余篇。

（二）专业竞赛成绩突出

作品 *GAHand Family Rehabilitation Exoskeleton* 获 2021 红点至尊奖；*Power-assist Functional Clothing* 获 2021 红点概念奖；*Finger-tape* 获 2021IDEA 设计奖、2021 台湾金点奖；《Re-leg—基于点压优化与运动意图识别的康复用假肢》获 2020 全国大学生工业设计大赛铜奖；《家庭药品自助购买回收机》获 2020 全国大学生工业设计大赛优秀奖；*PatrolanceCar* 获 2021 米兰设计周国赛二等奖；《吴罗新玩》获 2020 国际用户体验创新大赛（UXPA）三等奖。课程作品获省“互联网 +”大赛银奖 2 项、铜奖 1 项，省挑战杯大赛三等奖 1 项，新苗人才计划 4 项，浙江省工业设计大赛 16 项，上海汇创青春设计大赛 12 项（见图 7）。

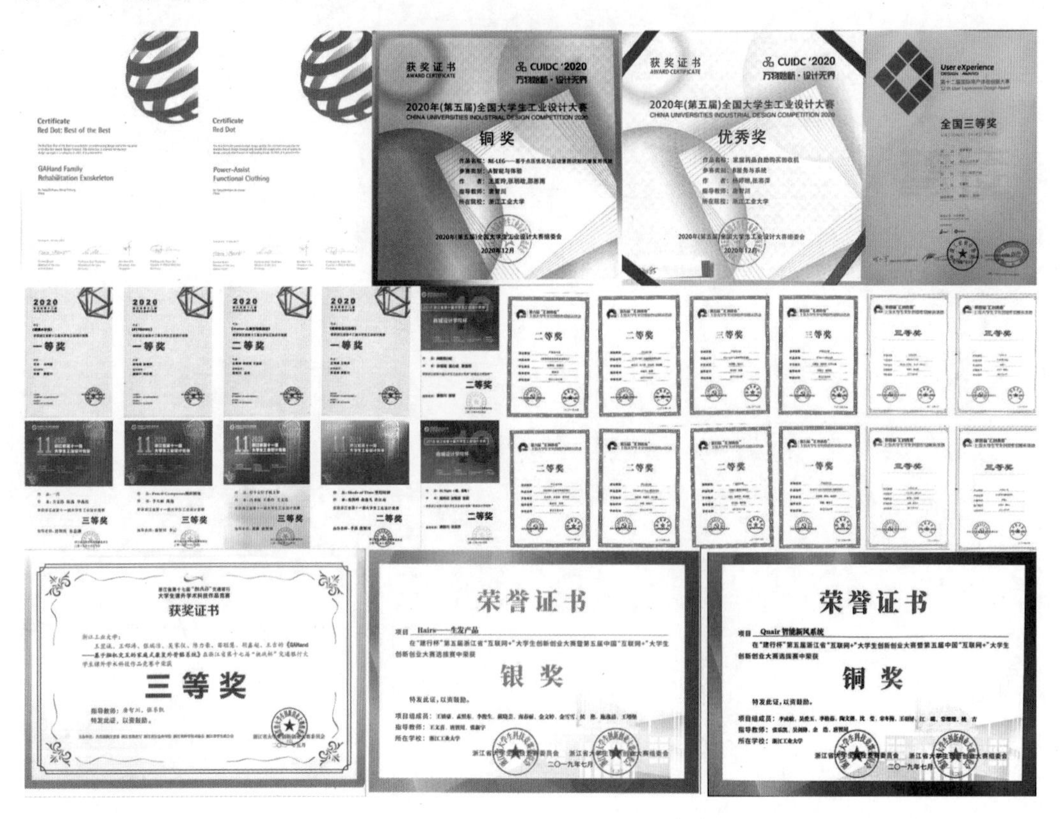

图 7　专业竞赛获奖

（三）创新应用成果突出

与行业龙头企业联合开设校企联合 workshop。学生参与项目的多项成果实现转化，授权专利 50 余项，申请专利 100 余项，详见图 8。

图 8　学生授权专利

课程负责人：唐智川

教学团队：傅晓云、张乐凯

所在院系：设计与建筑学院工业设计系

人机工程学

日拱一卒无有尽，功不唐捐终入海。

——《法华经》

一、课程概况

（一）课程简介

该课程是一门针对工业设计专业的本科生专业基础必修课。本课程着重讲授本学科的基础理论知识，让学生了解人—机—环境三者之间的关系；并通过大量案例分析，将理论知识灵活应用于实践，使学生初步掌握人机设计常识，从而提升人机关系分析和应用能力，为后续设计心理学课程和产品设计课程奠定基础。同时作为双语课，可以较好地提升学生的英文阅读和理解能力。该课程顺应了“以用户为中心”的设计理念和国际化教育发展趋势。

“人机工程学”课程开设已有10多年，根据社会和时代的发展需要不断革新，从最开始主要关注人机尺寸的人体测量学，逐渐扩展出满足更丰富设计实践要求的设计调研、人机交互、信息加工、行为与动机、社会环境和文化等内容。

教学定位上，作为专业基础课，有效地衔接后续设计心理学课程和产品创新设计课程。发展成效上，大多数学生都较好地掌握了人机关系分析知识，并在设计大赛的参赛作品、毕业设计、毕业实习等环节中表现出已初步具备了将人机关系知识运用于设计实践的能力。

（二）教学目标

该课程的主要教学目标如下。

1. 知识目标

（1）指导学生掌握人机工程学的概念、定性和定量的基本研究方法。

（2）指导学生掌握人体测量学、感觉系统、运动系统等人体生理学知识及其与相应产品设计的关系。

（3）指导学生掌握认知信息加工过程、情绪与动机状态、行为方式与特征等行为心理学知识及其与相应产品设计的关系。

（4）指导学生掌握物理环境、社会环境和文化背景等环境心理学知识及其与相应产品设计的关系。

2. 能力目标

（1）培养学生通过深度访谈法洞察用户需求的能力。

（2）培养学生在显示屏、控制器和工作空间等设计实践中进行人机关系分析能力。

（3）培养学生在界面交互设计、情感化设计等设计实践中进行人机关系分析能力。

（4）培养学生的人机环境关系分析能力。

3. 价值目标

（1）培养商业化设计中“以人为本”的理念，牢固树立“所有的设计皆以更好地满足人的需求为最终驱动力”的人机意识，综合提升“以用户为中心”的设计素养。

（2）培养社会化设计中以“人文关怀”为核心的社会责任感和家国情怀等综合人文素质。

二、思政元素

课程的主要授课内容均围绕如何设计出更安全、更舒适、更实用、更友好的产品和服务，因此本课程的思政元素凝练为“以人为本、人文关怀”这两点，分别对应商业化设计和社会化设计两个层次，并基于本课程旗帜鲜明地提出了独特理念：“设计向善”。

（一）以人为本

“以人为本”来源于人本主义心理学和国际人机工程学界自 20 世纪 70 年代以后逐渐形成的共识，即人是所有物品设计的出发点和终点，所有物品均因人而存在，因此设计必须要适应人的体型、感官特点，以及运动、认知、行为和情感等特征和规律。本质上，“以人为本”理念主要追求实现商业化场景下更好的设计。

（二）人文关怀

“人文关怀”理念则更多地体现社会化场景下更有情怀的设计，这与中国优秀传统文化中的“以民为本”和“和谐与共”的家国情怀思想遥相呼应，完美契合。以“以人为本”理念指导下的人机关系知识和分析能力训练为基础，逐渐引导并熏陶出学生的人文关怀意识，从而培养出新一代设计师普遍欠缺的社会责任感。这其实就是对优秀的中国文化传统“良善”的致敬与传承。

三、设计思路

本课程教学充分结合课堂教学、案例教学、课堂讨论、课后作业和模拟课题实践等方法进行，以课堂理论教学带动课堂讨论来加深理解，进而通过课后作业和模拟实践来加强应用（见表1），具体如下。

（一）课堂教学

主要讲解人机工程学相关概念与理论知识，使同学们更好地理解人－机－环境关系，扩展前沿知识。

（二）案例教学

针对人体测量学、感觉系统、运动系统、信息加工过程、心理与行为、社会文化与物理环境等内容，采用理论结合案例的方法进行教学，加深学生对课程的理解与认知。

（三）课堂讨论

针对预设问题，由教师引导开展课堂讨论及问题解答，激发学生兴趣，开拓学生思维，培养学生团队合作能力、表达能力及沟通能力。

（四）课后作业

通过课后人机工程学案例收集和分析作业提升学生对知识的综合应用能力。

（五）实践教学

通过课堂深度访谈实践，熟练掌握该方法的应用过程。

表1　设计思路

知识模块	教学内容	能力培养教学要求	素质培养教学要求	学生任务	思政元素
人机工程学概论	（1）学科的定义与发展历史 （2）学科基本研究方法 （3）与相关学科关系以及学科的应用范围 （4）本学科的最新研究成果	使学生熟悉人机工程学定义、研究方法并掌握深度访谈法	培养人机研究能力	查阅相关人机工程学历史资料	突出强调人机发展历史第三阶段“以人为本”的理念及其与中国“民本与和谐”思想的关联性

续表

知识模块	教学内容	能力培养教学要求	素质培养教学要求	学生任务	思政元素
人体测量学及其应用	(1) 人体测量学基本原理与知识 (2) 人体测量主要方法和测量工具、人体模型制作 (3) 人体测量数据的统计分析方法 (4) 人体测量数据的设计应用原则	使学生了解常见的人体测量学原理、测量方法和工具等基本知识，会查阅使用人体测量数据，掌握人体测量学应用原则和应用程序	培养从静态人体测量角度理解和分析人机关系的能力	收集并分析人体测量学相关设计案例	“以人为本”在人体测量学方面的应用
作业姿势与作业空间	(1) 空间与人体尺度之间的关系 (2) 空间设计的社会影响因素 (3) 作业场所的布置方法与原理 (4) 座椅设计中的人机因素	使学生了解常用作业姿势，掌握作业空间设计原则	培养从动态人体测量学角度理解和分析人机关系的能力	收集并分析作业空间设计案例	“以人为本”在合理设置作业空间方面的运用
感觉系统与显示器设计	(1) 人的感觉系统和中枢神经系统、各种感觉特性 (2) 与感觉系统有关的各种设计：仪表、荧光屏、信号、图形符号和文字设计等	使学生了解感觉系统结构和特性，并掌握与感觉系统有关的图形和显示设计原则	培养与视听触觉设计相关的人机关系分析能力	收集并分析感觉相关的设计案例	“以人为本”在合理设计界面图符方面的运用
运动系统与控制器设计	(1) 人的运动系统的反应特性和运动特性 (2) 与运动系统有关的各种操纵装置设计：人体工学的基本原理与设计要求	使学生了解运动系统结构和特性，并掌握与运动系统有关的操控装置设计原则	培养与操控设计有关的人机关系分析能力	收集并分析操作设计案例	“以人为本”在合理设计操控装置方面的运用
人的信息加工过程	(1) 人类的信息加工模型 (2) 信息输入时知觉、记忆、知识运用、思维、决策等的加工过程 (3) 信息输出方式	使学生了解信息加工模型，熟悉认知信息加工过程的特性，掌握知觉和记忆相关的知识	培养与信息设计有关的人机关系分析能力	收集并分析信息设计案例	“以人为本”在信息友好感知、记忆等方面的运用
人的行为与心理	(1) 人的三种作业方式 (2) 行为特征 (3) 差错类型和任务分析法 (4) 动素分析	使学生了解作业方式和行为特征，掌握任务分析法	培养与任务作业设计有关的人机关系分析能力	收集并分析作业和任务行为相关的设计案例	“以人为本”在工作行为设计方面的运用
人的感性因素	(1) 动机及其对设计的意义 (2) 动机与人的作业设计的要素 (3) 用户体验、体验设计的标准以及体验设计的主要方法	使学生了解动机及其与作业设计的关系，掌握用户体验设计主要标准	培养与动机和体验设计有关的人机关系分析能力	收集并分析用户体验设计相关案例	“人文关怀”在用户体验设计方面的运用

续表

知识模块	教学内容	能力培养教学要求	素质培养教学要求	学生任务	思政元素
环境的分析与评价	（1）热、光、声三种物理环境的人体工学分析与评价 （2）社会环境行为与心理 （3）文化的维度（文化素养）与产品设计差异 （4）个人空间的特性	使学生了解环境因素对产品使用的影响，掌握个人空间特性、文化维度和环境行为特性相关的知识	培养与环境空间设计有关的人机关系分析能力	收集并分析社会环境相关的设计案例	“人文关怀”在社会和文化维度设计实践方面的运用
交互设计	（1）交互设计概念和特征 （2）交互设计对象和方式 （3）交互设计过程和方法 （4）可用性概念和评价维度	使学生了解交互设计基本知识、概念、设计过程，掌握可用性评价维度相关的知识	培养与交互设计有关的人机关系分析能力	收集并分析界面或交互设计案例	“以人为本”在界面交互设计方面的运用
深度访谈	（1）访谈提纲制定 （2）访谈实际执行	使学生掌握访谈方法和运用能力	培养通过科学方法洞察用户需求的能力		尽量选择体现“人文关怀”的社会性话题

四、教学组织与方法

本课程顺应国际化教学改革需求，结合现有教学条件和工作基础，针对现有工业设计学生普遍缺乏理性的分析框架和应用研究能力的情况，积极探索和实践课内外联动的“理论—实践—再理论—再实战”主循环和“国际化”副循环的双循环模式（见图 1）。

对于课内外联动主循环，始终倡导“以实践促理论理解、以实战促理论应用”的全流程双轮驱动思路，并借鉴互联网用户分层运营思路进行分流引导。以课堂教学作为起点，要求所有学生完成课外人机工程学案例收集和课堂人机工程学案例分析作为衔接点，再以课堂理论教学作为专业知识强化点、以点带面提升“以人为本”和“人文关怀”意识，进而根据学生对人机知识掌握情况精准筛选和引导少部分学生积极参与课外设计竞赛，以“人文关怀”或“以人为本”作为选题方向参赛并进行创新设计实践，完整地构成主循环闭环。

对于国际化副循环，始终倡导“以表达促专业英语学习、以阅读拓专业英语视野”的全流程思路，以课堂英文教学作为起点，引导学生进行课外专业化英文资料查阅学习和课堂英文交流，最终在期末考试的全英文命题试卷中鼓励学生以英文完成试题，完整地构成副循环闭环。

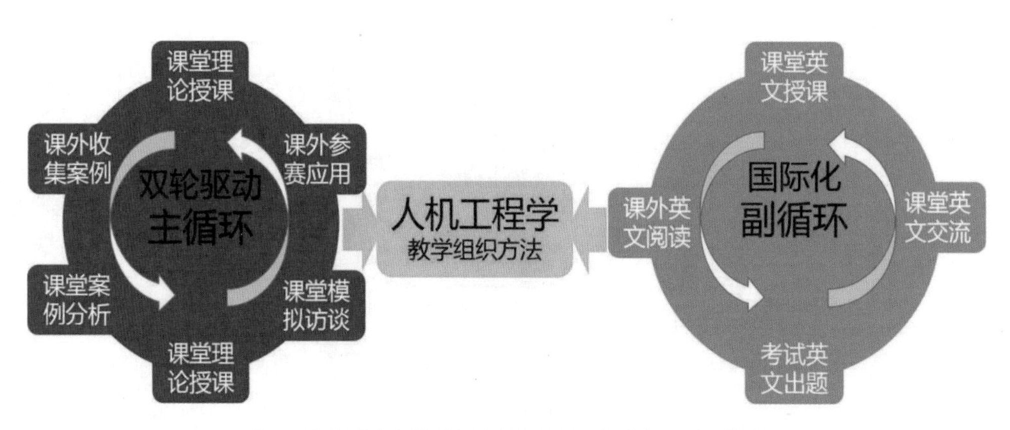

图 1　双轮驱动主循环和国际化副循环构成的双循环模式

五、实践案例

基于商业化场景设计强调“以人为本”人机理念和社会化场景设计侧重“人文关怀”人机理念的思政元素，课程的实践环节主要体现在以下案例中。

（一）案例 1：人机案例收集分析

这些体现人机关系的各种设计案例涉及各知识模块，包括感觉系统、运动系统、作业空间、作业行为、信息加工、行为动机、社会文化环境和人机交互等。每个学生都可以在自己及其他同学收集和分析的案例中，看到很多合理或不合理的人机关系，从而加深对知识的理解，培养“以人为本”的意识。这种体现自主学习的新颖实践被同学们称为“Sharing Time”（见图 2、图 3、图 4、图 5、图 6）。

图 2　案例分享 1

图 3　案例分享 2

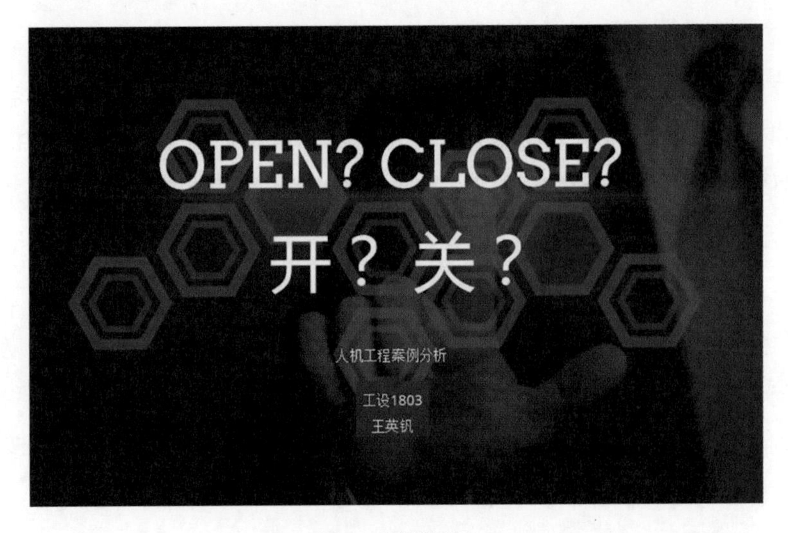

图 4　案例分享 3

图 5　案例分享 4

图 6　案例分享 5

（二）案例 2：深度访谈模拟练习

深度访谈练习主要涉及访谈提纲的制定和访谈的实际执行，课堂上要求学生掌握访谈方法和技巧并现场模拟访谈，从而培养通过科学方法洞察用户需求的能力。在思政方面，要求学生尽量选择体现人文关怀的社会性话题，并通过深度访谈挖掘出用户需求，同时阐明社会价值。课堂模拟练习的形式极大地激发了学生的学习热情，在课堂外的访谈选题、访谈提纲讨论制定、反复修改完善、事先彩排、场景布置和背景设定、现场角色扮演、访谈执行记录中表现得淋漓尽致。每一组访谈结束，老师都会根据主题设定、访谈准备和实际执行过程，对主访者、受访者、记录者和摄像者等 4 个不同的角色给出详细的点评，肯定良好表现的同时也指出不足之处，帮助学生继续完善。这部分实践被同学们命名为“Show Time”（见图 7、图 8、图 9、图 10）。

图 7　访谈实践 1

图 8　访谈实践 2

图 9　访谈实践 3

图 10　访谈实践 4

六、教学效果

该课程顺利入选校级示范观摩课程，获得了优课优酬奖励，同时助力学生在学科竞赛方面取得了较好的成绩。例如，2018 级学生杨婷琳、张赛萍以充满人文关怀的《家庭药品自助购买回收机》作品获得 2020 年全国大学生工业设计大赛优秀奖（见图 11）；陈逸、杨晟、葛瑞特以充满人文情怀的《U+ 医用护理餐桌椅》作品，郝芳凝、郑璐进以《sweet you 糖尿病人智能饮食规划饭盒》作品，林洺楠、张赛萍以便携式的《PETBOWL》设计作品荣获 2020 年浙江省第十二届大学生工业设计竞赛一等奖（见图 12）；王邢涛、陶诗雯、王翌诚以人机友好的《Momo–儿童引导餐具袋》作品荣获 2020 年浙江省第十二届大学生工业设计竞赛二等奖等。

图 11　获奖 1

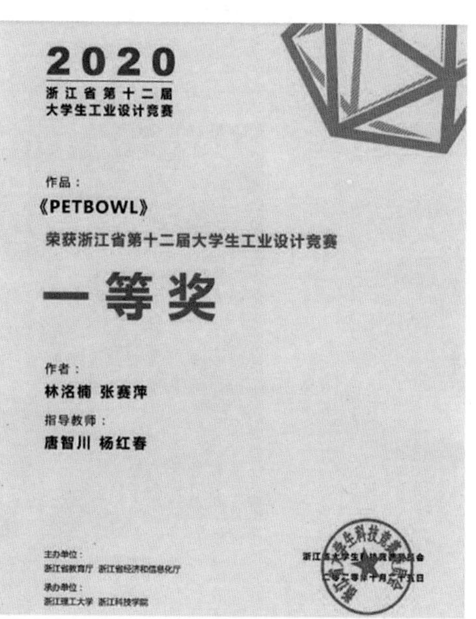

图 12　获奖 2

课程负责人：乔歆新

所在院系：设计与建筑学院工业设计系

设计基础：形态

形具而神生。

——战国·荀子《荀子·天论》

一、课程概况

（一）课程简介

形态设计是产品设计的核心环节。产品形态所传递的信息如果能被用户读取和理解，将极大增进用户与产品之间的融合程度。“设计基础：形态”是工业设计专业的一门理论与实践结合的基础特色课程，具有美学、工程学等多学科交叉的鲜明属性。本课程主要内容包括产品形态的研究分析理念、设计思路与制作途径以及产品形态与功能、材料、构造、文化等方面的关系，旨在培养学生通过平衡产品情感、交互与工程3个层面来系统化设计产品形态的专业实践能力。本课程是工业设计专业人才培养计划中第四学期的必修课程，共计3学分，课时总长为48学时。

（二）教学目标

课程对接企业创新需求，培养具备研究、设计与制作能力，聚焦实践、赋能创新的复合型人才。

1. 知识目标

（1）掌握以三层面形态设计模型为基础的形态研究理论。

（2）掌握以草图和草模为载体的形态设计方法。

（3）掌握以工程设计为途径的形态制作技术。

2. 能力目标

（1）培养学生的形态结构化研究能力。

（2）培养学生的形态系统化设计能力。

（3）培养学生的形态工程化实现能力。

（4）培养学生的现代工具表达能力、团队协作能力与终身学习能力。

3. 价值目标

（1）对接企业需求，整合学生的“审美 + 文化 + 用户 + 工程”创新力，培养其基于创新思维和工程素养解决复杂问题的综合实践能力。

（2）培养学生的社会主义核心价值观，形成基于中华优秀传统文化和时代精神的价值标准。使学生具备作为设计师及相关职业人员的社会责任感、职业道德与专业素养，能主动服务于企业、行业、社会和国家的发展。

二、思政元素

该课程以求真、求善、求美三个思政目标为切入点，以中国传统的美学形式和工艺构造为基础，使学生掌握“美”的器物形式与“巧”的工艺方式，并将这些美学与工程的范式通过设计应用到产品形态设计中，以弘扬中华美育精神。同时，通过实体模型的精心制作和模型表面效果的反复处理，培养设计师的工匠精神。

（一）求真：培育工程素养，打造工匠精神

求真，是指产品形态的设计必须要以实物作为成果。

产品形态的效果图渲染得再漂亮，如果产品实物无法落地，其设计也将止步于效果图而已。形态实物的落地涉及到对相关的材料及其加工方式、尺寸、结构等工程因素的考量。工程素养是指从事工程实践的专业技术人员应具备的一种素养，是工程实践活动所需的潜能和适应性。身处工业设计这一交叉领域，要从知识学习转向更广阔深入的领域，工程就是其中一个重要的教育变革方向。

在实验室里制作形态模型可以贯彻“在做中教、在做中学、在做中提高”的实践教学思路，使得学生的设计成果不再局限于二维的纸面，也能通过三维的实体模型来推敲形态细节、验证设计得失。尺寸测算、结构推敲、细节制作、表面处理与功能验证等环节，都将促进培养学生的工匠精神。

（二）求善：培育人本观念，关注用户体验

求善，是指产品形态的设计必须要尊重用户的使用习惯，考虑用户的使用体验，使用户能通过形态传递的信息来了解产品的使用方法。

用户体验，即用户在使用一个产品或系统之前、使用期间和使用之后的全部感受，包括情绪、喜好、认知印象、生理和心理反应、行为和成就等方面。形态的设计，除了被“看到”外，也会被“用到”。形态尤其是其细节的设计，需要用户使用时的生理感受和心理体验，从而在面向用户时释放出最大的善意。

（三）**求美：培育美学情怀，提升审美品位**

求美，是指产品形态的设计必须要遵循美学原理，并能基于美学原理创造出新的、有品格的审美风格。

中国是人类文明的发祥地之一，中华民族的审美意识也同样历史悠久、源远流长。通过弘扬中华美育精神来增强国家软实力，是实现中华民族伟大复兴、实现中国梦的战略选择。世间万物的形态之美均蕴含着品位与品格，课程希望通过对传统器物形式进行认知、对传统美学范式进行应用，弘扬中华美育精神，摒弃低俗的审美风气，让学生能够提升审美素养、陶冶高尚情操、塑造美好心灵、激发创新活力。

课程致力于引导学生在形态设计的系列实践活动中认识、发现、追求和创造美，提高审美水平、培养审美能力，并通过作品来展现东方神韵之美，提升文化自信。

三、设计思路

“设计基础：形态”是工业设计基础课程进阶到专业课程过程中的重要衔接型课程，是本专业的基础必修课。课程建设对标机械类工程教育认证标准和国家一流本科课程建设标准，注重培养应用型、实践型的设计人才，对接企业创新需求，培养具备研究、设计与制作能力，聚焦实践、赋能创新的复合型人才。

（一）**课程设计**

课程整体的设计思路主要来源于以往教学中梳理出的两个问题：第一，课程内容旧，知识广度不够。学生设计多凭直觉，缺乏情感、交互与工程的综合考量，结构化研究能力与系统化设计能力弱，无法解决企业与日新月异的用户需求之间脱节的问题。第二，工程能力弱，技术深度不够。学生模型落地质量差，缺乏对构造与加工的认知，工程化实现能力弱，无法解决企业方案流量大、产品转化率低的问题。对于这些问题，课程的核心理论模型提供了针对性设计，如图 1 所示。

什么样的产品形态，好看？	情感层	审美+文化
什么样的产品形态，好用？	交互层	功能+使用
什么样的产品形态，可以做出来？	工程层	材料+构造

图 1 “设计基础：形态”所针对问题及其与三层面理论模型之间的关系演示

（二）**课程资源建设**

基于上述两个问题，团队针对课程内容与资源的建设及应用所开展的举措如下。

针对问题一，通过教材的编写、在线资源与自学空间的打造，提升学生结构化研究能力与系统化设计能力。负责人编著的2017年版教材，新增了形态的情感、交互层的研究理论与设计方法等内容；而修订版教材于2023年出版，新增了智能硬件形态与工程设计案例。此外，专业建设自有的“设计图书馆”，在馆内持续更新原版设计书籍与材料样片。迄今为止，“设计图书馆”已收藏2000余册设计书籍与300余款塑料、木材等CMF样片，以供学生课外学习。

针对问题二，通过与校外技术机构、海外名师合作，持续建设我校省实验教学示范中心，提升学生的工程化实现能力。2016年，与校外合作企业“木艺实验室”签订合作协议，为课程实践提供校外制作场地与技师；2018年，德国斯图加特国立造型艺术学院与“木艺实验室”投资60万协作建设“木艺工场”，将其作为省实验教学示范中心的重点实验室，为课程提供校内制作空间。

四、教学组织与方法

（一）理论内容及组织实施

将情感、交互与工程3个层面形态模型作为课程的核心理论内容。

分为课前、课中与课后3个环节开展：课前发布课件，学生自学并由教师答疑；课中以案例为驱动讲解要点、分组研讨理论模型、专题训练加深理解；课后安排课外辅助读物阅读与不定期在线答疑。

（二）实践内容及组织实施

实践内容为：发布命题后，基于研究理论、设计方法与制作技术，开展定位研究、方案设计与模型制作。

组织实施理念为：命题牵引、任务驱动、产出导向。依据“研究－设计－制作－展览”四个步骤，分层次构建实践体系，多方协同育人，“用学”合一。四个步骤的具体内容如下所述。

研究：利用头脑风暴等方式分组研讨并推导定位，提升学生结构化研究能力。

设计：一对一指导，开展草图、草模、建模设计，提升学生系统化设计能力。

制作：入驻“木艺工场”实验室，联合技术导师，采用导生制、现场个别指导等方式制作模型，提升学生工程化实现能力。

展览：学生线上推广，线下策展布展。线上线下展览成效由校企多方评价。

相关教学内容与组织实施框架如图2所示。

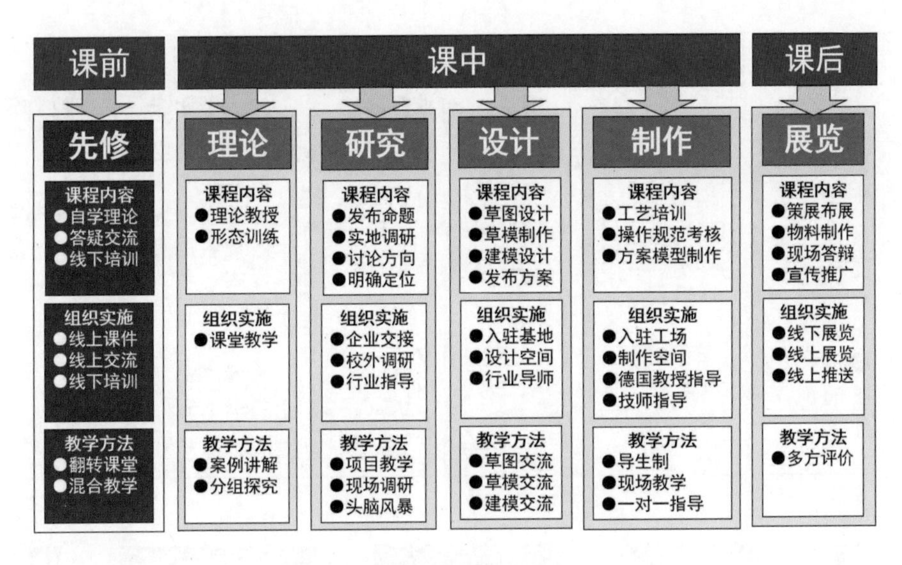

图 2 “设计基础：形态”课程建设体系

综上所述，课程的思政元素可体现在理论、研究、设计、制作与展览等环节中，如表 1 所示。在课程各阶段，对学生能力的培养则如图 3 所示。

表 1 “设计基础：形态”课程思政设计思路

教学模块	思政元素	相关的专业知识或教学案例			
		教学内容	作业要求	专业知识	教学案例
理论模块	学习中国传统美学思想中的代表范式与工艺	三层面形态设计理论模型教学与训练	开展不同品类产品的三层面形态要点分析，制作形态分析文本，加深对形态感性与理性信息的认知	掌握形态的情感、交互与工程三层面的基本概念与分析要点	往年优秀作业、专业获奖作品与经典实物产品
研究模块	培养学生团队协作能力，以及研究与解决复杂问题的能力	命题发布 命题调研 设计定位	围绕命题开展产品调研与用户调研，梳理各层面形态要素并提取问题与设计点，形成设计定位	针对命题进行实物解剖、形态分析、工艺剖析，从调研中分析可能的设计点并转换为设计定位	往届同类命题优秀范例与经典实物产品
设计模块	培养学生关注审美、使用人性化等用户体验层面的设计要素，贯彻“以人为本”的设计思路	草图深化 草模制作 尺寸测算 结构设计 材料工艺设计	深入开展设计，包括形态风格、工艺方式与工序设置、尺寸考量、功能与使用方式设定等多维层面的设计	掌握草图的表现方式、草模的制作方式	往届优秀作业的草图、草模等设计范例

续表

教学模块	思政元素	相关的专业知识或教学案例			
		教学内容	作业要求	专业知识	教学案例
制作模块	培养学生精心推敲、打磨作品的工匠精神。培养学生遵循美学原理、展现传统工艺的形态设计能力	设计定案后制作模型，将方案一比一实物化，形成具备可用性的样机	进入木艺工场开展模型制作，完成选料、下料、切割、木作、表面处理、打磨、装配等环节	掌握木制品的基本工艺知识，并学会基本木作设备的使用方式、基本木艺的制作方式	往届优秀作业的实物范例
展览模块		课程成果（产品样机）展览的策展、布展、展出、推广	课程整体形象与课程设计成果对外展出与推广，学生针对作品进行展示设计	掌握产品优势亮点的宣传推广技能与方式	往届优秀作业的展示范例

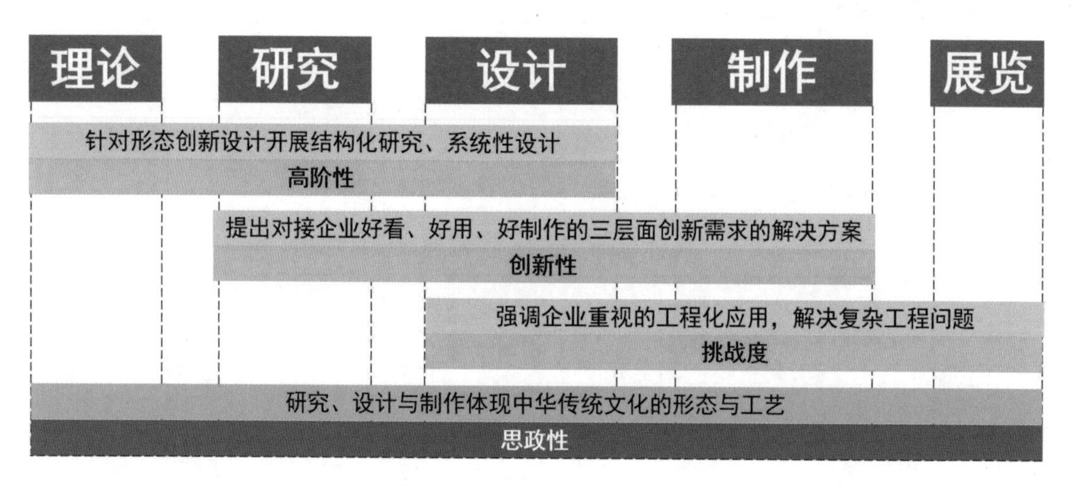

图3　对标金课建设标准的“设计基础：形态”课程人才培养模式建设思路图

五、实施案例

（一）案例1：鲁班凳

本案例（见图4）的设计灵感来自于中国民间智力玩具——鲁班锁。凳腿部分借鉴了三孔鲁班锁的结构，凳面部分则通过三块木板的嵌合来传递秩序性。该款坐具将古代工艺与木头质感有机结合，可全部拆装。

图 4. 产品形态设计教学案例作品：鲁班凳（设计者：陈含秀 余佳航）

（二）案例 2：方圆凳

古人营造设计时讲究“天圆地方”。“方”和“圆”不仅是指形，更象征着一种自然、平衡之美。圆形体现灵动、变化，而方形体现规则、稳重。两者的设计意味着圆通融合。该款坐具主体方正，底部添加的曲线则使整体造型灵动而增添了趣味性，但坐具整体依然保留四点落地，牢固稳当（见图 5）。

图5　产品形态设计教学案例作品：方圆凳（设计者：张佳钰 徐梦瑶）

（三）案例3：三角凳

本案例（见图6）的设计思路来源于三角形元素。作者以标准化的三角形元素为基础，设计了三角单元体，并基于它设计了风格鲜明、秩序统一的坐具造型。这种产品既方便加工，又符合统一的形式美法则。此外，利用三角形中心点到边的距离与到端点的距离差异，体现出上大下小的层次性，使空间具备层次错落的美感。

图 6　产品形态设计教学案例作品：三角凳（设计者：周扬 朱捷）

六、教学效果

本课程作为专业基础课程，能为学生在后续高年级的专业课程中，设计与制作出兼顾审美、体验与工程三层面因素的作品奠定扎实的专业基础。本课程团队的教师因教学表现获校级教学成果奖一等奖和二等奖合计 3 项，并获省教坛新秀、校优秀教师、校竞赛优秀指导教师等校级教学荣誉 20 余项。

（一）教学项目

教学团队先后将本课程建设为校精品课程、省精品课程和2020年浙江省教育厅一流本科线下课程。

（二）学生学术论文

以本课程的教学过程与成果为基础，师生共同撰写的论文有《草图思维：可视化的思路整理在设计策划中的作用》《工业设计专业形态设计课程的教学研究》，以及 *Studies of Pattern of the Form Design Teaching*、*The Strategic Research of Traditional Handicraft Products' Modern Development Bases on Computer Psychology* 等，对同类课程的教学具有一定的借鉴意义。

（三）教学资源

协同杭州木标教育科技有限公司（M.Y. Lab）与德国斯图加特国立造型艺术学院联合建设了设计与建筑学院的"木艺工场"实验室，作为课程实践空间。此外，出版了校重点教材3种。

（四）社会影响力

课程作业被赠予杭州育才小学、浙江工业大学—云和研究院与浙江工业大学—安吉研究院作为展品，并且曾赴北京等地参展，共计8次。德国设计期刊 *dds* 曾撰文报道过坐具模型的设计与制作环节。

课程负责人：朱意灏
教学团队：卢纯福、朱昱宁、傅晓云、付玉、邢白夕
所在院系：设计与建筑学院工业设计系

整合与创新设计

人类用知识的活动去了解事物，用实践的活动去改变事物；用前者去掌握宇宙，用后者去创造宇宙。

——克罗齐

一、课程概况

（一）课程简介

“整合与创新设计”课程是一门线上线下结合、理论与实践结合的专业核心课程，开课于 2004 年。课程旨在锻炼学生从市场、消费者及社会需求的角度出发，综合运用用户研究、产品定义、文化创新、交互设计等设计方法，综合考虑科技、材料、文化、商业等知识内容，将它们用于产品创新设计，以满足市场需求、适应社会趋势的能力，从而培养企业、设计院需要的创新型、复合型设计人才。教学内容覆盖创新设计、产品系统、产品系统设计、创新设计流程、设计与文化、设计与新材料以及智能化产品设计等模块，通过线上和线下教学，整合创新思维、科学与艺术的设计知识，培养学生洞察市场、设计分析、专业实践、设计表达等能力。

本课程是设计与建筑学院工业设计专业人才培养计划中第六学期的必修课程，总计 4 学分，共 64 学时。

（二）教学目标

1. 知识目标

（1）掌握并熟练运用用户研究、产品定义等基础设计知识与方法。

（2）学会运用文化创新、可持续发展、交互设计等不同领域的设计知识与方法。

（3）理解用户、市场、产品的关系，熟悉整合创新设计的内容与过程。

2. 能力目标

（1）善于通过调研等发现生活中的问题并确定设计方向，具备分析问题和解决问题的能力。

（2）具备实践性及落地性的专业设计能力。

（3）具备综合思维能力、整合创新的能力，以及自我表达和综合展示设计概念的能力。

3. 价值目标

（1）具有作为设计师的专业素养、社会责任感与职业道德。

（2）明确专业要求及职业发展目标。

（3）形成基于中华优秀传统文化和时代精神的价值标准。

二、思政元素

课程立足本专业的培养体系，促进理论与实践相结合，贯彻落实习近平总书记“问题是创新的起点，也是创新的动力源”的指示，强调创新思维要以问题为导向，通过发现问题、筛选问题、研究问题、解决问题，不断提升学生的整合创新及实践能力；同时注重培养学生追求卓越的创新精神，关注特殊群体，重视生态友好，强化学生的社会责任感和担当意识，树立正确的艺术观和创作观。

（一）关注特殊群体

站在改善人民生活、促进中华民族可持续发展的立场，发扬优良传统，多关注特殊群体，如残疾人、老年人及妇女儿童，为其健康成长和生活创造适宜的条件。

（二）生态友好

从可持续发展的角度思考问题，通过设计少污染与低损耗的产品，引导推广有利于环境的消费方式，助力构建生产和消费活动与自然生态系统协调可持续发展的环境友好型社会。

（三）创新设计

强调对新能源、新技术、新材料等前沿内容的学习与整合创新应用，深入研究产品实现过程中材料、结构、技术等方面的问题，通过采用创新手段解决社会生活中的现实问题，开展具有科学性、创新性、新颖性及实用性的设计实践。

三、设计思路

本课程的教学体系（见图 1）强调培养“设计知识 + 实践能力”的整合创新人才的目标和路径，强调理论结合实践，要求学生走到用户中去进行实地调研，了解产品形态、生产制造技术等，最终通过视频等形式，将设计概念的相关用户使用情景再现出来，培养学生的洞察能力和整合创新、设计实践的能力。

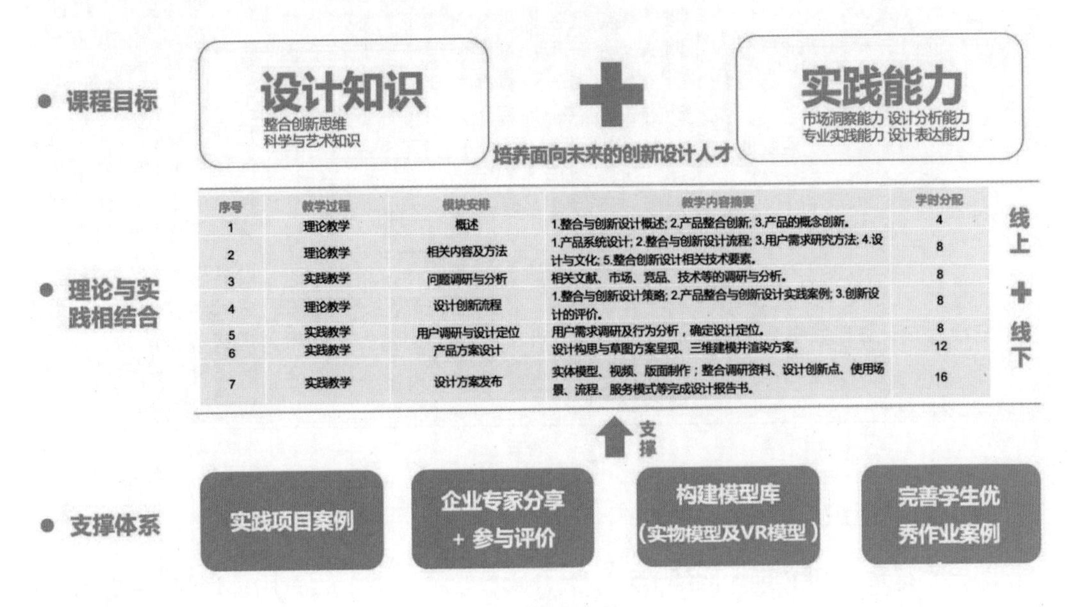

图1　课程教学体系

课程教学内容包含以下几个模块：创新类型、产品系统、产品系统设计、创新设计流程、设计与文化、设计与新材料、智能化产品设计。课程采用理论与实践相结合的教学方式推进（见表1），以实际项目或课题为驱动，分享企业级案例并将样品实物模型带入课堂进行解构分析以实现产教融合，充分锻炼学生的设计实践能力，实现课程内容教学、素质教育、思政教育的结合。

表1　“整合与创新设计”课程教学设计思路

教学模块	教学内容	能力培养	重要思政元素
理论模块	（1）创新类型 （2）产品系统 （3）产品系统设计 （4）创新设计流程 （5）设计与文化 （6）设计与新材料 （7）智能化产品设计	理解课堂案例，熟练使用课堂教授的设计流程、设计方法与相关工具，同时能够学以致用，举一反三，将其应用在自己设计案例的实践中。具有设计策略意识、创新案例鉴赏能力及应对后期设计实践的能力	引入设计与文化，强调文化自信； 强调对新技术、新材料等内容的学习与整合创新应用

续表

教学模块	教学内容	能力培养	重要思政元素
实践模块	（1）问题调研与分析 （2）用户调研与设计定位 （3）产品方案设计	熟练运用文献调研、竞品分析等调研方法，通过设计思辨针对特定主题进行前期调研及分析；对目标用户展开综合调研、数据采集、数据整理与分析提出设计定位；综合理解用户、市场、环境及产品设计系统关系，进行产品方案设计，以草图形式表现构思，以电脑建模渲染及排版来合理表现最终设计方案	引导学生关注文化创新，增强文化自信； 培养创新意识以及可持续设计与精益求精的大国工匠精神； 设计选题时，引导关注民生问题及特殊群体等，强化学生的社会责任感和担当意识
成果汇报	设计方案发布	针对最终方案进行模型制作，将方案进行实体化表现。同时面向产品设计的全流程完成设计报告书的输出，完成展板及视频制作，形成最终设计方案的发布载体	引导学生树立正确的艺术观和创作观，发扬精益求精的大国工匠精神，通过设计创新解决实际问题

四、教学组织与方法

课程实行基于 OBE 理念的线上线下混合式教学（见图 2），采用理论与实践相结合的教学方式推进。线上部分包含丰富的教学视频、课外学习资源及在线讨论与指导，线下部分包含调查实践、设计实践及汇报和教师点评；同时以实际项目或课题驱动，结合企业级案例并将样品实物模型带入课堂进行解构分析来进行实践教学，从课前、课中、课后进行多渠道的产教融合，推进实际项目走进课堂，激发学生兴趣，充分锻炼其设计实践能力。同时，引导学生参与线上线下的讨论分析、线下的方案发布与展览。

在课程项目实践推进过程中，邀请国内外企业专家参与授课，分享企业项目实践经验与案例，并参与最终的设计发布环节。结合选题及学生特点，由教师及国内外企业设计师在线上线下进行针对性地设计指导与点评，保证教学质量。同时，通过翻转课堂发掘学生个性、专长，因材施教。

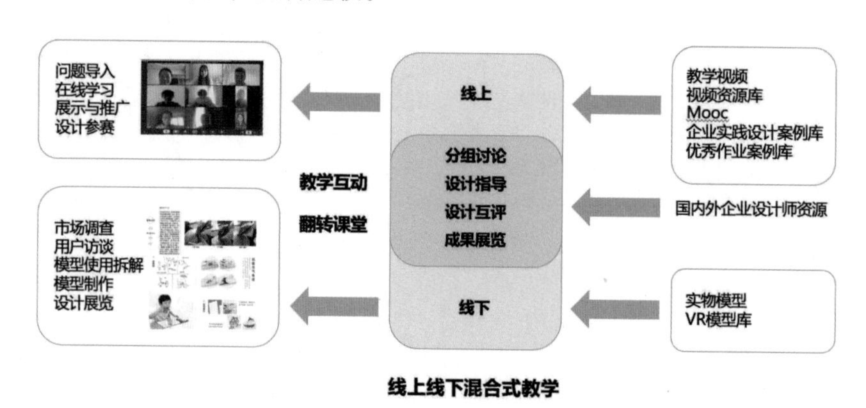

图 2　教学组织与方法

五、实施案例

（一）案例 1：早中期老年帕金森病居家运动体感康复系统

人口老龄化背景下，居家运动康复成为早中期帕金森病患者维持健康生活的重要手段。设计者通过文献、患者日志、实地观察、专家咨询等调研手段，了解早中期帕金森病患者的主要运动需求及认知和行为特征，设计面向此群体的居家运动体感训练康复系统，改善病患居家康复运动依从率，协助其展开正确合理的居家运动锻炼（见图 3）。该案例充分展现了本课程提倡的“关注特殊群体”的课程思政元素。

图 3　早中期老年帕金森病居家运动体感康复系统

（二）案例 2：基于新零售的循环咖啡渣绿植贩卖机

中国咖啡消费市场蓬勃发展，咖啡文化盛行的同时，大量咖啡渣垃圾被送进填埋场，浪费了可利用资源，也对环境造成了极大污染。设计者立足新零售新消费语境，对咖啡渣循环利用及咖啡零售新模式展开分析，将咖啡渣堆肥与绿植贩卖相结合，结合盲盒文化，进行咖啡渣循环创新设计服务系统的整合创新设计实践，实现可持续的品牌推广与建设，形成用户—产品—体验的生态。该案例充分展现了本课程提倡的“生态友好”的思政元素（见图 4）。

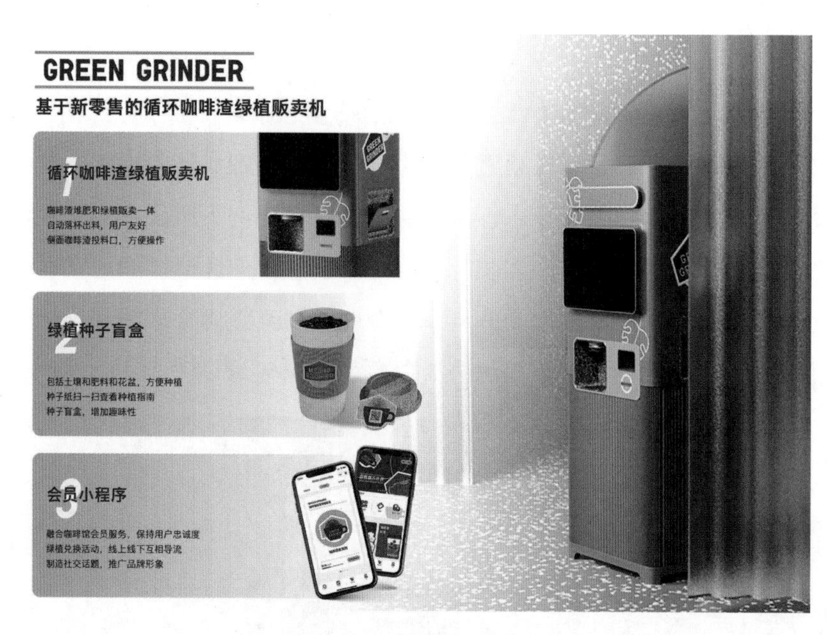

图 4　基于新零售的循环咖啡渣绿植贩卖机与服务设计

（三）案例 3：基于停车楼的电动汽车充电规划产品与服务设计

随着电动汽车市场保有量的不断增加，建设完备的充电配套设施可以为电动汽车的快速发展提供有效保障。设计者将城市停车楼分为上下两部分：上层为平时充电区，通过长期租赁的方式将停车位转化为固定车位，并与共享平衡车结合；下层满足用户快充及停车楼盈利需求，快速充电桩与广告屏幕结合。该案例充分展现了本课程提倡的“创新设计”的思政元素（见图 5）。

图 5　基于停车楼的电动汽车充电规划产品与服务设计

六、教学效果

（1）经过长期建设，该课程于 2017 年被评为校级精品在线开放课程建设项目，于 2020 年被评为校级一流本科课程培育项目和省级一流课程。

（2）学生的团队合作、设计策划、展示及表达能力得到了锻炼与提升。教学团队指导学生获得了国家级创新创业人才计划 3 项、省级新苗计划 1 项、校级创新计划若干项。

（3）基于课程教学内容和项目实践，学生充分运用了整合与创新、设计展示与表达技能，通过展览或参与国内外设计竞赛等方式，将最终的设计作品进行公开展示与宣传。近五年设计竞赛成绩突出，获得良好反响，如图 6、图 7、图 8、图 9 所示。

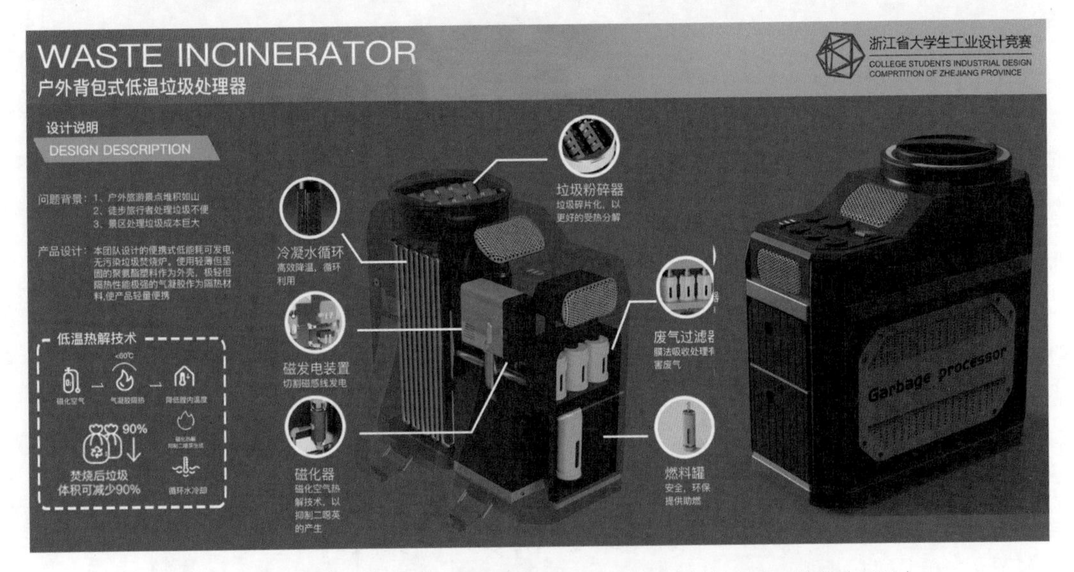

图 6 《户外背包式低温垃圾处理器》获浙江省大学生工业设计竞赛二等奖（2021）

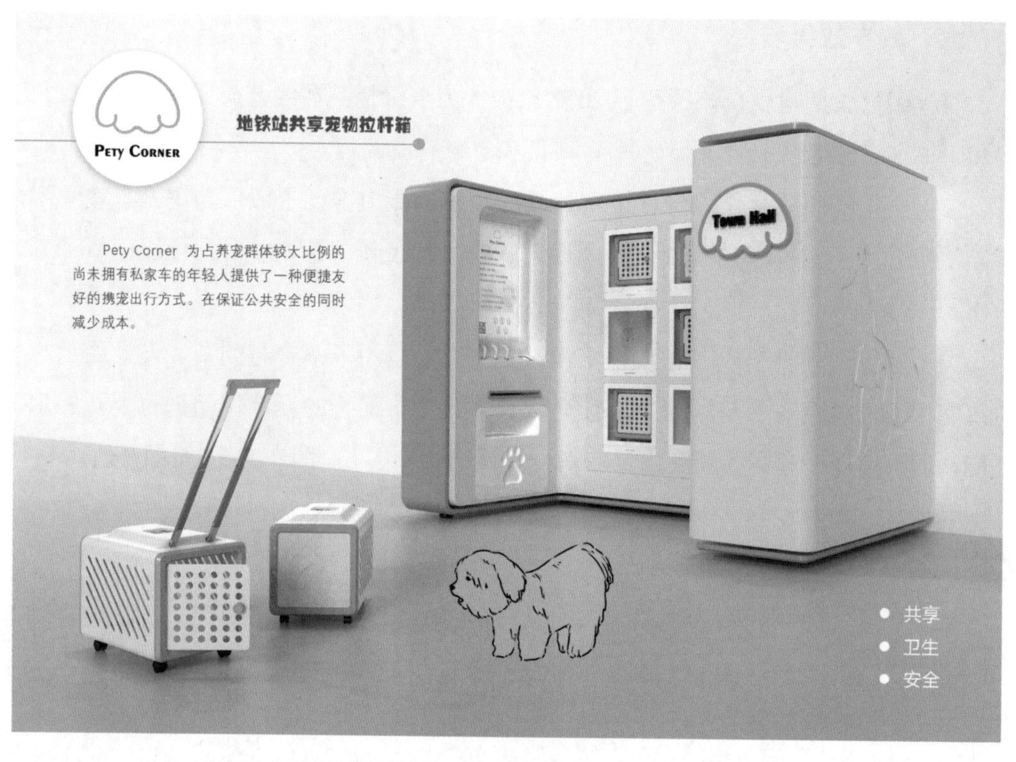

图 7 《地铁站共享宠物拉杆箱设计》获浙江省大学生工业设计竞赛二等奖（2021）

图 8 《游客防走失装置 + 导游管理系统》获浙江省大学生工业设计竞赛三等奖（2021）

图 9 《基于停车楼的电动汽车充电规划产品与服务设计》获吉先锋 & 领克 Co：lab 校园创新大赛全球总决赛冠军（2020）

课程负责人：张露芳

教学团队：李文杰、冯迪、吴明

所在院系：设计与建筑学院工业设计系

六

视觉传达设计系

DEPARTMENT OF VISUAL
COMMUNICATION AND DESIGN

浙江工业大学视觉传达专业于1999年创建，2006年获批硕士点并拓展为视觉传达和多媒体与网页两个方向，是国内最早一批突破传统视觉媒介，探索媒体融合环境下信息传达的设计专业。2015年专业所在的设计学学科入围浙江省一流学科，2021年被认定为国家级一流本科专业建设点。

专业深度对接浙江地域文化与区域经济，旨在培养信息化时代背景下，面向互联网、平面与空间媒介、品牌策划与设计等领域，具有高度文化自信与社会责任感，拥有良好人文素养与职业素质，具备设计策划、艺术创意、信息设计与传达、平面与空间视觉设计及科技应用能力，从事策划、设计及管理工作的高级专业人才。专业结合时代发展趋势，以科艺融合为导向，从多学科、融媒体的视角构建品牌整合设计、数字媒体设计和多维信息设计三位一体的专业模块课程体系。毕业生可面向专业设计机构、互联网企业、传媒机构、设计院校等相关企事业单位，从事策划、设计、管理、教育等工作。

标志与 CI 设计

墙角数枝梅，凌寒独自开。遥知不是雪，为有暗香来。

——宋·王安石《梅花》

一、课程概况

（一）课程简介

“标志与 CI 设计”是视觉传达设计本科阶段的一门重要的专业必修课程。学生通过学习 CI 基本理论，了解如何通过市场调研为设计定位建立依据，掌握标志设计的原则及方法，并通过 CI 设计进行系统的延展应用。

课程通过“设计调研 – 设计定位 – 视觉基本要素建立 – 应用设计延展 – 设计总结”的全过程学习，使学生构建从设计定位到视觉表达的系统设计思维和方法，进行标志动态化的技术探索。本课程属于设计与建筑学院视觉传达设计专业必修课，总计 64 课时，4 学分。

（二）教学目标

课程围绕发展型复合型设计领军人才的培养目标，充分把握融媒体环境下社会经济和文化的发展需求，宣扬正确的价值导向和先进的设计理念，培养学生团队协作和技术拓展的能力，引导学生掌握设计的思路和方法，为其后续进入品牌整合设计的学习打下良好的基础。

1. 知识目标

掌握课程基本思政建设理论，将国内外的前沿动态和发展趋势与社会关切热点话题结合，融入文化自信的因素。

2. 能力目标

关注社会经济与文化发展，构建系统解决标志与 CI 设计的设计思维与方法，具备主动学习、解决问题及团队协作的能力。

3. 价值目标

提高专业知识素养，培养熟练观照社会现实的能力，将强烈社会责任感注入设计。具有较高的设计美学修养，具备阅读外文资料的基本能力以及计算机辅助设计的技能，具有标志与CI设计创新及实施的基本素质。

二、思政元素

“立德树人”是高校立身之本，也是本课程建设的核心要素。该课程面向艺术设计类大学生，旨在通过课堂教学和实践教学双通道，以文化育人为主要方式，引导学生深入了解中国特色社会主义文化，在理解与传承中坚定理想信念，树立文化自信，建立正确价值观，将文化体系有效转化为育人实践中的“认知、认同、践行”一体化路径，从而实现红色育人与三全育人的有机融合，使学生在潜移默化中将红色文化内化于心，外化于行。

（一）文化自信

该课程在人才培养目标的设定上强调发展具有中国特色的设计教育，实现了两个转变：一是导向转变，即改变以往研究生教学中一味以西方设计为标杆、忽视社会主义核心价值观和内化与弘扬中国优秀文化的导向；二是内容转变，即改变以往研究生教学中只重视知识技能的传授、忽视对中华文化立场和社会责任感认知、认同、践行的导向。同时，聚焦传统文化、红色文化、民族文化、区域文化以及校园文化五个主题，将其转化为教学点，融入各类专业课程的教学之中，春风化雨，润物无声，不断增强学生的文化自信。

（二）社会职责

课程建立了“教学课堂、开放课堂、社会课堂”三者点、线、面相融合的“三维课堂”，形成了“点上设题、线上拓展、面上践行”的人才培养全景链，有效转化为课程思政教育中的“认知、认同、践行”一体化路径，构建了彼此间相互促进、有效反哺的循环模式。

以教学课堂为“点”，通过设定教学主题和创作主题，引导学生聚焦文化、社会、民生、环境等问题，从选题深度与作品效果的角度将价值引领、文化立场和社会责任感纳入课程考核范畴。

以开放课堂为“线”，围绕教学课堂设定的教学主题，通过举办公益主题设计展、工作坊、专业竞赛、尚美论坛以及网络教学平台和线上案例库等方式，拓展和补充教学形式。

以社会课堂为“面”，通过参与设计扶贫、社会考察、志愿服务、主题文化实践等方式，深入了解社会，正确认识艺术设计的“真善美”社会效应。同时，教师以社会课堂成果为案例，反哺课堂教学。

（三）立德树人

立德树人，教师是关键。本课程按照“教书和育人相统一、言传和身教相统一、潜心问道和关注社会相统一、学术自由和学术规范相统一”的要求，着力在师德师风建设、教师思政素养及教学技能三方面进行提升。例如，将师德师风纳入考核评价，建立学术道德规范，选树标兵。

（四）创新精神

课程在教学的基础上鼓励学生进行开拓创新，在学生积累了扎实的基础知识以后，培养学生的创新能力，使学生在学习中知其然也知其所以然，并能在实践中掌握正确的学习方法。例如，通过讲述优秀案例，开阔学生的视野，为学生进行创新活动打下良好的基础条件。

三、设计思路

（一）课程体系

教学课程体系分为基础学习、能力养成与拓展延伸三个板块（见图 1），要求学生学习基础的专业知识，积累人文素养，之后在实践课程中通过切实落地的市场调研和实地考察培养自己的协作能力、设计技能，掌握设计方法，将理论和实践进行结合，锻炼创新创业思维、设计管理思维，学会以管理的思维做设计，最终实现专业能力和综合能力的提升。

在课程教学中，引导学生加深了解平面立体构成，运用平面立体构成的设计思维精华，以形式美为法则规律，让标志从二维表现逐步挖掘、变化和改造而成为三维空间形式，形成新的构思点和启示点。结合平面构成、立体构成等多维度创意模式，设计出更有生命力的现代标志。同时利用数字媒体技术，结合“互联网 +”，呈现更多的特色。在课程教学中，把标志的核心内容贯穿到课外生活当中。此外，应让学生多关注社会公共话题和全球热点，多视角、多元化地寻找标志的表达形式，结合网络，创作出具有社会前瞻性的标志设计方案。

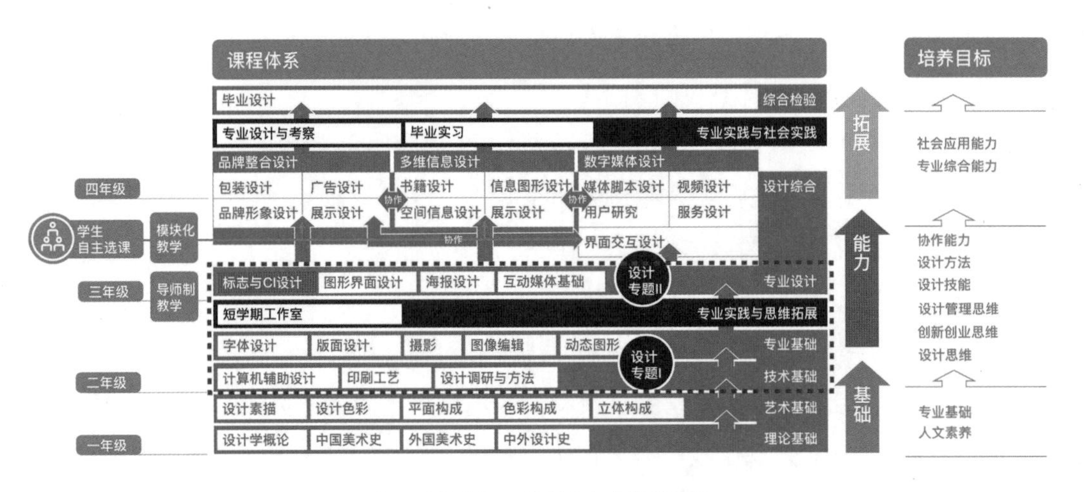

图 1 “标志与 CI 设计”专业课程体系

在整个教学内容（见表 1）中要充分发挥艺术设计专业在意识形态和文化传播上极具感染力和生动性的独特优势，在开展主题教学、课题实践及作品创作的过程中，充分发挥学生的主体作用，进行理论和实践双轨制教学，使学生在进行理论学习的基础上深入了解社会，正确认识设计所带来的社会效应，增强学生的文化自信和社会责任感，从而实现思政教育与专业教育的协同推进，实现知识传授、能力培养和价值引领的有机统一。

表 1 “标志与 CI 设计”课程思政教学内容

课程章节		学时	专业知识培养目标	思政元素
CI 设计理论基础	（1）提出课程教学目标及要求 （2）课程基本内容介绍 （3）CI 设计概论及背景分析	理论 4 学时	掌握标志与CI设计的基本理论；在第一周内确定各组项目选题，了解中外标志与CI发展史及国内外标志与CI设计的动态和发展趋势	坚定文化自信，引领正确价值观
标志设计概述	（1）标志的基本概念 （2）标志的分类 （3）标志设计的发展趋势 （4）标志的创作原则 （5）标志设计的程序 （6）案例分析	理论 4 学时	掌握标志设计的基本理论；了解标志设计的发展趋势	树立正确的价值观，了解标志设计历史，坚定文化自信，凝聚社会责任感
品牌设计中标志的视觉识别性构建	（1）品牌识别标志的表现形式 （2）品牌识别标志的色彩 （3）标志设计的识别原则 （4）标志创意中的识别表现	理论 4 学时	掌握标志作为品牌形象建设的核心要素及其作用与意义	树立正确的社会价值观，了解应承担的社会责任

续表

课程章节		学时	专业知识培养目标	思政元素
视觉形象基本要素的构建	（1）标准色的意义作用及分类 （2）标准色在标志及企业形象设计中的使用规则 （3）不同行业属性的企业标准色设定的基本逻辑 （4）标准字的定义 （5）中西文标准字体设计的基本规律 （6）不同行业属性的企业标准字体设定的基本逻辑 （7）辅助图形的设计	理论4学时	通过学习视觉形象基本要素的设计思维及方法，掌握标准色、标准字体、辅助图形的设计规律，能准确把握中西文字体设计、标志图形与标准字组合的规范，以及辅助图形设计的协调性；学习视觉形象基本要素的设计思维及方法	坚定文化自信，了解所需承担的社会责任
确定选题并进行市场调研	（1）确定设计项目 （2）根据设计项目进行市场背景调研 （3）完成市场调研报告 （4）以PPT形式对选题及市场调研的分析汇报	实践4学时	掌握相应的市场调研方法并根据具体项目内容进行设计调研；学习市场调研方法	培养实操能力，构建创新创业思维
标志方案设计及完善	（1）对所选的设计题目方向进行资料收集、分析与归纳 （2）制定思维导图对设计对象进行分析 （3）完成每个选题完成10个表现思路的标志设计方案	实践8学时	掌握标志及基本要素的设计方法，了解标志设计的基本方法，进行标志的初稿设计；学习标志设计的基本方法	突破传统设计思维，培养创新精神
吉祥物设计	（1）吉祥物的文化意义 （2）吉祥物设计的创作思路 （3）吉祥物设计表现手法	理论4学时	通过学习吉祥物设计的发展，理解吉祥物设计的背景知识、意义以及基本创作手法；学习吉祥物设计的基本方法	讲述吉祥物设计发展史，坚定学文化自信，传承中华优秀传统文化
标志动态化设计	（1）标志动态化设计创作思路 （2）标志动态化设计表现手法 （3）案例分析	理论4学时	通过理解标志动态设计的基本创作思路，掌握标志动态设计的基本表现方法	打破传统思维，培养研究与创新精神
标志动态化设计及完善	（1）对标志设计方案及基本要素进行部分深化 （2）对标志动态化进行设计创作	实践8学时	掌握以标志设计为核心的动态图形的设计方法及标志动态的设计表现；掌握标志动态设计表现方法	小组之间互动学习，培养团队协作、解决问题的能力

续表

课程章节		学时	专业知识培养目标	思政元素
CI应用要素规范设计	（1）应用要素系统的内容 （2）应用要素系统的基本表现形式 （3）应用要素系统的系统规范表现手法 （4）应用要素设计中的技术工艺	理论 4学时	掌握以标志及标志标准字体、辅助图形设计为核心的应用要素部分的系统设计意义及表现手段；理解系统化设计在企业识别传播中的重要意义；掌握标志应用要素设计的表现方法	了解社会环境与民生问题，培养文化自信与自主研究的创新精神
CI应用要素设计及完善	（1）根据设计题目方向进行资料收集、分析与归纳，并针对项目本身选择15项应用要素设计内容进行拓展 （2）根据设计项目需求确定应用要素设计内容并针对设计对象进行分析 （3）完成15项应用要素设计内容并根据实际应用环境进行推敲比对 （4）确定实施工艺 （5）完成应用要素设计	实践 8学时	掌握以标志及标准字体、辅助图形设计为核心的应用要素部分的设计方法；掌握标志应用要素设计的表现方法	关注与设计相关的社会经济与文化发展，承担社会职责
CI手册的规范	（1）CI手册的编订及输出	实践 4学时	掌握CI设计的方法和手册的设计规范	坚定文化自信，增强民族意识
CI手册规范设计	（1）将基础要素部分及应用要素部分的设计内容进行整合 （2）确定CI手册的设计形式及开本版式 （3）完成CI手册（纸媒）并打样，确定最终实施情况 （4）完成CI手册（电子版），确定最终实施情况	实践 4学时	CI手册的完善与输出；掌握CI手册的设计规范	弘扬立德树人、文化自信、社会职责、创新精神

四、教学组织与方法

本课程在教学上以“点线面三维课堂教学链”模式贯穿一、二课堂，主要围绕以教学课堂为核心的“点课堂”展开，同时以包含主题展、沙龙、工作坊的“线课堂”和包含社会调研、社会实践的“面课堂”为扩展和补充，将思政元素有效融入全过程（见图2）。教学成果及考核以线下作品展示、学生路演和线上自媒体师生总结展示为主。从传统的以教师为主导的课程模式，转变为以学生为主导的学习共同体，教师成为隐性专家和学生的陪练员。促进建立过程性评价与结果性评价相结合的综合评价体系。

（一）第一课堂与第二课堂的内外协同机制

第一课堂“润物细无声”地将实践案例中的育人元素融入分析与梳理，结合社会需求，贯穿“善意”。在第一课堂基础上开拓第二课堂，实地调研、考察走访，发掘设计痛点，将理论基础与设计调研相结合，围绕设计开展扶贫服务，深耕乡村振兴建设。

（二）课堂评价体系立体机制

行业导师入课堂，与授课教师建立协同培养机制，共同把关作品评价机制与标准的制定。

（三）项目驱动式实践运作机制

选题结合思政内容，加强社会“面课堂”的拓展。以教师团队实践项目为依托，协同校外实践基地，积极深入开展项目。以学生为主体，打造师生共同的项目管理团队，全方位落实设计实践能力的考察。

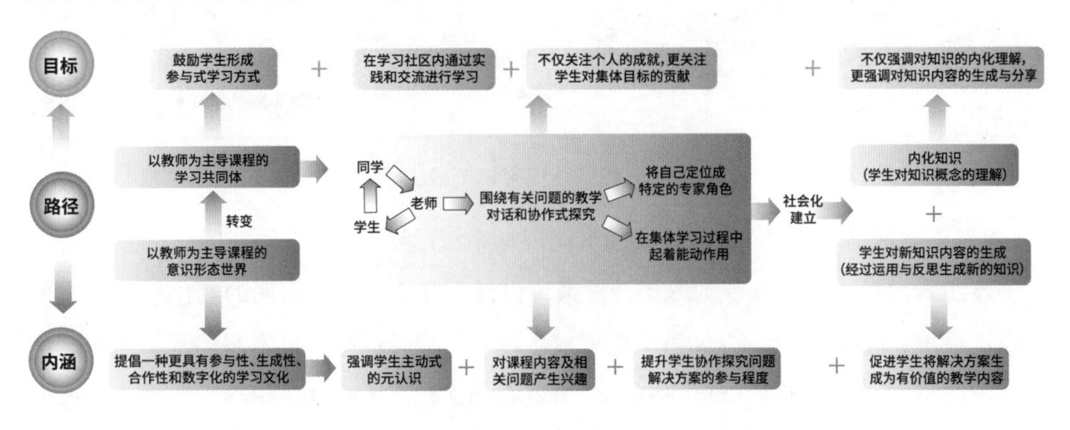

图 2　翻转课堂 2.0 教学模式

五、实施案例

（一）案例 1：温州文成县西坑畲族镇品牌形象营造及导视系统设计

该项目通过打造畲族小镇文旅及特色农产的品牌形象，促进畲族文化特色文创产品及农产品的管理和宣传推广。通过品牌将少数民族文化和地域文化结合，以产品品牌及系统包装为特色鲜明的载体。通过良好的畲族小镇品牌效应，带动畲族镇区域旅游经济的整体提升，积极宣传推广西坑畲族少数民族传统文化。

该设计方案将畲族文化通过视觉的方式进行传达（见图 3），并应用在环境、导视及农特产品上。师生曾多次深入小镇，通过志愿者设计扶贫的方式助力当地村落进行文创产品的设计及推广。

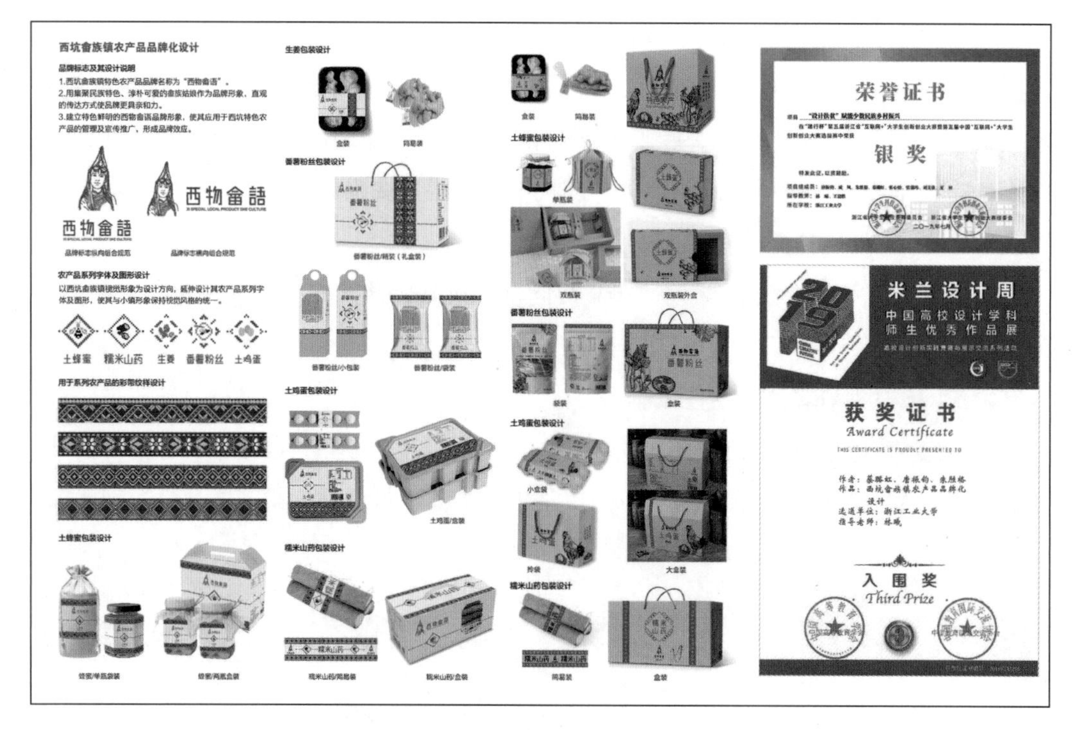

图 3　文成县西坑畲族镇品牌形象营造及导视系统设计

（二）案例 2：浙江省委党校校园文化视觉系统设计

该实践项目通过党校视觉形象符号系统设计，建立了特色鲜明的红色校园文化视觉应用系统（图 4），是省内红色文化可视化设计与建设的标杆。本案例基于艺术设计类专业的特点，建构了以“红色文化 +”为核心的文化育人模式，引导学生深入了解中国特色社会主义文化，在理解与传承中坚定理想信念，树立文化自信，树立正确的价值观，并以课堂教学和课外实践双通道的方式，倡导红色文化，打造全员、全过程、全方位的育人环节，探索了“教—学—研—用”的艺术设计课程实践教育成果转化的循环模式。在“红色文化 + 主题文化”作品创作过程中，学生既是受教育者，又是中国特色社会主义文化的传播者和教育者，起到了教育与自我教育相结合的多重效果。同时，教师以师生课程实践和项目实践的成果为案例，反哺课堂教学，丰富了教学内容，提升了教学实效，实现了“教—学—研—用”教育成果的反向转化。

图 4　浙江省委党校校园文化视觉系统设计

（三）案例 3：临安湍口温泉小镇品牌形象视觉系统设计

该项目除了建立符合小镇文旅发展的特色形象系统外，还结合小镇的省级非遗文化打造了吉祥物，并结合“十九大精神之旅”主题（见图 5），将小镇视觉形象融入小镇漫步道建设之中。学生团队在老师带领下，深度挖掘地方文化特色，将省级非遗转化为小镇的 IP 形象，并将形象延伸到了文旅产品、农特产品宣传推广方面。为雪山村的大米包装设计曾被央视农业频道报道。

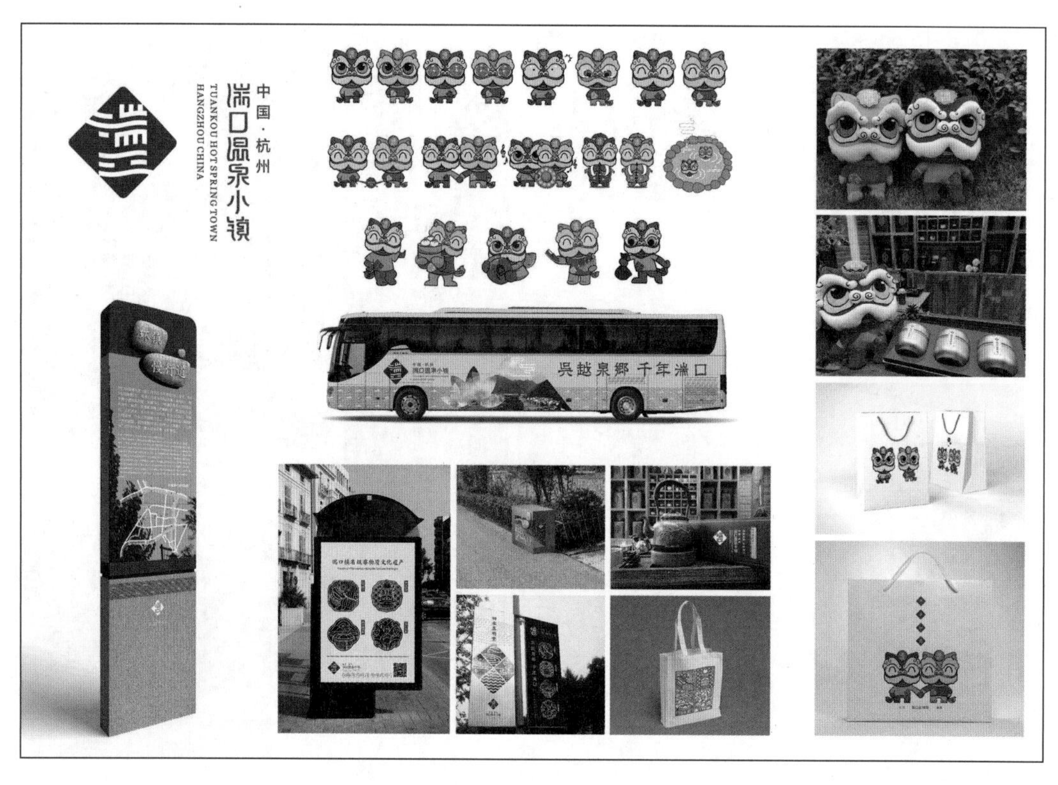

图 5　临安湍口温泉小镇品牌形象视觉系统设计

六、教学效果

（一）课程建设

课程曾被评为核心课程，并享有优课优酬，且在近两年学评教中的成绩均为优良。学生成绩优良率占比 90%。2020 年建设校企联合研发中心，为学生二课堂提供有效资源；签订四部国家级出版社教材、专著撰写合同，获校级重点教材建设 2 项；近 5 年科研到款总计 1000 多万元；组织学生参加 G20、2022 年亚运会等国际重大活动设计，其中负责人受邀参与 2022 年亚运会标志深化项目，学生获省级以上大赛奖项 15 项、指导教师奖、米兰设计周《中国高等院校设计学科师生优秀作品展》优秀奖等；教育部产学合作协同育人项目 1 项。

（二）学生实践

学生曾参加 G20 杭州峰会、第 19 届亚运会等国家重大活动形象设计（见图 6），负责人及团队教师受亚组委委托，参与亚运会标志的深化项目（见图 7）。

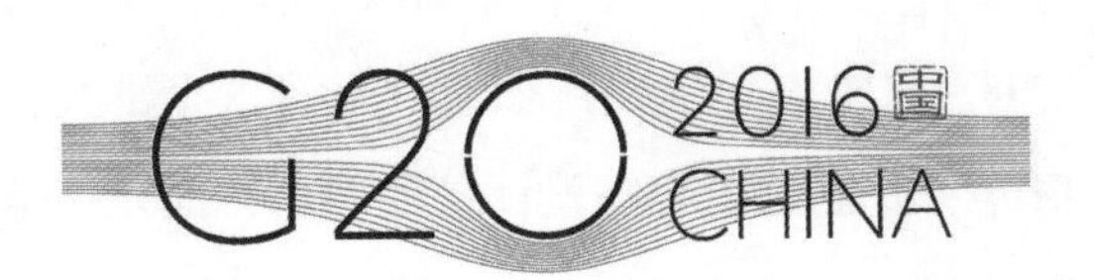

图 6　G20 杭州峰会、第 19 届亚运会形象设计

图 7　项目深化

（三）学生学科竞赛

实践教学的另一个重要的改革形式就是将设计比赛引入到课堂的教学和成果检验中去。除了“项目驱动式”教学，设计比赛也是一种很好的实现设计实践和检验学习成果的方法。在各项设计比赛中，学生们能够按照大赛的主题，进行充分的调研和分析，整理设计思路并创作最适合的设计作品。设计比赛能够让学生证明自己的实力，并从大赛其他选手身上学习新的知识，弥补自己的不足。

课程鼓励学生积极参加社会竞赛，了解社会时事与社会动态，积极承担社会责任。学生在学科专业竞赛方面成绩显著，获得了省级大赛奖项 10 项、国家级大赛奖项 21 项、指导教师奖、米兰设计周《中国高等院校设计学科师生优秀作品展》优秀奖等。

（三）课后体会

本课程聚焦立德树人的根本任务，构建符合社会需求和以综合能力培养为导向的教学模式，涵盖从标志设计定位、创意、动态化延展到 CI 系统管理的全链式教学内容，组织学生有效地学习课堂知识、培养专业创意能力与设计管理能力，提升学生的艺术、科技素养与创新创业思维。学生在课堂上能够很好地融入课堂氛围，在课后收获颇丰，进步显著，纷纷表达自己对于这门课程的感悟（见图 8），对该课程有着极高的评价。

06

上海博物馆

洪海萍 / 何紫翊

李雨婷 / 廖文韬

课程心得　在标志与CI设计的课程学习中，我们感受到了CI与企业/机构文化的重要关联性。利用一个图形，将整个企业的气象容纳其中，一是极简，一是极繁，二者之间如何能够画上等号，是我们都为之着迷的话题。

因此，怎样使我们设计出来的标志以及其衍生应用准确地展现其所属企业/机构的理念、气质与内涵，是我们所有探讨的主旨——经过一步步的调研与分析，多次尝试图形语言的表达，不断深挖我们所选择的课题，即上海博物馆本身，在数轮讨论之后，整体的设计思路逐渐明朗——一座博物馆的“气质”不单单指博物馆本身的气氛，更有其所在城市的气质。上海作为见证了中国历史变迁的重要城市之一，其意义与地位不言自明。在这片被黄浦江滋养了数百年的土地上建立起来的博物馆，吸收了华夏文明历史风物的广博特征，加之博物馆建筑造型中“天圆地方”的理念，使我们开始尝试从多个方面进行不同维度与形式的标志凝练，以期找寻最贴近上海博物馆气质的标志图形表达。

课程心得　这次的标志设计课程，经历了从确定主题，标志的初步调研，同类项的分析，初步及中期草图和讨论，最终标志定稿，制作动态logo，logo形象延展和VI手册设计完整的设计过程。从前期的学习过程中，认识到前期调研的重要性，标志设计需要大量的调研才能提供支撑和灵感来源，进入到草图的设计。

草图的过程可以说是最为痛苦的，经常为没有灵感和合适的创意苦恼，要体现博物馆的调性，要突出延安这个城市或者延安博物馆的鲜明风格，既要考虑标志的独特性，也要考虑标志的易识别性，让人过目不忘。中间一度陷在'窑洞”里出不来，遇到瓶颈……

总体来说，很开心这5周的课程完整地经历了从前期到最终成稿，展出的过程，体验了一把真正的菜鸟设计师为客户做设计，被要求不停改草图，山重水复疑无路的绝望和最终成功设计出作品的满足感。可以非常有代入感了哈哈。

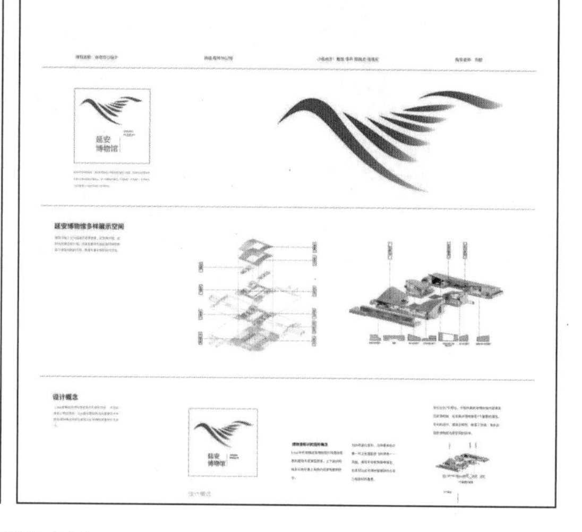

图 8　学生心得

课程负责人：林曦

教学团队：虞跃群、刘懿、汪哲皞、徐育忠、台文文

所在院系：设计与建筑学院视觉传达设计系

动态图形

行到水穷处，坐看云起时。

——唐·王维《终南别业》

一、课程概况

“动态图形”是一门理论结合实践的跨学科特色课程，融合了电影、动画与传统平面设计等相关知识。本课程遵循创新融合、价值引领等基本原则，引导学生传承与创新传统文化，培养具有全球视野、人文底蕴、较高审美能力的复合型创新设计人才。本课程属于设计与建筑学院视觉传达设计专业人才培养计划中第五学期的必修课程，总计 4 学分，64 学时。

本课程聚焦数字媒体环境中优秀传统文化的创新设计与传播，对接社会的数字化文化环境建设，引导学生在数字媒体传播的语境中进行思考。课程现阶段的实践环节以“国潮文化设计”和“文化遗产的数字化设计与传播”为主要选题方向，引导学生运用动态图形语言，结合相关课程，积极挖掘传统文化资源，进行创造性转化与传播。

二、课程目标

（一）知识目标

（1）掌握动态图形语言体系。

（2）系统了解动态图形在传播、设计等相关行业领域中的重要作用。

（3）掌握动态图形设计的基本知识与设计方法。

（二）能力目标

（1）具备系统思考与解决问题的能力，能在充分调研与学习相关背景知识基础上，规划与实施设计方案。

（2）具备融合创新的能力，能够挖掘优秀传统文化元素，用多样化的表现手法创造具有美感的动态图形作品。

（3）具备批判思考能力，能够从不同的思考维度系统分析作品，并能用动态图形的方式有效传达信息。

（三）价值目标

（1）兼具独立思考与团队协作能力。

（2）具有社会责任感、职业道德与专业素养。

（3）传承中国优秀传统文化，弘扬时代精神。

三、思政元素

本课程本着讲好中国故事、传播中国优秀传统文化的理念和“求真务实、诚信和谐、开放图强”的浙江精神，结合传统文化的数字化转化及传播、乡村振兴等主题，探索动态图形设计语言的文化表达，促进思政教育在课程中的切实落地。

（一）文化自信

本课程基于数字化媒体环境，探索如何用动态影像讲好中国故事，进行传统文化的视听表达。课程引导学生深入理解中国优秀传统文化的内涵与传播的意义，并探索如何通过视听语言进行创造性转换。通过研究当下的国潮文化现象，析取中国文化符号，梳理叙事逻辑。通过作品分析开阔视野，透过设计现象了解全球文化发展动态，在对未来发展的前瞻性思考中，用实际行动助力网络文化环境的建设，推进新时代中国优秀传统文化的传承。

（二）工匠精神

工匠精神是对职业道德的遵守，是追求卓越的创造精神。课程在教学培养环节中强调工匠精神：创作内容层面，引导学生在中国非物质文化遗产的内容中深刻理解民间手工艺人与非遗传承人的工匠精神。创作过程层面，从调研分析、创意策划到制作迭代，鼓励学生不断地突破各种条件和能力局限，克服重重困难，亲身感受与体悟工匠精神。

（三）创新精神

课程引导学生思考传统文化的当代价值以及设计在价值转化中的重要作用。在知识结构上，鼓励学生吸收跨学科知识，探索重构动态图形设计的视听语言体系。在实践过程中，启发学生的创新意识与创新思维，引导学生根据设计的主题、内容、受众以及传播环境来选择恰当的表现方式和技术手段，注重实践项目选题的意义与文化内涵的表达，在实践中培养具有观察能力、独立思考能力、创新实践能力的优秀设计人才。

（四）求真务实

课程聚焦当前全球化的网络传播环境和意识形态问题，倡导学生密切关注数字媒体环境中的文化现象及传统文化的价值转化问题，鼓励学生在调研阶段深入挖掘中国优秀传统文化资源，在设计过程中思考如何用实际行动参与数字文化环境的建设，并促进这种求真务实的设计态度在后续学习和工作过程中有所延续。

四、设计思路

（一）课程体系

本课程建设体系（见图1）依据复合型创意设计人才培养的目标定位，构建跨学科知识融合的创新知识体系，建立理论与实践相结合的教学模式，建立相关课程衔接联动的培养方式，对标金课建设标准。

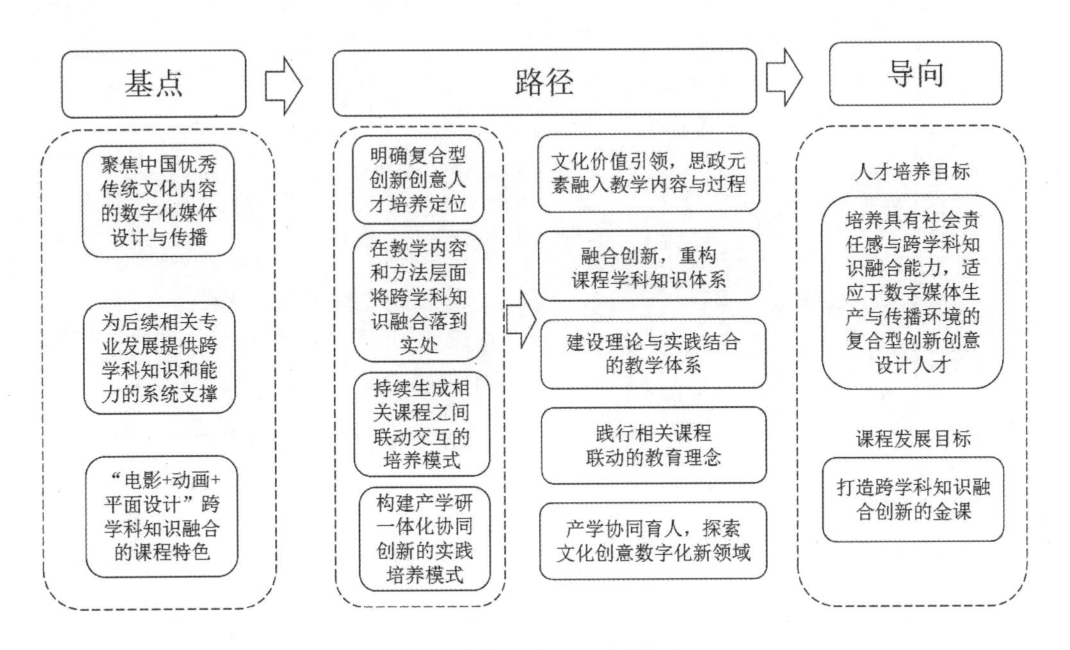

图1 “动态图形”课程建设体系

教学模块与内容（见表1）分为理论概述、案例分析研讨、专题项目实践、设计成果汇报4个教学模块，分阶段要求学生全面了解动态图形设计语言的系统构造，以及它在数字媒体生产与传播环境及各个设计行业相关领域中发挥的重要作用。在跨学科知识重构和理论认知的基础上，通过作品调研分析，了解当下的行业发展趋势及设计文化现象。在设计过程中理解优秀传统文化的内涵，整合跨学科知识，提出创意方案，熟练掌握并运用动态图形设计的方法，实现课程内容教学、素质教育、思政教育相结合的培养目标。

表1 “动态图形”课程思政设计思路

教学模块	思政元素	相关的教学内容、作业、知识、案例			
		教学内容	作业要求	专业知识	教学案例
模块一：理论概述	文化自信 创新精神 求真务实	动态图形设计的知识构成、应用领域、设计发展趋势，认识传播环境与路径	就动态图形设计建构跨学科知识体系，明确课程的意义与目的。完成自主学习总结	掌握动态设计的知识构成、设计方法、技术手段、应用领域	近年课程优秀作业案例及相关课程优秀案例，相关获奖作品
模块二：案例研讨	文化自信 创新精神 工匠精神	动态图形设计优秀案例分析，依据项目选题，展开设计调研和讨论	深入研究不同类型动态图形设计作品的内容及方法，从主题、创意、叙事结构、动画、平面设计、技术等角度进行分析。完成自主学习总结	动态图形创意设计方法与技术，电影镜头语言、动画规律、平面设计色彩、图形、构成等	动态图形设计优秀案例和获奖作品
模块三：项目实践	文化自信 创新精神 工匠精神 求真务实	依据项目选题，在前期调研方案的基础上，进行动态图形设计与制作	围绕项目选题，整合电影、动画、平面设计等相关专业知识，规划设计流程，实施创意方案；完成自主学习总结	动态图形创意设计的方法与技术，电影镜头语言、动画规律、平面设计色彩、图形、构成等	动态图形设计优秀案例和获奖作品
模块四：成果汇报	文化自信 创新精神 工匠精神 求真务实	分组研讨并修改完善设计，做好总结、课程展览、汇报、评析、成果推送	总结课程学习内容，反思学习过程，完善与实践项目效果	对知识构成及设计实践方法展开评估，提炼动态图形设计的特点	往届相关课程优秀案例

（二）教学组织与方法

本课程对标金课建设与教学改革需求，结合现有教学条件和工作基础，坚持“价值引领、项目主导、融合创新”的教学理念，从人才培养定位、课程体系建构、教学组织模式三方面开展探索和实践，建立“产学研协同、教学相长、课程间联动”的人才培养机制，打造理论与实践结合的课程教学模式。

“动态图形”课程注重与相关课程的衔接与联动，为多场景设计应用（如：产品概念演绎、信息动态可视化、广告宣传、多媒体艺术设计、品牌形象动态演绎等）提供支撑。以近期的设计专题课为例，课程延续了动态图形课程“传统文化的数字化传播与活化”的主题导向，组织了“国潮文化数字创意设计”专题实践。依托教育部产学合作项目“基于文旅服务系统设计的产学研一体化建设”，结合最新的 VR/AR 技术，组织学生设计面向未来的数字文化创意产品，并用动态图形进行演绎。学生在课程中得到了系统的能力提升，并切实体验到了动态图形在设计项目中的重要作用。

五、实施案例

（一）案例 1：乡村振兴主题作品——《河上板龙》

依托课程联合，授课教师先在设计思维通识课里组织起艺术实践工作坊，带领学生进行实地考察，了解了杭州市萧山区河上镇的民俗文化。在后续动态图形课里，非物质文化遗产河上板龙成为课程项目选题之一。学生基于对板龙文化的了解，明确了选题的设计目的：第一，用动态图形设计表现与传播杭州地方传统文化与非物质文化遗产；第二，结合对当下国潮文化的理解，探索新媒体动态化视觉叙事的艺术表达手法，传达传统文化在当代生活中的美学意象；第三，基于数字媒体传播环境，使视听语言为传播文化内容服务，讲好中华优秀传统文化的故事（见图 2）。该作品受邀参加了杭州 ADM 设计管理论坛展会展览。项目前期联合设计思维通识课组织的乡村振兴主题艺术设计实践工作坊获 2020 年浙江省大学生艺术节二等奖。

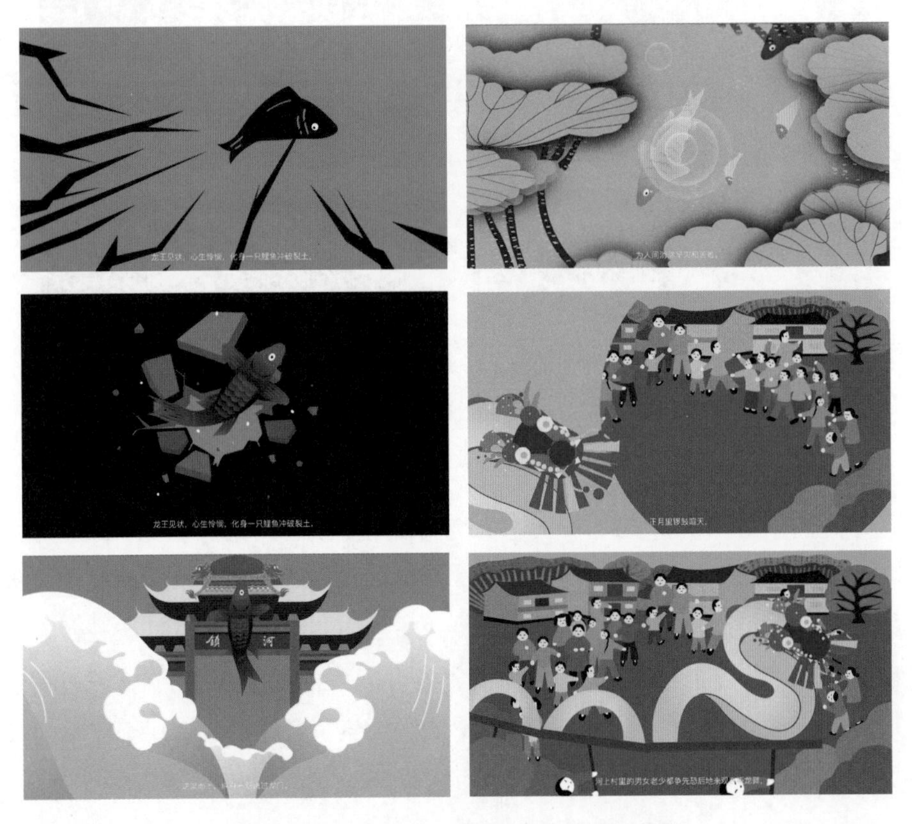

图 2　乡村振兴主题动态图形设计作品《河上板龙》

（二）案例 2：中华老字号主题作品——《胡庆余堂》

胡庆余堂坐落于杭州吴山脚下清河坊的大井巷内，是晚清“红顶商人”胡雪岩为“济世于民”而筹建的，具有“江南药王”之美誉。本作品在动态图形设计语言上较好地将本土文化的内容与国潮设计元素融合了起来，介绍了胡庆余堂的由来和创始人胡雪岩的故事，着重传递了老字号胡庆余堂“戒欺”“采办务真”“修制务精”等祖训和诚信制药的精神。作品通过叙述百年老字号文化传承的故事，体现了文化自信、求真务实、工匠精神、创新精神的思政要素（见图 3）。同学们在项目实践的过程中严谨考证，反复推敲，修改文案与脚本，在制作上精益求精体悟工匠精神的内涵。

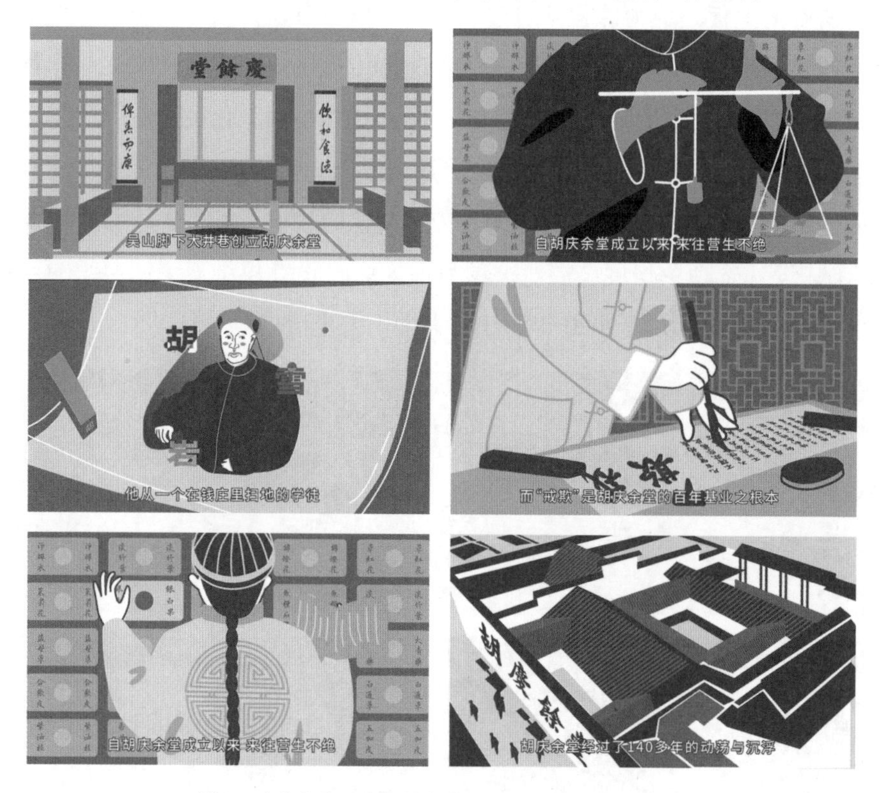

图 3　中华老字号主题动态图形设计作品《胡庆余堂》

（三）案例 3：杭州非遗文化主题作品——《杭州雅扇》

该作品主要研究的问题是如何用动态图形的语言创造性地介绍和演绎让大众更喜闻乐见的内容。作者前期经过一系列调研，使主题内容有所侧重。其次进行语言系统的“翻译”工作，叙事上充分发挥了视听要素各自核心的功能。最后在实践过程中反复推敲，协调图形、动画、声音等设计要素之间的关系，最终形成了一个完整的具有视觉美感的动态图形设计作品（见图 4）。本作品在内容和实践过程中都体现了文化自信、工匠精神、创新精神、求真务实等思政元素。

图 4　杭州非遗文化主题动态图形设计作品《杭州雅扇》

六、教学效果

（一）相关项目

本课程建设基础扎实，教学团队持续深入探索跨学科融合创新的教学模式，与相关课程产生了较好的联动。在课程改革过程中，教学团队完成了校级教学改革项目 3 项、厅级教学改革 1 项。依托课程建设，获批 2020 年教育部产学合作项目“新文科建设背景下动态图形设计混合式教学研究”；联动通识课“创意与设计思维”与专业课“设计专题Ⅱ”，获批 2021 年教育部产学合作项目“基于文旅服务系统设计的产学研一体化建设”。

（二）相关论文

教学团队发表论文《动态图形的影像基因与新媒体美学特征》《论动态图形设计的语言》《关于移动网络终端的公益广告信息传播的探讨》《视听语言在视觉传达设计中

的教学实践》《影像的"画中画"形式解读》《跨学科知识融合的动态图形设计教学探索与实践》等，在教学目标与意义、教学改革内容、教学过程、教学评价体系等方面对相关同类课程具有一定的借鉴意义。近几年，设计与建筑学院许多学生也相继发表论文，如《论动态图形设计中图形符号的语义表达》《浅谈动态图形设计中的动态和时间要素——以动画广告为例》《动态图形技术在数据新闻中的应用研究》《动态图形与传统动画短片视听表达方式比较研究》《基于新媒体环境下的品牌视觉识别的动态化设计研究》等，体现了同学们学习研究动态图形设计的热情。

（三）相关学科竞赛

"动态图形"与文化的数字媒体传播密切相关。教学以中国优秀传统文化为切入点，促使学生在学习之中有意识地挖掘传统文化资源并进行转化，设计有意义并适应社会发展的作品。教学团队多次指导学生参加国内外专业设计大赛，获得了多项奖项，赢得了学界的良好反响（见图5、图6、图7）。

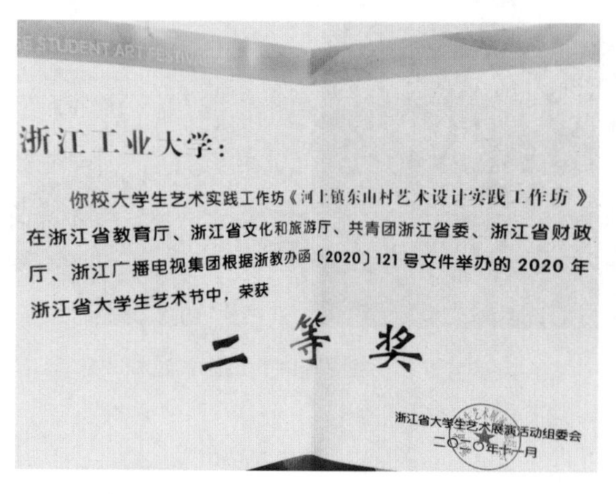
浙江工业大学：

你校大学生艺术实践工作坊《河上镇东山村艺术设计实践工作坊》在浙江省教育厅、浙江省文化和旅游厅、共青团浙江省委、浙江省财政厅、浙江广播电视集团根据浙教办函〔2020〕121号文件举办的2020年浙江省大学生艺术节中，荣获

二等奖

浙江省大学生艺术展演活动组委会
二〇二〇年十一月

图5　浙江省大学生艺术节二等奖

获奖证书

学生　庄能燕 张晓璇 许秋澍
指导教师　台文文
在　浙江省第八届大学生广告创意设计　竞赛中，
荣获　视频类微电影广告二等　奖，
特发此证，以资鼓励。

浙江省大学生科技竞赛委员会
二〇二〇年九月

获奖证书

学生　单姝慧 徐梦星 童瑾怡 刘泽玮
指导教师　台文文
在　浙江省第八届大学生广告创意设计　竞赛中，
荣获　视频类影视广告三等　奖，
特发此证，以资鼓励。

浙江省大学生科技竞赛委员会
二〇二〇年九月

图6　浙江省大学生广告艺术大赛获奖证书

图 7　中国包装设计大赛获奖证书

课程负责人：台文文

教学团队：李羚、朱吉红

所在院系：设计与建筑学院视觉传达设计系

海报设计

沉舟侧畔千帆过，病树前头万木春。

——唐·刘禹锡《酬乐天扬州初逢席上见赠》

一、课程概况

“海报设计”是一门视觉传达设计专业的本科必修课程。课程通过以赛代练的教学模式，以实际项目的系统性设计作为实践训练的重点。教学过程中主要把握几个核心环节，一是明确主题概念和形式语言的关系；二是推进专业基础的融会贯通；三是学习和掌握设计方法论。课程的最终目的是培养学生的思维、表达和设计的综合能力，培养解决复杂设计问题、具备良好的艺术修养和专业素养的创新型人才。

把思政教育融入海报课程，以公益海报设计作为专业学习的实训项目，突破了传统思政课程与专业课程的界限，使德育内涵渗入到学生的专业学习中，不仅提高了作品质量，也提升了学生的人文关怀、社会责任意识，充分体现出全方位育人的特点。

二、课程目标

（一）知识目标

（1）较为全面地了解海报设计的功能与演变、设计的类型、设计的构成要素、设计的创意表现关系。

（2）掌握海报设计的原理，通过实践练习感知海报的设计之美。

（3）了解海报设计的整体思路和设计过程。

（二）能力目标

（1）培养学生对海报视觉形态的审美观念。

（2）培养学生运用字体、图形、摄影和版面的综合设计能力、海报的创意思维能力。

（3）培养学生海报设计的技能与方法。结合设计竞赛主题，提高将概念内涵转化为视觉语言的能力，锻炼海报设计实践技能。

（三）价值目标

（1）培养学生积极主动的创新精神。

（2）提高学生的专业素养，明确专业发展目标。

（3）促进学生树立正确的价值观、强烈的社会责任意识和爱国精神。

三、思政元素

该课程紧密融合习近平总书记在哲学社会科学工作座谈会谈到的“立足中国、借鉴国外，挖掘历史、把握当代，关怀人类、面向未来”[①]的理论方针，建立课程知识网络，创新课程体系，切实构建符合教育规律的、将“课程思政”融入专业课的规范路径。

（一）创新精神

公益海报将抽象的思想政治内容通过创造性和艺术性的形态进行可视化，依托课程教学，实现思政教育的隐形传播，加强专业课程对思政教育的推动作用，为“课程思政”提供创新传播方法。

（二）合力育人

公益海报与“课程思政”在本质上契合。公益海报通过展现社会中的现实问题，引发受众人群的反思，进而推动人们更加具有责任意识、道德观念，以缓解社会现有矛盾。在海报课程中渗透思想政治教育的内容，用一定的思想观念、政治观点、道德规范，通过有目的、有计划、有组织的安排，指导符合一定社会需要的社会实践活动。两者在理论上有相通内涵、在传播上有相通属性、在功能上有相同作用，彼此相互结合，有利于充分整合优质思想资源，提升合力育人的效果。

（三）爱国情怀

公益海报主题聚焦国家重大事件，涵盖了政治思想、环境保护、人文关怀等方面的内容。学生在海报初期的调研过程中，通过了解事件的背景、意义、内涵，无形地加深了对这些事件的认知度。海报落地后，通过线上线下的展览、公众号的发布等，

---

① “平语”近人——习近平谈哲学社会科学工作[EB/OL].（2016-05-18）[2023-5-20]. http://www.xinhuanet.com//politics/2016-05/ 18/c_128990756.htm

其信息传播功能得到了实现，使学生不仅承担了应有的社会责任，也培养了个人的爱国主义精神和人文情操。

（四）人文关怀

人文关怀也是公益海报的特质。学生通过公益海报创作，关注人的生存状态、人的尊严以及人类的解放与自由，为弱者想，为弱者行，体现出强烈的社会责任意识和民族关怀。

四、设计思路

（一）课程体系

1. 思政教育融入课程

在课程体系搭建方面，充分借助公益海报的原理将思政内容有机融入，系统地建立课程知识网络，从公益海报的方法—设计—反馈的开放式逻辑路径中进行学习与思考，将思政内涵渗透于教学过程，使学生充分理解公益海报驱动社会发展的重要性，通过扎实的专业知识、活跃的创新思维，将崇高的信念转化为优秀的实践成果。

2．“以赛促教，以赛促学”的实践教学模式

在海报课程中将学科竞赛带入课堂，给学生学习和锻炼的机会，是培养学生创新意识、锻炼学生实际动手能力的最佳契机。课程设计思路围绕“以赛促教，以赛促学”的实践教学模式展开，通过引入比赛主题，根据大赛的要求和流程，合理规划教学模块、灵活穿插教学内容、设计任务，使学生掌握设计海报的整体流程。在教学上运用多样化的教学组织形式，引导学生进行自主化、研究性的学习，提升资料收集、案例分析和思考的能力，自主构建知识体系，并通过参加赛事，在实践过程中真正理解创新精神、爱国情怀、人文关怀等思政要素，理解海报传播的公益意义，增强社会责任感。

3. 精细化设计教学思路

针对学习者的特性，选取合理的教学手段，注重实效性，培养学生的团队协作、创新精神以及对公益海报的情感。激发学生主动学习的积极性，创造出设计专业独特的青年亚文化的教学语言。（1）强调方法论的导入。在课题教学中，突出将海报设计作为一种“研究”的方法和手段，以项目推动方式完成设计目标，注重设计思维的整理，注重设计过程的系统性和完整性。围绕主题分析、理论阐述、设计执行、作品投递等环节有逻辑地开展。（2）强调设计教学以功能诉求为核心，注重视觉语言和内涵表达的相得益彰，实现两者的最佳融合。（3）注重培养学生的整体观念。不拘泥于单一海报的设计，而是将海报视为一个整体。（4）强调调查与研究的重要性。调查与研

究是培养设计师思辨能力的必然途径，能够在深入的调研过程中帮助设计师开辟认知的新途径。

五、教学组织与方法

将设计竞赛的主题引入课堂教学，使学生通过分析选题—讨论策略—提出概念—设计执行—作品输出，掌握公益海报的创作思路、形式表现、价值旨归等，完整地了解一份海报的设计要义（见图 1）。

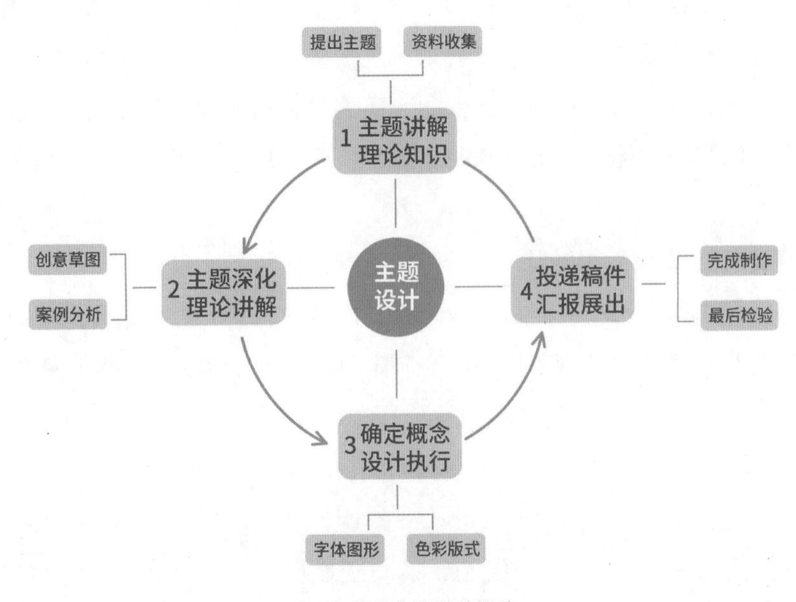

图 1　竞赛主题设计思路

（一）模块一：理论概述

将设计竞赛涉及的理论进行简要讲解。

（二）模块二：公益竞赛主题设计

1. 解读竞赛要求

选定参加的竞赛项目后，细致解读竞赛要求是至关重要的一步。了解赛事的整个流程和具体要求，严格界定每个问题，明确设计目标。

2. 主题的调研梳理

确定主题后，首先以组队的方式要求大家通过各种途径、不同角度搜寻、整理和主题相关的大量资料，展开全面调研。锁定设计目标，进行概念、定位、诉求、形式的全方位考察。通过网络调研、文献调研、用户调研等不同方式，针对性地对目标问题进行具体分析和讨论。各小组分别用 ppt 对所调研资料进行梳理、总结，提炼想法，制定出方案策略。

3. 主题的策略讨论

基于讨论教学法，小组对主题展开不同角度的设计联想、策略阐述。当下新媒体传播的“娱乐”性质往往使公益海报的定位愈加模糊，因此需要让学生进行集体讨论和批判性思考，把握公益海报的真正诉求。

4. 创意设计的执行

确定主题海报的概念后，需进行大量的草图勾画，讨论设计图稿的实施性。不断调整设计方案，把握图形、文字、色彩、编排的视觉表达方式，打磨润滑细节，完成最终海报图稿。针对竞赛海报的主题要求，逐一核对，做到万无一失、疏而不漏。根据赛事要求投送完海报后，作为结课作业，还需要利用多媒体软件制作动态海报并将海报应用在不同媒介载体上，契合新时代的海报传播理念，以全感官体验的方式呈现作品。

（三）模块三：成果汇报展览

公益海报作业的成果一方面从专业能力方面考量，另一方面结合思想政治理念和课程专业相关的素养品质进行考量，需要制定科学的评价体系。同时课程结束后需要进行结课汇报，包括学生自述、同学互评、老师点评等。作业展示通过线下展览和线上公众号的发布进行，并接受校内和社会评价，使教育成果得以完整呈现。（见图 2）

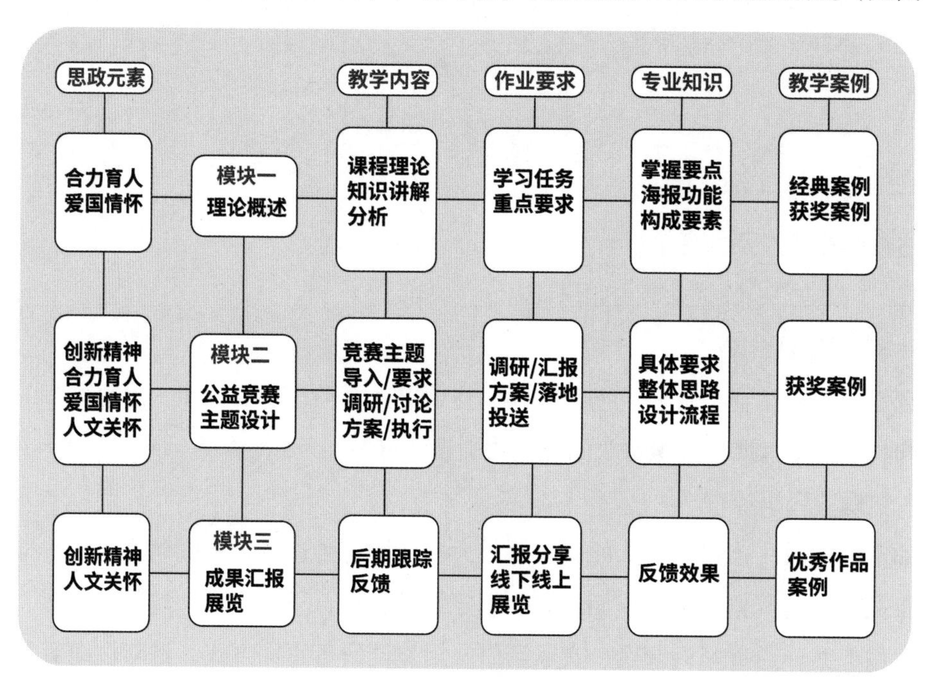

图 2　海报设计课程教学模块

六、实施案例

（一）案例 1：公益海报“我们在一起”

公益海报设计的目的是通过研究不同文化语境中共同关注的社会热点，思考人类面临的共同问题，运用设计手段为社会提供具有建设性的解决方案。其宗旨是为大众服务，具有积极的宣传作用。“我们在一起”赛事聚焦 2019 年末爆发的新冠疫情，在课程的第一时间确定“疫情”为主题，与思政内涵相融合，结合艺术设计专业的特色，组织学生积极创作，用设计的力量和大众一同抗击疫情。学生在制作海报的过程中，提高了专业能力、艺术涵养和审美修养，也肩负起了社会的责任，体现了“爱国情怀和人文关怀”的思政要素。此次学生参赛的海报作品在省级赛事中获得多个等级奖项和优秀奖，作品别出心裁的创意也体现了“创新精神”的思政理念（见图 3）。

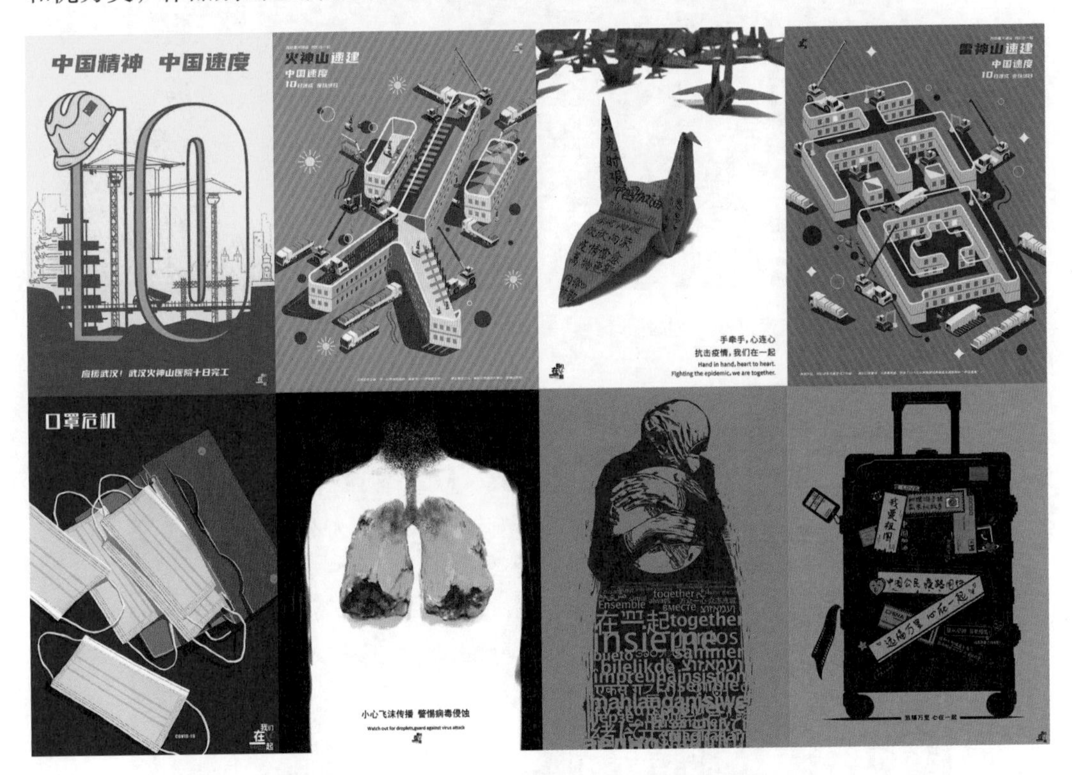

图 3 “我们在一起”主题赛事学生部分获奖海报作品

（二）案例 2：公益海报“全国大学生海洋文化创意设计大赛”

全国大学生海洋文化创意设计大赛是围绕如何强化全民海洋意识、开发利用和保护海洋、实现海洋可持续发展等方面展开创意设计。在“白色污染，人类灾难”“幽灵渔具”“珊瑚白化”的主题赛事中，学生们通过设计之手展现海洋现状，呼吁人们关注海洋问题，推动海洋生态文明建设。在教学过程中，将海报理论、设计方法、思政理念互融，引导学生进行知识点的串联，加强实践和自主创作能力，最终设计出一批有质量的海报作品，较好地反映出“爱国情怀、创新精神、人文关怀”的思政理念。此次海报设计的反馈效果良好，主题海报的部分作品在海洋文化创意大赛中获得多个优秀奖和佳作奖；在省级赛事中获得多个等级奖项和优秀奖（见图 4、图 5）。

图 4　“白色污染，人类灾难”和“幽灵渔具”主题赛事学生部分获奖海报作品

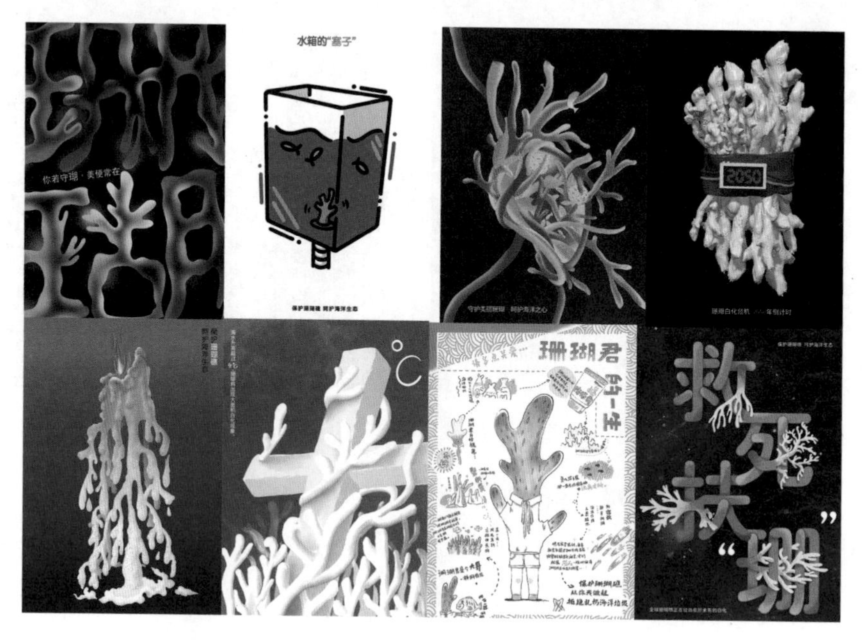

图 5　“珊瑚白化”主题赛事学生部分获奖海报作品

（三）案例 3：公益海报“匠心”

“匠心”是浙江省第十六届大学生多媒体设计竞赛的主题。学生通过对匠心主题展开深度挖掘，提炼核心概念，充分展现出具有民族特色的设计语言和形式表达，在符合主题语境的同时，体现出中国元素特有的韵味。海报作品无论是主题内涵还是形式风格都极佳地诠释了“匠心”之美的内涵和意义，宣扬了“爱国情怀、工匠精神、创新精神”的思政要素。海报作品在浙江省多媒体赛事中获得了 5 个二等奖的佳绩（见图 6）。

图 6 “匠心”主题赛事学生部分获奖海报作品

七、教学效果

（一）教研成果

团队教师关于海报的研究论文发表在《新美术》A 类期刊上；在 B 类期刊上发表数篇研究图形论文；出版了由上海人民美术出版社约稿的著作《图形语言》。

（二）学生学科竞赛

几年来，教学团队进行了以公益主题与思政元素互融互渗的课程改革，依托实践性赛事项目，在学科竞赛、荣誉称号等方面成绩突出。在国内专业大赛中获得多个奖项，例如在浙江省媒体设计大赛、米兰设计周、中国包装创意设计大赛等赛事中获得多个一、二、三等奖（见图 7、图 8）。

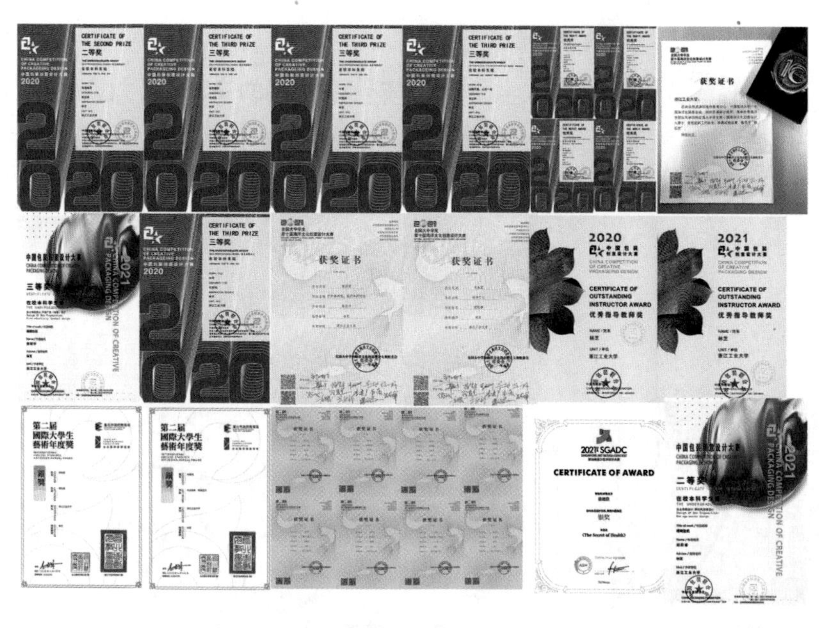

图 7　获奖证书部分合集 1

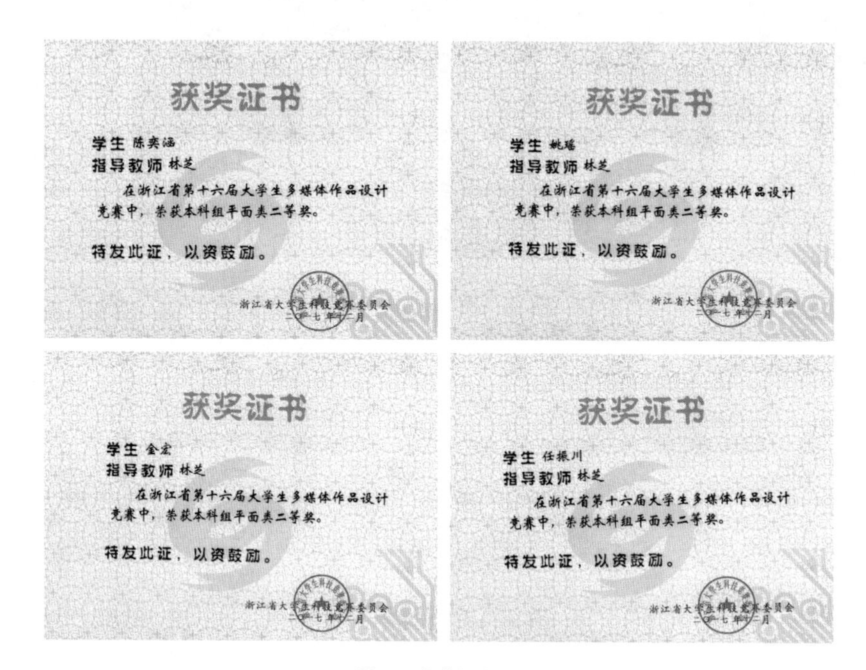

获奖证书

学生 陈奕涵

指导教师 林芝

在浙江省第十六届大学生多媒体作品设计竞赛中，荣获本科组平面类二等奖。

特发此证，以资鼓励。

浙江省大学生科技竞赛委员会

二〇一七年十二月

获奖证书

学生 姚瑶

指导教师 林芝

在浙江省第十六届大学生多媒体作品设计竞赛中，荣获本科组平面类二等奖。

特发此证，以资鼓励。

浙江省大学生科技竞赛委员会

二〇一七年十二月

获奖证书

学生 金宏

指导教师 林芝

在浙江省第十六届大学生多媒体作品设计竞赛中，荣获本科组平面类二等奖。

特发此证，以资鼓励。

浙江省大学生科技竞赛委员会

二〇一七年十二月

获奖证书

学生 任振川

指导教师 林芝

在浙江省第十六届大学生多媒体作品设计竞赛中，荣获本科组平面类二等奖。

特发此证，以资鼓励。

浙江省大学生科技竞赛委员会

二〇一七年十二月

图 8　获奖证书 2

课程负责人：林芝

教学团队：虞跃群

所在院系：设计与建筑学院视觉传达设计系

界面交互设计

设计是一种人类对自我世界的持续进化，设计应该为广大人民服务。

——维克多·帕帕奈克《为真实的世界设计》

一、课程概况

（一）课程简介

“界面交互设计”课程为视觉传达设计专业的专业选修课，开设在三年级第二学期，计4个学分，共64学时，已有十二年的建设发展历程。课程旨在在讲解界面交互设计原理、流程与方法基础上，引入社会现实热点问题，通过开展校企课程项目合作（合作企业包括：蚂蚁集团、阿里云、阿里音乐）、参加知名专业竞赛（UXDA国际用户体验设计大赛），让学生在项目实践中内化及运用所学知识，能够基于用户需求与现实问题提出切实可行的界面交互原型设计方案并掌握评估方法。该门课程分别于2018和2020年被认定为校级专业核心课程和校精品在线课程，并于2021年被认定为省级线下一流课程。

（二）教学目标

该课程为了回应和践行我校新工科建设背景下培养能胜任解决复杂设计问题的发展型、复合型设计领军人才的毕业生培养目标，以国内知名互联网企业为课程项目长期合作企业，以国内权威的UXDA用户体验设计大赛为竞赛平台，强调技术与艺术的融合、科学与人文的共生，跨学科地解决真实世界的社会现实问题，蕴含丰富的德育元素，如家国情怀、公民人格、国际视野、科学思维、创新意识等，使课程的目标从“教学”转向“育人”。课后应达到的学习成效包含以下三点。

（1）掌握界面交互设计原理与流程、以人为中心的设计方法（知识目标）。

（2）具备基于项目实践的批判性思维和设计创新能力（能力目标）。

（3）具备社会责任感、激发主动学习动力、树立终身学习目标（价值目标）。

二、思政元素

“界面交互设计”课程强调融入隐性的课程思政元素，主导从“教”到“育”的教学理念转变，主要基于以下三个方面的背景。

（一）以美立德，以美育人

本课程立足于设计美学，主张通过界面的视觉设计陶冶人的情感，以美立德、以美储善、以美育人。要求学生在完成界面交互原型基础上，基于前序课程所学知识生成符合产品调性、用户审美偏好的界面视觉设计。

（二）理实双轨，完善人格

通过面向真实世界的发展、弱势群体的状态，学会发问和求解，强调理论与实践的结合，注重设计与技术、人文的融合，在课程实践中融入思政元素，培养学生正确的思想价值观和健全的精神人格。

（三）改变思维，创新意识

通过对设计背景的调研，对交互技术的掌握，以交互界面的逻辑框架和动态视觉输出，对社会现实问题不断追问和求解，培养学生的创新意识和创新思维。

三、设计思路

本课程着力于“教学”和“育人”的有机结合，采用理论教学和项目实践双轨并行的小班化教学模式，切实发挥好专业教师、专业课堂和专业教育的育人功能，更新教学理念，明确课程育人目标，完善教学内容，找准教学内容中的德育切入点，灵活采用各种教学方法，把课程思政贯穿教学全过程，打造专业课育人体系，培养具有家国情怀、高尚情操、创新精神、国际视野、实践能力的高素质时代新人（见图1）。

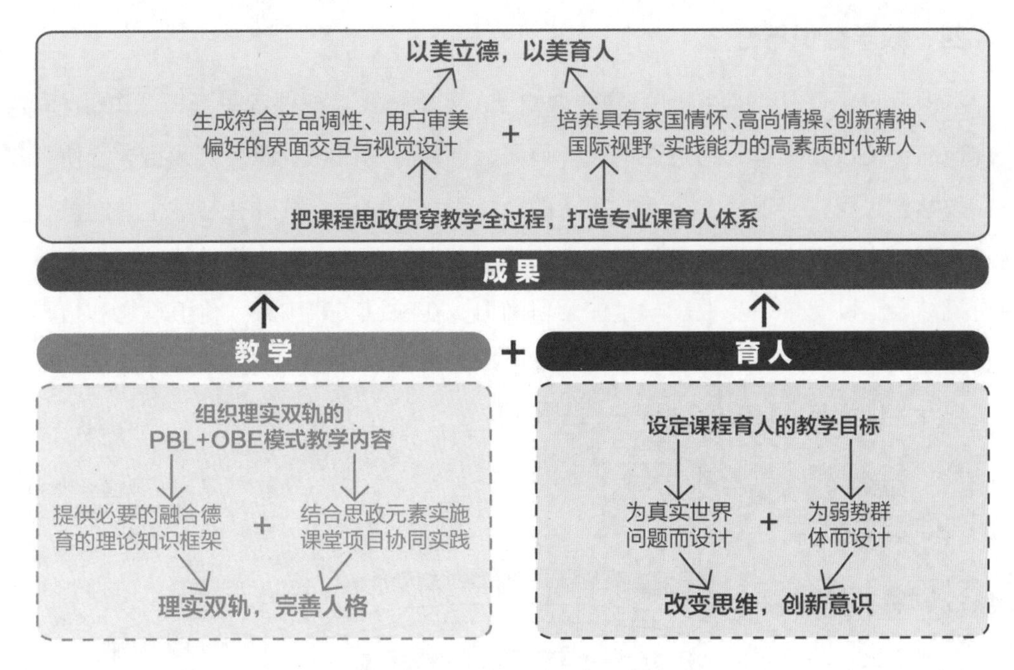

图 1 “界面交互设计”课程思政设计思路

（一）根据德育切入点完善教学内容，提供必要的理论知识框架

课前给学生提供包含一系列知识要点的教学视频与文献图书资料，将德育内容与教学知识点精心搭配、有机融合，引导学生自主学习并结合课堂授课、个人测试与答疑逐步构建必要的理论知识框架，以“润物细无声”的方式将教学内容（案例）与理想信念教育、爱国主义教育、公民人格教育、中华优秀传统文化教育相结合。

（二）结合思政元素实施课堂项目协同实践

本课程以项目实践为基础，更新教学理念，从专业课程的既有教学内容中挖掘育人的价值功能，强调为民生、产业和未来而设计的课程思政元素，培养学生为真实世界问题与弱势群体而设计的价值观（见图 2）。

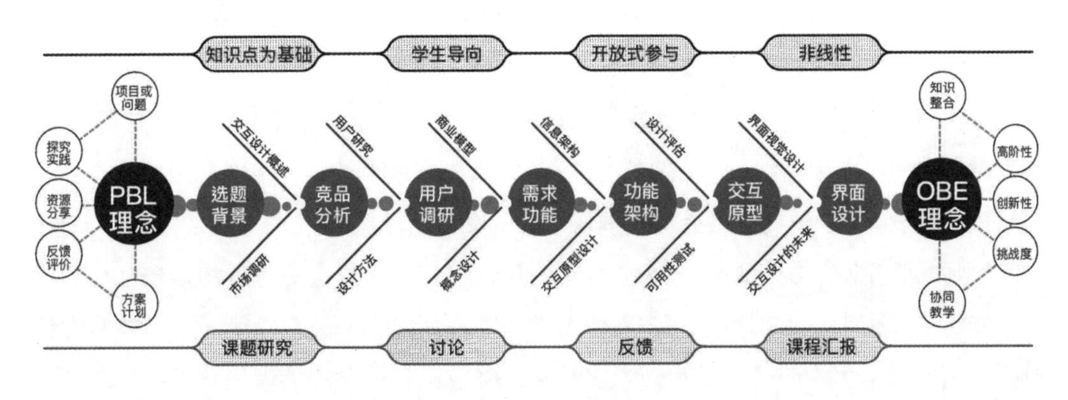

图 2 理实双轨的 PBL+OBE 项目式教学内容

四、教学组织与方法

本课程灵活采用“h”字形的翻转课堂2.0教学模式，把课程思政融入知识框架，实现逆向传播教学资源，通过课前设计调研、课堂互动研讨、课后实践指导，使思政贯穿教学全过程，实现从“教”到“育”的全过程育人目标。教师会与学生共同设计和选择来源于生活真实情景且是学生所熟知和感兴趣的项目主题，将思政教育与专业教育有机结合，以此进一步调动学生的学习动力，在项目实践中融入价值理念和精神追求，通过校企合作或参加知名赛事使最终解决方案得以社会化应用或参加路演，更好地实现专业价值与自我价值的统一（见图3）。

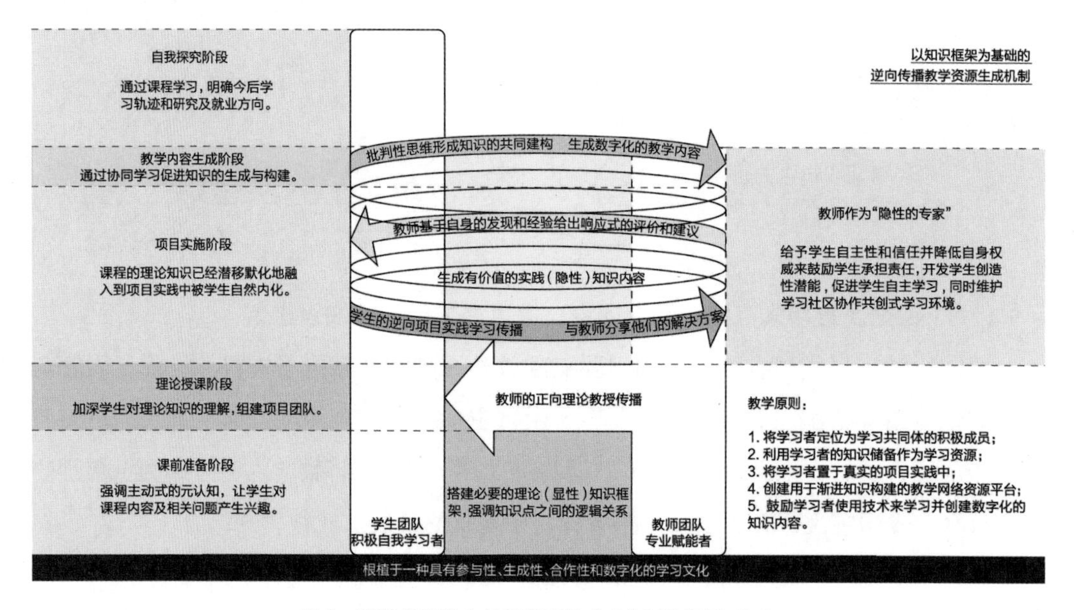

图3　课程思政融入知识框架的从“教”到“育”模式

五、实践案例

（一）案例1：虾米音乐课程合作项目“让虾米更多地被你的朋友接受使用”

教师首先引导该组学生对课题（“让虾米更多地被你的朋友接受使用”）进行用户分层分析：（1）高频用户：给予更好的用户体验，使其更乐于分享；（2）低频用户：增加其对虾米的需求和黏性；（3）潜在用户：让虾米更好地被了解来增加使用。

1. 交互设计：以趣玩和公益功能模块为主的交互信息流程

教师与学生对三类用户的需求进行了权重评估，认为只有更有趣的娱乐互动功能需求能给产品带来更大创新空间，其他需求大多是从内容和技术角度对产品体验做出改进。因此，学生将产品定义为虾米实验室，将趣玩和公益功能模块作为主要创新点并围绕其进行交互设计。在设计趣玩功能模块的过程中，我们鼓励学生发散思维，尽可能多地构想一些趣味功能，并以图像的形式描绘出来。同时为了避免偏离主题，我们给学生设定了限定条件：功能中需要融入音乐元素。经过概念筛选，学生得出虾点、虾表情、虾算、虾斗四个趣味功能。其中，最具创新性的是虾点功能模块，它能帮助用户在特定场景中点歌和藏歌，用户可以随歌附上文字、图片和视频信息并将其藏于某一地点，听歌用户通过虾米的信息提示可以在藏歌地点收听音乐。另外，虾公益功能模块是学生从支付宝蚂蚁森林中获得的灵感，它以用户每天听歌满一小时即可向听障儿童援助计划捐款一角钱的形式来鼓励用户增加使用虾米音乐的频率和时间。这种价值激励的方式是否可以应用到整个产品，从而构建一个持续的价值激励生态？我们要求学生结合产品功能点分析用户使用行为，并为不同的行为定义价值，再设置相应的权益。在此基础上，学生创新性地构建了音力值体系，用户在虾米上特定的操作行为都可以为其获得相应的音力值，这些音力值可以用于购买 VIP 等相关权益，从而增加用户对虾米的黏性。例如：用户累计登录虾米 30 天可以获得 150 个音力值，可以用于下载两首无损歌曲。学生在交互流程上将这些趣味及公益功能置入 App 首页首屏，强化其入口，满足年轻群体对于虾米的趣味性需求，以吸引潜在用户、激活低频用户，同时也培养了学生为弱势群体而设计的价值观（见图 4）。

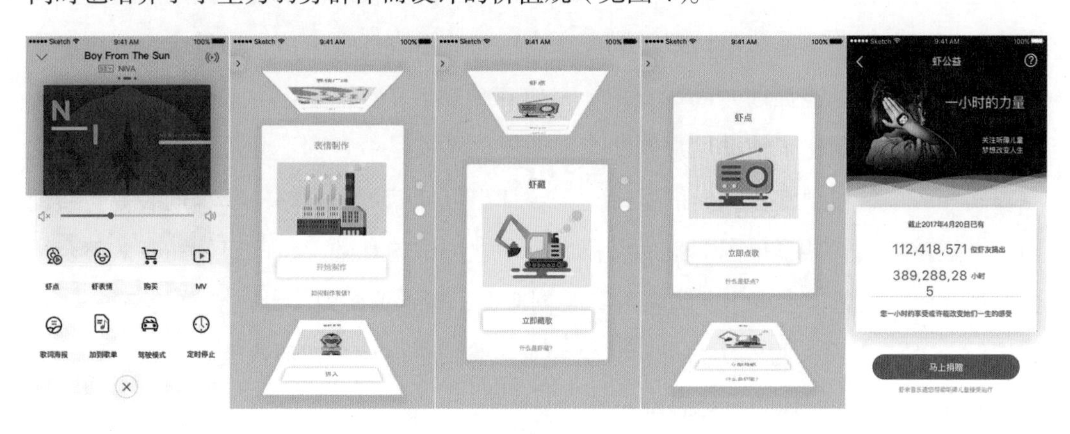

图 4　虾米实验室界面设计

2. 视觉设计：整合视觉层级，强调图文编排

在设计视觉界面时，我们要求学生强调扁平化：这不仅是指视觉质感上的扁平化，更是指视觉层级上的扁平化，这样可以引导用户更有效率地阅读核心信息并完成主要操作。基于该原则，学生在首页展示了更多不同模块的内容，整合视觉层级；界面背景则以高亮白色为主，强调图文以及控件的有序编排，突出对内容的展现。另外，考虑到趣玩和公益功能模块的个性趣味特征，学生采用以淡黄色为背景的暖色调，结合

矢量插画风格来设计其视觉界面，尤其是虾表情和虾斗中的游戏人物和表情样式，都是以色彩明快的矢量插画来表现的，从而体现以美立德、以美育人的教学理念。

（二）案例 2：蚂蚁集团课程合作项目“共享单车用户骑行流程中的交互体验设计”

该次界面交互设计课程项目内容是针对（校园场景）用户骑行流程中找车难、停车乱等痛点设计的创新解决方案。在模糊前端活动过程中，学生被持续挑战并保持专注以寻求最佳解决方案。例如有小组为了全面了解校园内用车高峰期车辆短缺的情况，希望能深度访谈共享单车公司的运维人员，了解服务提供者的工作方式。在已知运维人员接受访谈意愿普遍偏低的情况下，她们主动联系运维人员并跟随其在校园内开展运维工作，边观察边提问，并站在运维人员立场去关心其工作状态，拉近了与运维人员的距离，不但采集到了连蚂蚁设计团队都没有掌握的校园内共享单车运营的真实数据，还从单车运维人员视角挖掘出了校园内用车高峰期车辆短缺的六点原因，这为后续的概念设计（良好的单车循环 + 基于大数据的区域运维 + 友好共享型校园）提供了宝贵的依据。最终这组作品被评为蚂蚁设计创新奖的三等奖（见图 5）。另外，在共创设计过程中，学生会通过不断协作与反思，整合组内外专业力量，创造性地处理某一特定痛点。在这一阶段，团队成员互相尊重与支持、甚至为对方观点进行辩护，突显了同理心与创造力的转换力量。例如某组学生为了解决校园单车乱停乱放问题，其中一位学生提出为共享单车设计智能脚撑，当用户放下脚撑锁车前，通过语音或用户手机客户端的提示，能提前判断用户停车是否在合理区；另一位学生则认为单车后轮尾灯也能利用颜色变化来辅助用户判断当前的停放区域是否合理。此外，该组学生在文献查阅和咨询材料学专业同学的基础上，设计出可伸缩可降解的停车辅助装置，帮助用户更规范地放置共享单车。最后在概念可用性测试的基础上，该组作品有效整合了各成员的概念构思，表现出了优良的综合创造性，被评为蚂蚁设计创新奖的一等奖（见图 6）。本次课程项目的成功完成让学生真实体验到了设计是如何改变现实世界的，进一步增强了学生的同理心设计思维。

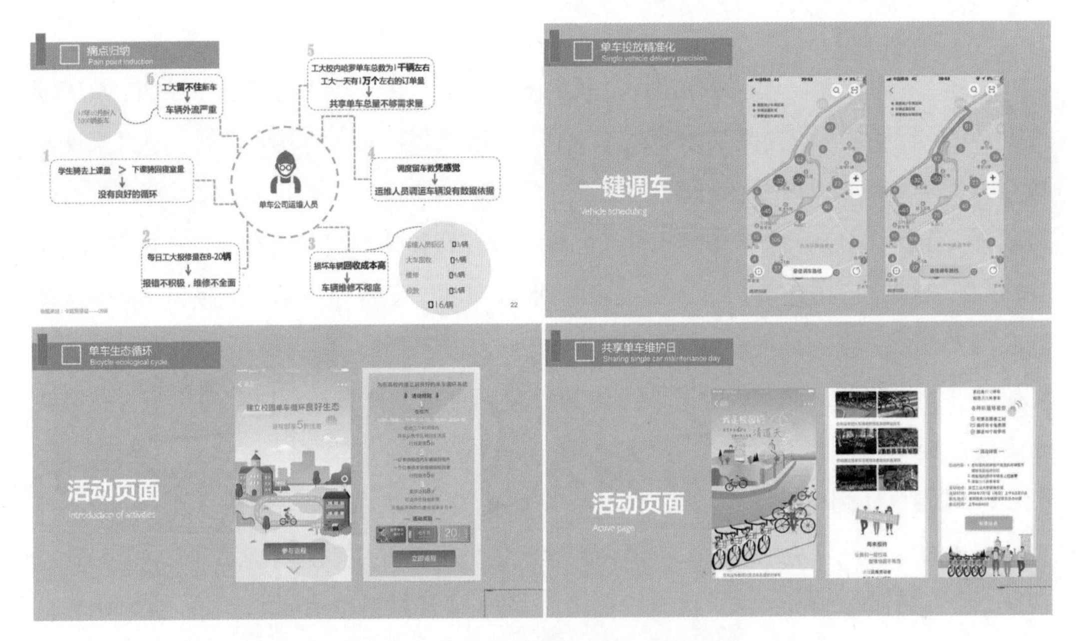

图5　2018 蚂蚁设计创新奖三等奖作品关键界面展示（学生：张以鈊、陈婷婷、詹金霞）

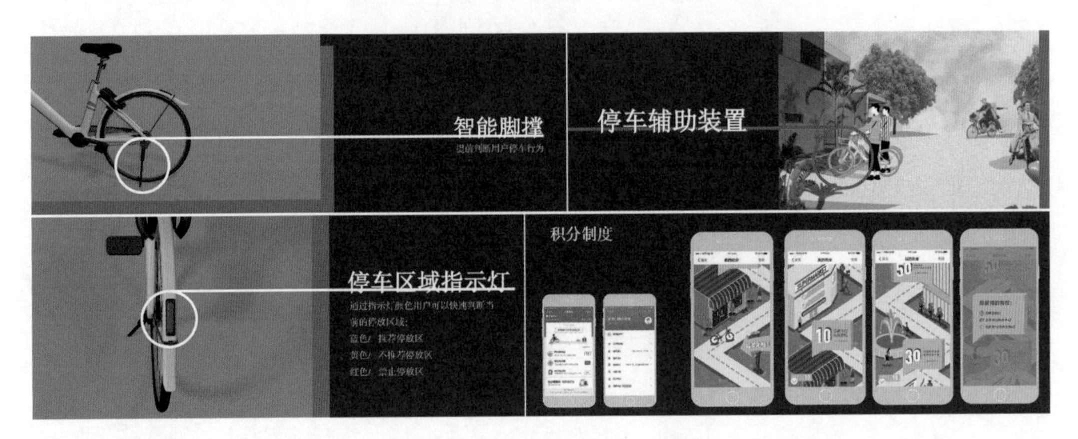

图6　2018 蚂蚁设计创新奖一等奖作品关键界面展示（学生：丁佳燕、胡家辉、蒋怡君）

六、教学效果

我们提出以设计工作流程为导向的项目式课堂教学，这既有助于学生在理解界面交互设计工作流程的前提下学习各阶段的设计方法并形成系统设计观念，也可以让学生通过项目实训积累实践经验、锻炼团队协作能力，并围绕真实世界问题与弱势群体困境构建更具社会意识的设计价值观，从而实现“教学”与“育人”的有机融合。因此，“界面交互设计”课程自践行项目式教学模式以来，深受学生欢迎，并取得了不错的成效。

（一）教学项目立项

依托“界面交互设计”课程建设，教学团队成功立项3项省部级教改项目：（1）浙江省2015年度高等教育课堂教学改革项目：基于工作流程的《界面设计》项目式课堂教学改革与实践（项目编号：kg2015052，已结题）；（2）2019年第二批教育部产学合作协同育人项目：基于产学合作协同育人的界面设计课程体系改革建设项目（项目编号：201902177004，已结题）；（3）2021年第一批教育部产学合作协同育人项目：基于移动互联网产品的“界面交互设计”课程改革与内容建设项目（项目编号：202101012005，在研）。同时，“界面交互设计”课程于2021年8月被浙江省教育厅成功认定为省级线下一流课程。

（二）教研成果获奖

省课改结题论文《以设计工作流程为导向的项目式界面设计课堂教学改革与实践》荣获《装饰》杂志2017年度“优秀投稿论文奖”；省教科项目结题论文《一流本科教育建设背景下“翻转课堂2.0”教学模式的理念构建与实践反思》荣获校“建设一流本科教育”主题征文活动一等奖；教育部产学合作协同育人项目结题论文《项目制2.0教学模式在体验设计课程体系中的应用与反思》入选由工信部科技司组织编制、中国电子质量管理协会负责评选的《2021年全国用户体验优秀实践案例集》。同时，教学团队依托“界面交互设计”课程获得校首届教师教学创新大赛二等奖、教学活动创新奖各1项（见图7）。

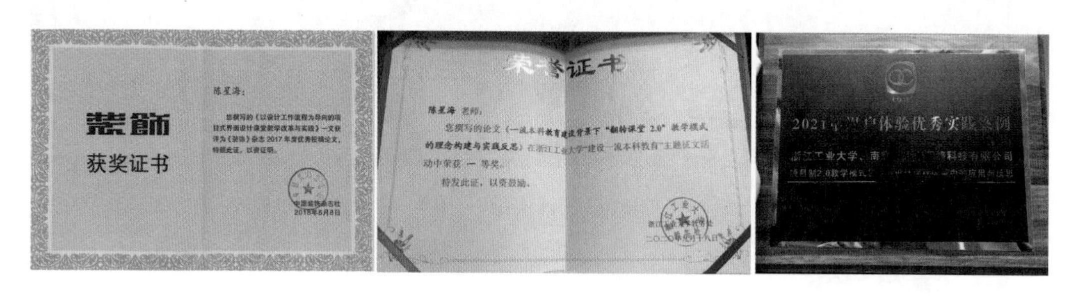

图7　课程教学团队所获得的教研论文奖

（三）学生学科竞赛获奖

“界面交互设计”课程教学团队除了与合作企业围绕课程项目举办课程竞赛（例如蚂蚁创新设计奖等），还积极组织学生参加UXDA国际用户体验设计大赛，近四年荣获全国二等奖1项；最佳答辩表现奖1项；三等奖4项；优秀指导教师奖1项；同时指导学生获得广东“省长杯”交互设计大赛交互类银奖1项；全国大学生“互联网+”创新大赛暨第六届“发现杯”全国大学生互联网软件设计大奖赛全国一等奖1项（见图

8）。这极大地提升了学生就业与升学的竞争力，近三年，本专业应届毕业生每届都有学生进入知名互联网企业从事交互设计工作，亦有多名学生保送至设计学学科评估 A⁻ 以上高校（例如江南大学、同济大学）攻读交互设计专业硕士学位。

图 8　学生获得 UXDA 国际用户体验设计大赛全国二等奖及最佳答辩表现奖作品及证书

（四）教学团队影响力提升

教学团队负责人受邀分别在 2018 年首届《装饰》杂志学术年会和 2020 年第八届中国用户体验峰会上发表与本课程相关的教研学术演讲，为兄弟院校开展本课程教学改革提供了示范效应，并与蚂蚁集团、阿里云等一流企业建立了稳定的产学研合作关系（见图 9）。

图 9　教学团队负责人受邀发表与本课程相关的教研学术演讲

课程负责人：陈星海

教学团队：朱吉虹、廖海进、田云飞、方宏章

所在院系：设计与建筑学院视觉传达设计系

空间信息设计

曲径通幽处，禅房花木深。

——唐·常建《题破山寺后禅院》

一、课程概况

（一）课程简介

空间信息设计是视觉传达设计专业在空间维度扩展背景下形成的新的设计方向。“空间信息设计”课程是在2017年调整培养计划过程中新增的本科专业课程，是一门结合基础理论并有较高实践要求的专业课程，内容适用于视觉传达、环境设计、建筑及城乡规划等相关学科，具有鲜明的多学科交叉的特性。课程以理论授课与课程实践相结合的形式展开，引导学生对专业的深度思考和研究型的学习，深刻理解和领悟传统文化和东方审美，提倡融合创新，提升社会责任感，培养具有良好设计观念、人文底蕴、全球视野、优秀审美能力的创新复合型设计人才。本课程属于设计与建筑学院视觉传达设计专业人才培养计划中第七学期多维信息设计模块的选修课程，总计4学分，64学时。

本课程以思政为引领，聚焦空间中的视觉信息设计，与校园文化、区域文化和区域经济产生深层互动，在课程实践环节中，引入“校园文化建设”“美丽乡村建设”和“城市更新”等主题的实践项目，引导学生密切关注设计在社会发展、经济文化建设中的积极作用，提升学生在专业学习中的社会责任感。

（二）教学目标

1. 知识目标

（1）全面了解空间信息设计的基础概念，掌握相关理论知识。

（2）较熟练地掌握空间信息设计的内容、方法，并掌握相关的设计调研和分析方法。

（3）能够根据前期专业课程的积累，应对相关实践课题，完成从概念设计到实践应用的整体设计。

2. 能力目标

（1）能够针对既定设计需求，准确定位设计目标，掌握空间信息设计的工作流程。

（2）掌握并运用空间信息设计分析法进行项目规划及项目实践。

（3）具备主动辩证思考的能力，能够分析、创造、表达具有美感的方案，最终实现整体设计解决方案。

3. 价值目标

（1）具备作为设计师的社会责任感、职业素养及道德，树立积极正向的专业价值观。

（2）培养学生团队协作的能力，适应专业要求及职业发展需要。

（3）形成基于中华优秀传统文化和时代精神的价值标准。

（三）课程沿革

本课程作为视觉传达设计专业 2017 新版培养计划调整后新设的多维信息设计模块的重要组成课程之一，突出了信息设计与空间环境的交叉结合，持续深入挖掘课程价值，将思政元素巧妙融入教学过程。在课程开展的两届教学实践和对课程的持续建设中，初步取得了一定的成效，其中获批校级教改项目 1 项“校企协同背景下视觉传达设计专业‘实践教学生态圈’建设的研究与实践”；获批校级校外实践基地 1 项；团队教师指导学生获得专业毕业奖项多项。

二、思政元素

空间信息设计课程以思政为引领，聚焦空间中的视觉信息设计，与校园文化、区域文化和区域经济产生深层互动，引领学生密切关注设计在社会发展、经济文化建设中的积极作用，以培养具有家国情怀、人本精神、创新意识与实践能力的人才为目标，培养学生的价值观和社会责任感；并紧密融合习近平新时代中国特色社会主义思想理论创新发展、协调发展、绿色发展、开放发展、共享发展的新发展理念，促进思政教育在课程中的真实落地。

（一）家国情怀

课程在教学培养环节中引入了与社会发展紧密相关的实践项目，并结合专业知识引导学生深刻理解“家国情怀”在增强民族凝聚力、建设美丽环境、提高幸福感与获得感等方面的重要时代价值，自觉弘扬中华优秀传统文化、社会主义先进文化。

（二）文化自信

在课程教学中引导学生立足时代、扎根人民、深入生活，树立正确的艺术观和创作观。要坚持以美育人、以美化人，积极弘扬中华美育精神，全面提高学生的审美和人文素养，增强文化自信，在空间信息设计的实践过程中融入中华优秀传统文化元素。

（三）创新精神

课程在基础教学的同时，鼓励学生主动参与设计实践，在实践中启发学生的创新思维。根据调研获取的空间环境、功能定位、社会环境现状与特征，从实践项目的实际设计需求出发，灵活运用设计理论与方法，培养具有创新能力、观察能力、实践能力的优秀设计人才。

（四）学以致用

指导学生通过空间平面设计优秀案例的赏析与自我创作，学习空间中的视觉信息设计方法，理解空间信息设计的目标、原则，秉持“知行合一、学以致用”理念，将理论知识灵活运用于实践项目，并探索空间设计在社会发展与经济文化建设中的积极作用。

（五）求真务实

课程密切关注并响应国家政策，聚焦空间中的视觉信息设计，与校园文化、区域文化和区域经济产生深层互动，在实践过程中倡导学生基于当下的社会发展趋势，结合不同的实践项目主题，思考空间信息设计面对不同对象的实际需求需要做出应对的方法。

三、设计思路

课程具有鲜明的多学科交叉的特性，以理论授课与课程实践相结合的形式展开，通过引导学生对专业的深度思考和研究型的学习，培养创新复合型设计人才。内容涵盖空间信息设计相关的所有内容和知识，课堂教学中还引入讨论，使同学们能更好地融入课堂教学。增加课外资料的查询以及内容调研，培养同学们文献检索的能力、自主学习的意识、自主学习的能力和抓住要点的能力，提升同学们进行设计资料调研和问题分析的能力，为最终解决方案的出台提供有力的资料支撑，将思政元素潜移默化地融入专业教育的“理论 + 实践”体系之中。课程作业有目标性地分阶段完成并检查，培养学生准确、规范、自信地表达自己设计作品的及点评他人作品的能力，以更全面客观地评估学生的综合能力及教学效果。

四、教学组织与方法

本课程对标“金课”建设与教学改革需求，结合现有教学条件和工作基础，坚持“课题嵌入”，从人才培养定位、课程体系结构、教学组织模式三方面开展探索和实践。

教学模块与内容（见表1）在理论教学、实践教学2个教学模块中分阶段要求学生全面了解、掌握空间信息设计的基本原则和方法。在自命题设计方案的构思和推进到最终展示评定的流程中，熟练掌握并运用专业方法和技术，达到课程内容教学、素质教育、思政教育的培养目标。

表1 “空间信息设计”课程思政设计思路

<table>
<tr><th>教学阶段</th><th>教学模块</th><th>教学内容</th><th>教学要求</th><th>作业要求</th><th>思政元素</th></tr>
<tr><td rowspan="4">理论教学</td><td>空间信息设计概述</td><td>讲解空间信息设计的基本概念、相关基础知识及其发展与变化的趋势</td><td rowspan="4">（1）了解空间信息设计的基础概念和掌握相关理论知识
（2）较熟练地掌握空间信息设计的内容、方法，并掌握相关的设计调研和分析方法
（3）能够根据前期专业课程的积累，应对相关实践课题，完成从概念设计到实践应用的整体设计</td><td>空间信息空间实例收集对比小作业</td><td rowspan="4">学以致用
家国情怀
求真务实
文化自信</td></tr>
<tr><td>空间信息设计方法</td><td>调研空间信息设计的案例并分析其设计方法</td><td>针对具体商业活动的空间信息策划设计</td></tr>
<tr><td>空间信息设计策略</td><td>空间信息引导解决策略发现问题，解决问题的具体设计方法</td><td>针对具体商业活动的展示具体方案设计</td></tr>
<tr><td>空间信息设计实践研究</td><td>通过具体案例分析，引导学生尝试新材料、利用新材料表达自己的空间信息设计创意</td><td>自命题具体商业活动的展示具体方案设计推进</td></tr>
<tr><td rowspan="4">实践教学</td><td>空间信息设计评析与陈述</td><td rowspan="4">综合设计实践</td><td rowspan="4">（1）能够针对既定设计需求，准确定位设计目标，掌握空间信息设计的工作流程
（2）掌握运用空间信息设计分析法进行项目规划及项目实践的能力
（3）具备主动辩证思考能力，能够分析、创造、表达具有美感的方案，最终实现整体设计解决方案</td><td>自命题作品及前提调研</td><td rowspan="4">学以致用
创新精神
求真务实
文化自信</td></tr>
<tr><td>作品设计稿评析</td><td>作品设计进度推进</td></tr>
<tr><td>设计初稿评析</td><td>设计定稿</td></tr>
<tr><td>设计终稿评析</td><td>方案执行</td></tr>
</table>

五、实践案例

（一）案例 1：浙江工业大学莫干山校区导视系统设计

该案例（见图 1）以校园文化建设为目的，依托空间信息设计，通过对浙江工业大学莫干山校区的实地考察以及对国内外高校导视系统的调研分析，综合设计了浙江工业大学莫干山校区的导视系统。设计方案综合考虑了校园导视需要具备的功能性需求，以及校园文化的建设和宣传需求，在教学与设计过程中体现了“家国情怀、求真务实”的思政要素，以建设美丽环境、提高幸福感与获得感等重要的时代价值为建设目标，打造了独具特色的校园视觉风貌，传递了浙江工业大学的校园文化精神理念，切实解决了空间环境中视觉系统的导向、传达、审美等问题。

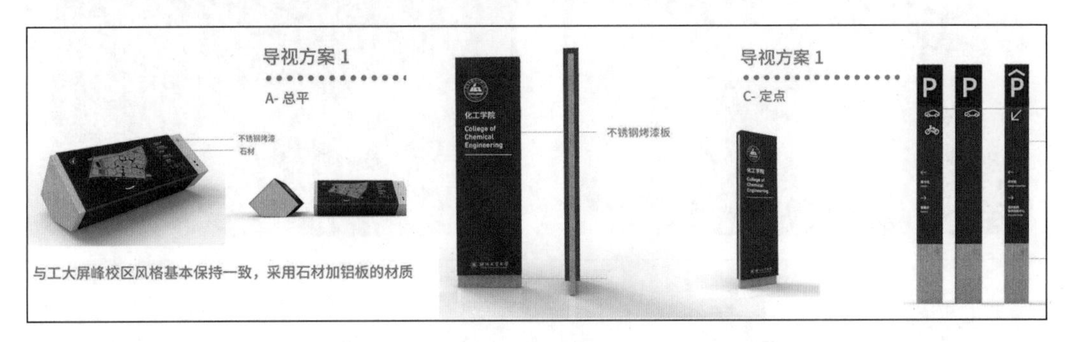

图 1　浙江工业大学莫干山校区导视系统设计

（二）案例 2：留下街道东岳社区导视及文化陈列设计

东岳社区地理位置优越，历史文化悠久，宗教资源、旅游资源丰富，同时汇聚了新兴产业的商业活力与浓厚的历史文化氛围，拥有良好的物质与文化基础。该案例（见图 2）关注空间信息设计和区域文化、区域经济之间的互动联结，为东岳社区的美丽乡村建设助力。团队通过对东岳社区进行实地考察，综合分析社区的地理位置、历史背景、特色文化、产业民俗等基础资源，并结合美丽乡村建设要求，得出以下设计目标：（1）积极响应美丽乡村建设的国家政策，从东岳社区的实际建设需求出发，以设计助力社区的更新与发展，打造美丽乡村；（2）深度挖掘中华优秀传统文化，引导学生自觉传承和弘扬中华优秀传统文化，将历史文化融合运用于导视和文化陈列设计中，增强文化自信；（3）根据调研获取的空间环境、功能定位、社会环境现状与特征，在导视和文化陈列设计中巧妙结合当地特有文化元素，在设计中发挥地域优势。

5.2 东岳社区文化要素可视化

北高峰

法华寺

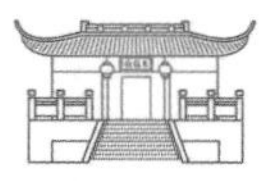

老东岳庙

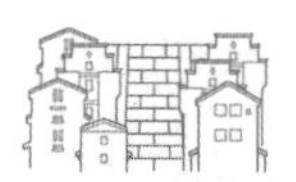

西溪辇道

6.3 东岳街文化陈列深化设计　街面民俗效果图

6.3 东岳街文化陈列深化设计　墙面节点

6.3 东岳街文化陈列深化设计　长生桥节点效果图

图 2　留下街道东岳社区导视及文化陈列设计

（三）案例 3：清和公园导视系统设计

该案例（见图 3）聚焦于空间信息设计在“城市更新”中的介入及其实际应用路径。团队首先进行线上信息调研，了解清和公园的基本概况以及类似公园的建设现状，再根据实地考察，综合分析公园的地理环境、属性特征、历史背景、发展目标等要素。该设计方案针对清和公园的智慧化需求，在导视系统设计中加入了多种智慧功能，在教学与设计过程中指导学生学习在空间中融合平面元素，做到准确传达信息的同时，兼有设计美感。秉持“知行合一、学以致用”理念，发掘视觉导视系统设计的潜在价值并应用于环境、城市的发展。

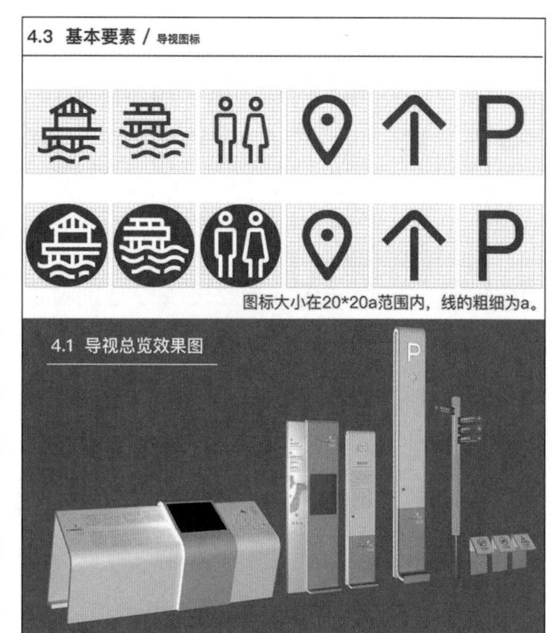

图 3　清和公园导视系统设计

六、教学效果

（一）教学项目

依托“空间信息设计”的课程建设与课程实践环节的完善，教学团队于 2021 年立项校级教改项目“校企协同背景下视觉传达设计专业‘实践教学生态圈’建设的研究与实践”。

（二）学生学科竞赛

课程与城市更新、美丽乡村（城镇）建设、文旅融合发展等政策密切相关，教学以视觉信息传达为切入点，促进学生在实践之中进行专业学习，设计适应社会发展的作品。教学团队在课程改革之后，多次指导学生参加国内外专业设计大赛，获得多项奖项，赢得学界良好反响（见图 4、图 5、图 6）。

图 4　2020ITCD 国际潮流文化设计大赛 – 入围奖 – 奖状

國際藝術設計大賽
INTERNATIONAL ART DESIGN COMPETITION

互藝獎初審通知
The Initial Screening Notice

陈帅、于诗群、祁艾米、李文静（先生/女士）：

经严格审查，您(单位)报送的"2020 国际艺术设计大赛—互艺（意）奖"作品：
《木心美术馆视觉形象设计》

共计 1 件（系列）通过初审，获 优秀奖 ，作品进入年度终审，拟收录于年度作品集。请于接到此通知六个工作日内，缴纳终审费用学生组￥120 元/件/人,作品集 0 册 订书款￥0 元，共计￥480 元，未按时交纳终审费的作者，视為弃权。

特此通知

成都众人美术馆　《亚太视觉》杂志社　互艺奖中国区组委会

2020-07-15

For and on behalf of ASIA PACIFIC VISUAL MAGAZINE 亞太視覺雜誌社
Authorized Signature(s)

國際藝術設計大賽
INTERNATIONAL ART DESIGN COMPETITION

细则说明：

1、初审结果于投稿次月中旬发布到大赛官网：http://www.iadacn.com，初审颁发入围奖、优秀奖证书，获得年度终评奖项提名资格，初审获奖证书（入围奖、优秀奖）分三批邮寄，分别为 2020 年 6 月、2020 年 9 月、2020 年 12 月。

2、金、银、铜奖为年度终评奖项，将在活动年度颁奖典礼上现场颁奖，现场颁奖典礼事项详见官网另行通知，年度终评获奖名单与颁奖典礼现场将通过官方合作媒体发布，包括：美术设计师网、中国创意在线、中国设计网、中国艺术设计联盟、搜狐、新浪、中国网、凤凰网、长江网、扬子晚报网、中闻网、头条新闻网等国内知名专业门户与综合新闻门户。

3、初审入围，并预订作品集的作品将直接收录于作品集；未预订作品集则择优录取，之前投稿未预订作品集的作者可接此通知后选择预订，按照单价￥198/册汇款。

4、终审及订书汇款方式
个人汇款： 开户名：梁露艳　开户行：中国邮政储蓄银行北京分行　帐号：622187 10000 0862 0967
单位汇款： 单位名义报送作品可发送邮件索取对公账号
汇款通知： 汇款或转账后，在存根上签上姓名并拍照成图片格式，图片以"作者姓名+缴费金额"命名（例如："张三汇款 288 元"），第一时间以附件形式，发送到邮箱 E-mail：iaawards@yeah.net，便于及时登记及安排证书发放。

5、若采用网银或支付宝转账（支付宝页面选择转账到银行卡即可，账户同上），请对转账页面和转账成功页面，两个页面进行截图，在邮件注明您的姓名和作品名，然后按初审通知要求发送邮件。

6、所有证书组委会采用快递形式寄出，另请注意：在按照初审通知要求发送缴费存根时，请将你在 2020 年 5 月 1 日—2020 年 12 月 31 日的常住联系方式重新发送到此邮箱，以便我们寄送证书。格式为"获奖者姓名+电话+收件人姓名+收件人电话+收件人地址"（收件人必须是获奖者本人，若本人无法签收的，请发送邮件咨询），指导教师组稿的统一寄送到指导教师处。

For and on behalf of ASIA PACIFIC VISUAL MAGAZINE 亞太視覺雜誌社
Authorized Signature(s)

图 5　2020 互艺（意）奖 – 优秀奖

图 6　新加坡金沙艺术设计大赛 – 铜奖

课程负责人： 汪哲皞

教学团队： 方宏章

所在院系： 设计与建筑学院视觉传达设计系

设计调研与方法

深林人不知，明月来相照。

——唐·王维《竹里馆》

一、课程概况

（一）课程简介

在新时代，物联网、智能产品与服务的发展重新建构了日常生活的形态。我们可以预见，在新时代的社会模式和技术发展状况下，新的设计与创意也都将延续这一趋势，强调利用新兴技术，从战略层面和系统层面去规划营造与以往不同的生活方式和行为模式。这也对设计师的知识结构和能力结构提出了新的要求，需要在以往的能力基础之上，对技术、市场和用户有切实的理解与研究。

设计调研强调理论与实践的紧密结合，它们具有“理论指导实践，实践验证与修正理论”的互为关系。项目实操需要方法理论作为依据和指导，方法理论需要在实践过程中不断完善并针对不同项目类型进行细化。

“设计调研与方法”课程是视觉传达设计专业从 2019 年开始专门开设的一门理论与实践相结合的课程，总计 3 学分，48 学时（在 2021 年新修订的本科生培养计划中降为 2 学分，32 学时），面向大三学生。本课程主要解决具体设计任务的前期问题，包括设计人群的定位、用户群体需求探寻、市场趋势判断、设计框架的建构、设计方案的提出、小范围的可行性测试等，确定可深入细化完善的设计方案，为项目的中后期深化提供扎实严谨准确的理论依据和量化依据。该课程要求学生熟练掌握几种设计调研方法、调研数据的整理方法、调研结论的分析方法以及设计结果的呈现方法，让学生对于设计前期的调研活动有一个全面的认识，并能熟练地运用相关方法与技巧，培养良好的思维习惯。

（二）教学目标

1. 知识目标

（1）通过调研系统知识的讲解，结合实践项目，了解和熟练掌握用户调研、产品调研、市场调研、品牌调研、环境调研所需要用到的包括问卷法、观察法、访谈法、实验法、文献调查法、焦点小组、角色扮演、可用性测试等在内的主要调研方法。

（2）学会利用聚类分析、因素分析、多维尺度分析、竞品分析等方法对调研数据和资料进行统计与分析。

（3）学会进行调研结论信息的设计转化，学习产品进化图、聚类信息图表、层次分析图、多维定位图、故事板、同理心地图、用户画像、用户体验旅程图等设计信息沟通方法。

2. 能力目标

（1）加强学生课程知识的应用能力。

（2）强化学生自主学习能力。

（3）促进学生团队协作能力，提升与调研对象和环境的沟通能力。

（4）培养学生共情能力以及对日常生活中所存在问题的敏锐观察力。

3. 价值目标

（1）培养学生成为设计师及相关职业人员所应具备的社会责任感、职业道德与专业素养。

（2）培养学生的系统性思维方式和逻辑思维能力。

（3）促进学生建立面向具体设计问题的战略性眼光。

二、思政元素

该课程在课题元素的选取上，明确立德树人根本任务，以培养具有高度文化自信、强烈社会责任感和创新能力的人才为目标，引导学生着眼于社会，聚焦于弱势群体，积极观察与发现容易被主流视角所忽略的人群以及他们日常生活中所存在的困难与问题，并尝试探索解决方案。

（一）社会问题聚焦

课程积极响应国家政策，聚焦当前社会热点问题，鼓励学生跟踪时事，发现社会生活中存在的各类问题例如生态环境、食品安全、群体焦虑等，并通过深入了解与调查解构问题，进而寻找可能的途径去解决问题。

（二）人本理念深耕

本课程着力于引导学生从人本身出发，考察人的真实生活模式、生活状态、生活感受，以第一视角去体验调研对象，以同理心去感受他者，通过主动的参与式、沉浸式的调研方法，获取第一手调研资料。

（三）弱势群体关怀

这是本课程思政元素的一个重要体现，也是人文关怀的重点表达。在课上鼓励学生选择与社会弱势群体相关的研究课题，为学生提供研究资源和途径，引导学生多将目光投射于社会生活中隐身的人群，如身体障碍患者、心理障碍患者、老年人等等，通过调查研究的方式去搭建被调研者呈现其生活面貌的桥梁。

（四）当地文化及优秀传统文化发扬

本课程同时也鼓励挖掘并发扬中国优秀传统文化和民间文化。充分利用地域优势，发现、挖掘、了解和弘扬当地文化。

三、设计思路

本课程建设体系（见图 1）以培养具有战略眼光和理性严谨的思维方式及系统性设计思维模式、能秉持人本理念、具有人文情怀和社会责任感的人才为目标，针对设计学专业学生的知识能力结构和思维模式中存在的短板，面向本科生建立设计调研课程教学模式，通过实题推动、以赛促学、课程群联动、校内外双课堂、多角度评价与考核的总体思路和方法，让学生在“学—做—思”的渐进过程中提升团队协作能力、沟通能力、共情能力和自主学习能力，使他们更加符合新时代行业对设计专业人才能力的全面要求，并实现专业的社会价值。

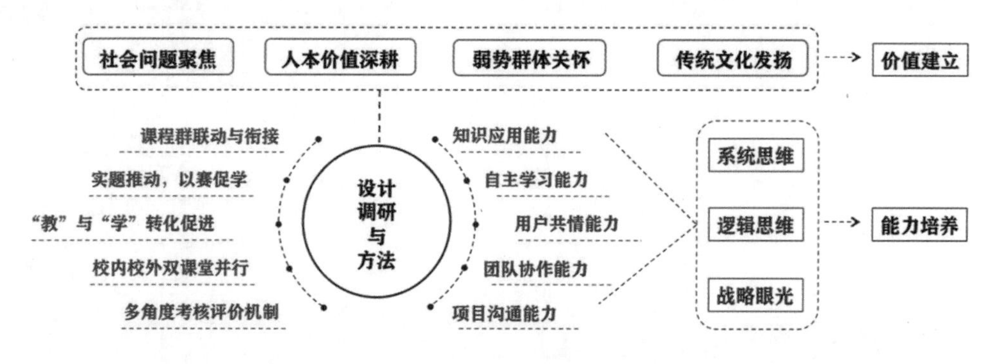

图 1 “设计调研与方法”课程建设体系

四、教学组织与方法

课程一共分为调研计划、调研实施、结果分析、设计策略提案四个阶段，以小组协作的形式共同完成（见图2）。在调研计划阶段，撰写调研任务书，明确调研目标、调研对象、调研内容、调研方法，合理安排调研进度；在调研实施阶段，将调研任务进行分解，贯穿讲解相应的调研方法，并在子任务中进行实践与总结；在结果分析阶段，对调研实施阶段获取的调研信息和数据进行归纳、整理与分析，得出调研结果，并在这一阶段学习信息整理的方法与类型，以及信息的视觉化表达方式；在设计策略提案阶段，根据调研结果，提出总体设计策划方案，给出初步设计思路，形成调研报告。以知识体系讲解、课题实操和汇报评价作为课堂教学的三个模块（见表1），三个模块的应用在时间上相互贯穿，按照任务的阶段性进展，环环相扣，互相推进，螺旋上升。

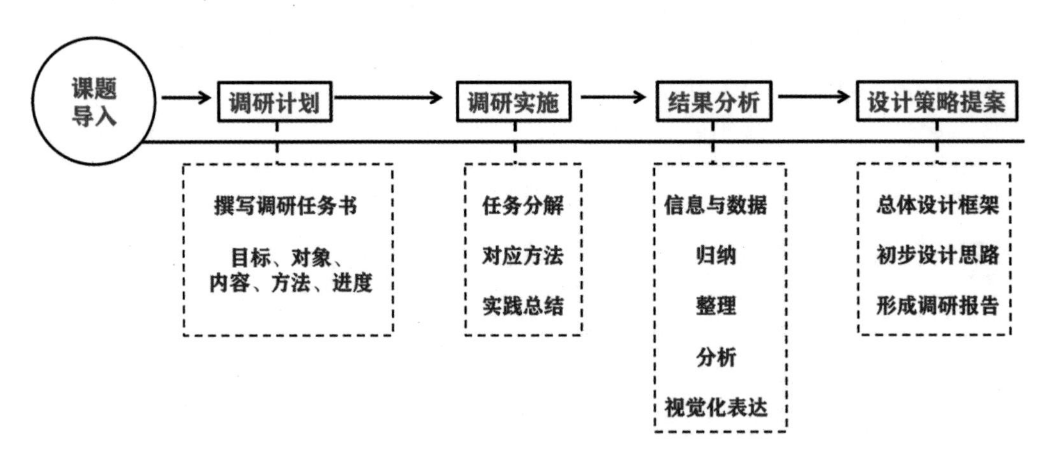

图2　“设计调研与方法”课程实践流程

表1　“设计调研与方法”课程思政设计思路

教学模块	思政元素	教学内容	作业要求	专业知识
模块一：知识体系讲解	人本理念深耕	调研基础理论知识讲解；案例分析；课题选择	深化设计调研理论体系与方法，从典型案例中总结实践技巧，明确课程目的及考察要求	（1）用户系统概念理念（利益相关者）；（2）设计调研的概念（冰山模型）；（3）调研方法（文献调研、场所调研、观察法、访谈法、问卷法、人种志法、人物角色法、焦点小组、可用性测试）；（4）设计信息沟通图表设计类型与方法；（5）数据分析方法
模块二：专题设计讨论	社会问题聚焦；人本理念深耕；弱势群体关怀；当地文化及优秀传统文化发扬	按专题考察要求组织考察、报告和讨论。要求聚焦社会、聚焦弱势群体、聚焦生活方式、聚焦优秀传统文化要素	根据课题要求，理清调研任务书，明确调研对象、调研内容、调研时间安排，撰写调研大纲	模块一中知识的阶段性应用与实操

续表

教学模块	思政元素	教学内容	作业要求	专业知识
模块三：成果汇报	社会问题聚焦；人本理念深耕；弱势群体关怀；当地文化及优秀传统文化发扬	调研结果阶段性分析研讨，根据呈现的问题调整调研方向和细节，进行课程展览汇报评析	总结并自我延展课程内容，调整作业效果，强化理论体系及实践操作，总结与反馈，提炼过程亮点	模块一中知识的阶段性应用与实操

五、实施案例

（一）案例类型 1——社会特殊群体关怀

案例 1：老年人就医情况调研

国内人口老龄化日趋加剧，这为社会带来了很严重的养老负担，而在有老年人需要赡养的家庭，年轻人往往会因为在忙碌的工作之余还要照顾老年人的日常生活以及身体健康而感到时间和精力上的极大局限。在该背景下，该课题聚焦城市老年人就医问题，针对老年人群体的就医现状和需求，以减轻老年人就医程序负担和时间负担为目标，优化就医流程，提高就医体验的顺畅性，并运用大数据、物联网技术协调老年人、医院、社区、子女之间的关系，尝试构建以老年人就医为中心的医疗服务体系，提出创新性的解决方案和愿景（见图 3）。

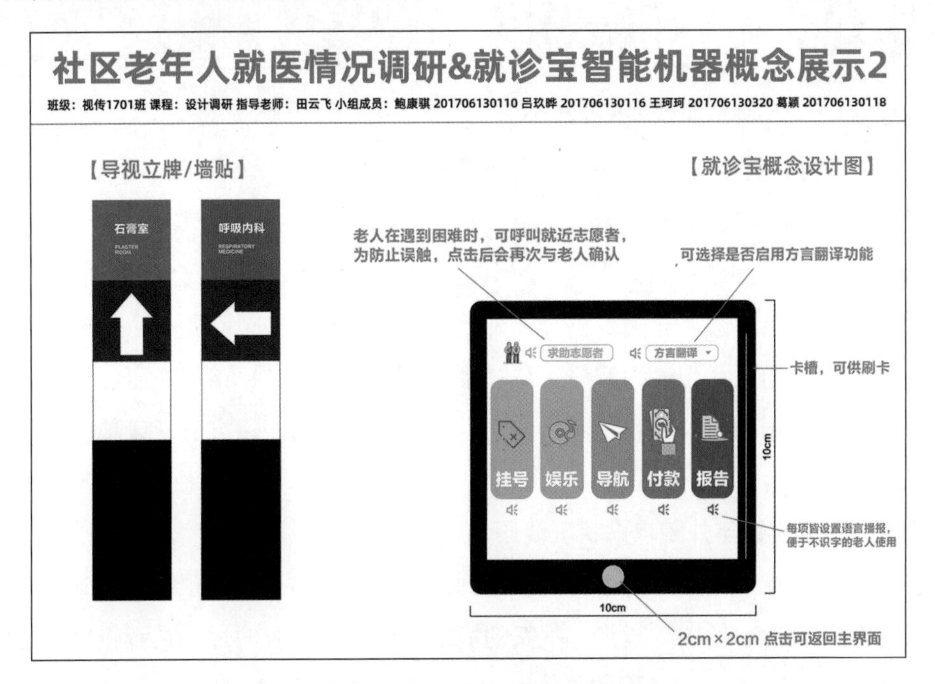

图 3　杭州市老年人就医情况调研教学案例作品

案例 2：视障患者乘坐杭州地铁情况调研

该课题以对少数弱势群体的人文关怀为导向，聚焦平日鲜少出现在公共场合的行动障碍患者群体，了解他们少出门、不出门的原因，以及背后相关的社会、制度、公共服务设施等方面的因素。学生团队深入盲校、浙江省残疾人体训中心进行调研对象的观察和访谈，了解该群体的出行需求，获得了大量宝贵的第一手资料，并尝试在此基础上尽可能提出优化解决方案（见图 4）。

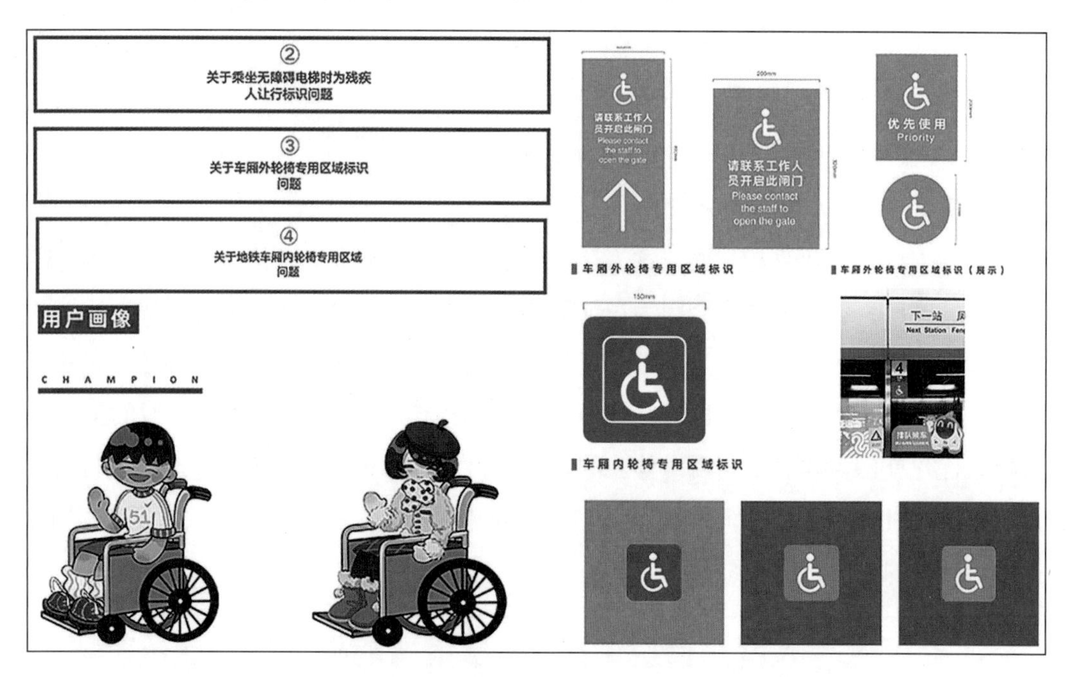

图 4　杭州市行动障碍人群乘坐公共交通情况调研教学案例作品

（二）案例类型 2——社会热点问题聚焦

案例 3：食用油生产及使用情况调研

食品安全卫生问题一直是关乎国计民生的重大问题，当今社会节奏加快，外卖、快餐普及，越来越多的人有大量机会在外就餐，食用油的安全问题也由此成为大家关注的焦点。该课题以食用油为调研对象，主要通过文献研究、市场调研、访谈和问卷的方式，了解食用油的品类、营养价值、生产方式和健康使用方法，以趣味化科普的形式为大众提供食用油使用引导（见图 5）。

案例 4：当代青年外貌焦虑状况调研

外貌焦虑是指个体忧虑自己外貌达不到外界对于美的标准，预期会受到他人的消极评价，处于担忧、烦恼、紧张、不安的情绪之中。对外貌的过分在意正在成为一种全社会的“通病”，造成了负面的价值引导和沉重的情绪负担。为了更好地理解当代社会外貌焦虑的现象，该课题团队展开各项调查研究，以期对外貌焦虑背后的原因进行分析和呈现（见图 6）。

图 5　食用油调研教学案例作品

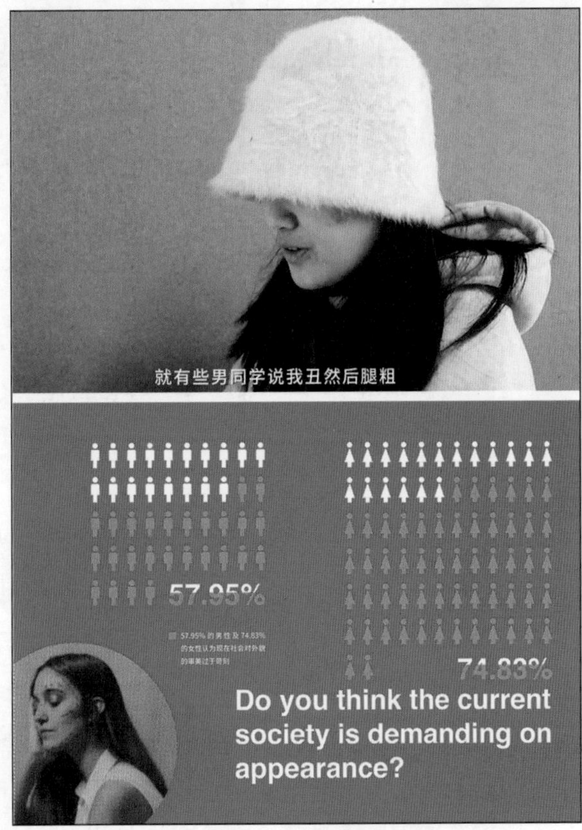

图 6　青年外貌焦虑情况调研教学案例作品

（三）案例类型 3——城市环境治理

案例 5：杭州社区垃圾分类情况调研

近年来全国大力推行垃圾分类政策，提倡生活垃圾要遵循减量化、资源化、无害化原则。在此大背景下，该课题团队对杭州市十一个社区的垃圾分类情况进行了走访调研，充分了解了杭州社区居民垃圾分类的践行力度，垃圾从产生到后端处理的过程细节，涉及的设施配备、服务环节以及其中存在问题，从制度层面、意识层面、设施层面和监管层面进行了分析与总结，并提出可能的解决机会点与转化途径（见图 7）。

图 7　杭州社区垃圾分类调研教学案例作品

（四）案例类型 4——当地文化及优秀传统文化传播

案例 6：杭州方言及其传承情况调研

方言作为一个特定区域内的人民在长期社会实践中发展起来并服务于自身的重要交流工具，深深地打上了当地文化的烙印，其语言的音、形、用都体现出了当地人民的文化传统与生活状态，具有丰富的文化内涵与情意。而杭州话作为吴语区内范围最小的方言，因其独特的发音方式局限了其广泛传播的可能性；同时因为全球化与人口流动，杭州方言使用者趋向老龄化，杭州方言语言环境氛围弱化。如何保护与传承杭州话，成为该课题团队思考的核心问题。该课题聚焦杭州方言的语音语义和语言习惯特性，结合具有广大年轻受众的流行文化形式，以读音 emoji 和语义插画的方式对杭州方言进行视觉化呈现（见图 8）。

图 8　杭州方言调研教学案例作品

案例 7：汉服制式及杭州地区推广情况调研

汉服是中国传统服饰文化的重要组成部分。随着汉服热的兴起，越来越多的传统服饰文化爱好者会购买或穿着汉服。该课题团队聚焦于这一现象，通过线上线下调研，找出汉服文化知识传播过程中存在的诸多错误，在汉服形制、妆容、配饰、礼仪及朝代特征变迁等方面进行大量的文献研究，并结合汉服文化传播、汉服穿搭租赁等线上平台，为正确普及汉服文化贡献自己的一份力量（见图 9）。

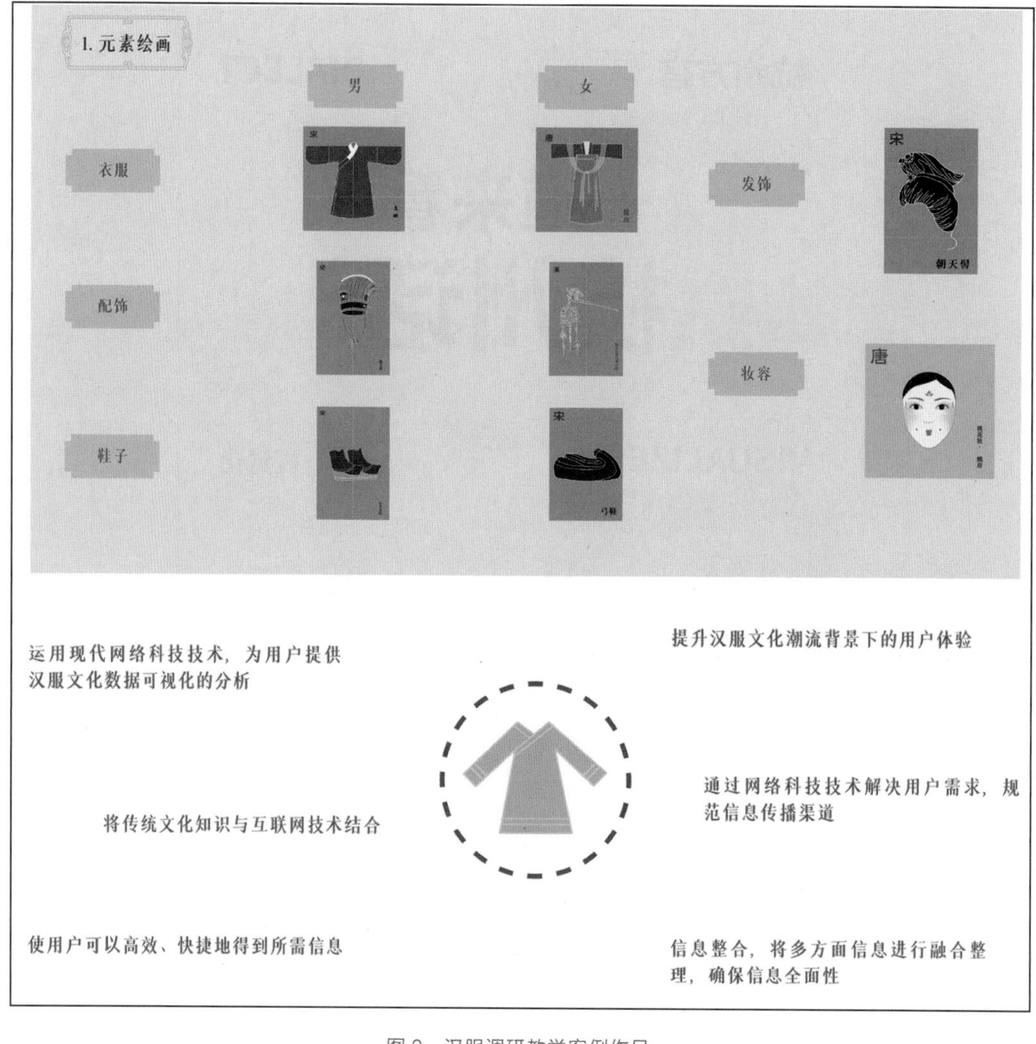

图 9　汉服调研教学案例作品

六、教学效果

（一）教学项目

该课程衍生的浙江工业大学教学改革项目“课程教学组织方式与实际课题项目结合的教学模式改革”（JG201835），已结项。

（二）学生学科竞赛

（1）课程项目“就诊宝——老年人就医新型‘绿色通道’”在第十二届“工贸 85 运河杯”浙江工业大学大学生创业大赛暨第六届浙江省“互联网 +”大学生创新创业大赛选拔赛中获铜奖并入选年度孵化培育创业项目；获第四届“国青杯”全国高校艺术设计作品大赛学生组一等奖；获 2020 年浙江工业大学“运河杯”大学生课外学术科技基金

校级立项；获2020年大学生创新创业训练计划项目校级立项（见图10、图11）。

（2）课程项目“垃圾分类‘知’‘行’‘创’”在第八届大学生节能减排社会实践与科技竞赛中进入国赛；获2020年浙江工业大学“运河杯”大学生课外学术科技基金校级立项。

（3）课程项目“创新型智慧城市公共交通移动客户端设计”获2020年浙江工业大学“运河杯”大学生课外学术科技基金院级立项。

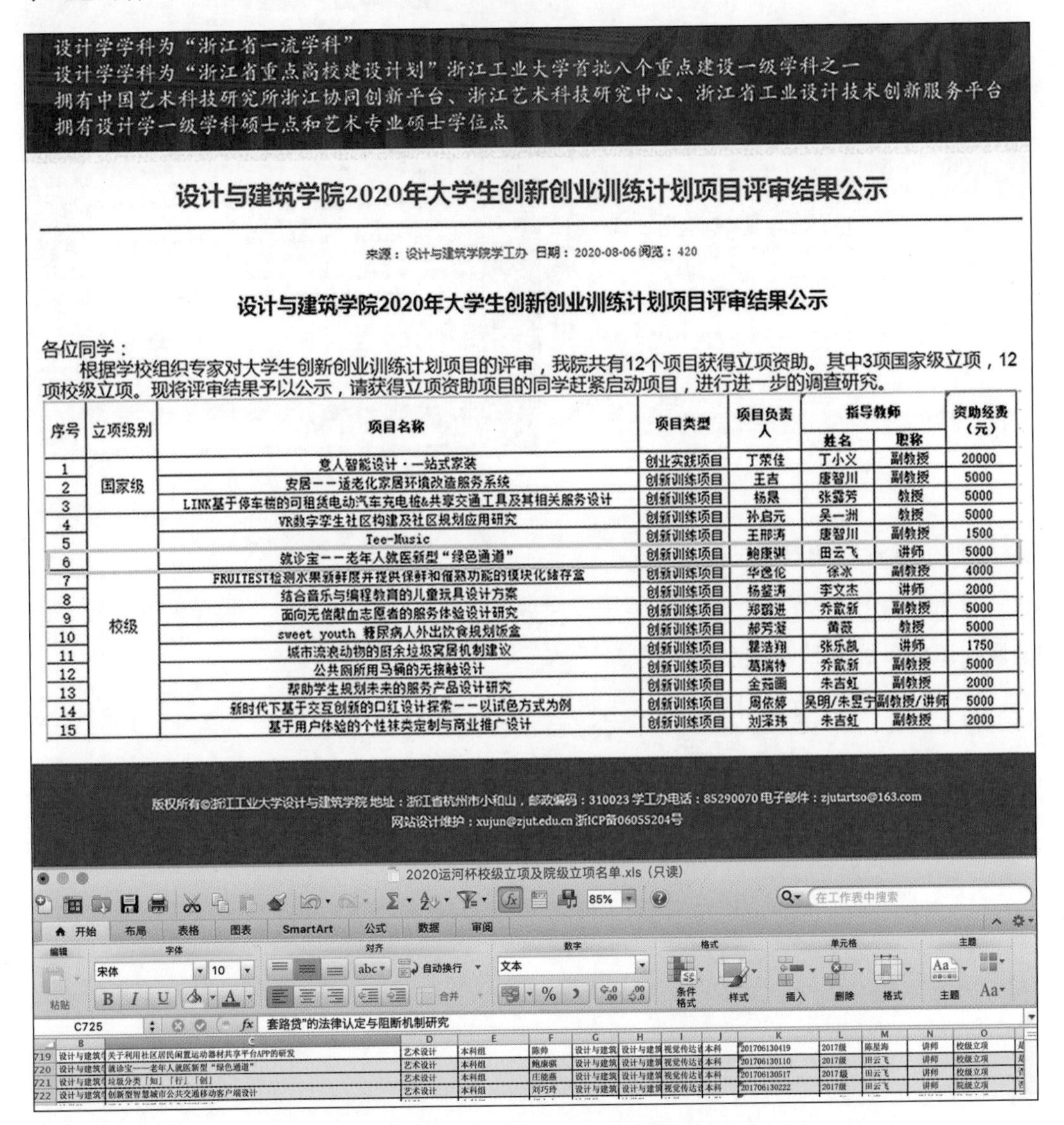

设计学学科为“浙江省一流学科”
设计学学科为“浙江省重点高校建设计划”浙江工业大学首批八个重点建设一级学科之一
拥有中国艺术科技研究所浙江协同创新平台、浙江艺术科技研究中心、浙江省工业设计技术创新服务平台
拥有设计学一级学科硕士点和艺术专业硕士学位点

设计与建筑学院2020年大学生创新创业训练计划项目评审结果公示

来源：设计与建筑学院学工办 日期：2020-08-06 阅览：420

设计与建筑学院2020年大学生创新创业训练计划项目评审结果公示

各位同学：

根据学校组织专家对大学生创新创业训练计划项目的评审，我院共有12个项目获得立项资助。其中3项国家级立项，12项校级立项。现将评审结果予以公示，请获得立项资助项目的同学赶紧启动项目，进行进一步的调查研究。

序号	立项级别	项目名称	项目类型	项目负责人	指导教师		资助经费（元）
					姓名	职称	
1	国家级	意人智能设计·一站式家装	创业实践项目	丁荣佳	丁小义	副教授	20000
2		安居——适老化家居环境改造服务系统	创新训练项目	王吉	唐智川	副教授	5000
3		LINK基于停车楼的可租赁电动汽车充电桩&共享交通工具及其相关服务设计	创新训练项目	杨晨	张露芳	教授	5000
4	校级	VR数字孪生社区构建及社区规划应用研究	创新训练项目	孙启元	吴一洲	教授	5000
5		Tee-Music	创新训练项目	王邢涛	唐智川	副教授	1500
6		就诊宝——老年人就医新型“绿色通道”	创新训练项目	鲍康琪	田云飞	讲师	5000
7		FRUITEST检测水果新鲜度并提供保鲜和催熟功能的模块化储存盒	创新训练项目	华逸伦	徐冰	副教授	4000
8		结合音乐与编程教育的儿童玩具设计方案	创新训练项目	杨鋆涛	李文杰	讲师	2000
9		面向无偿献血志愿者的服务体验设计研究	创新训练项目	郑翳进	乔歆新	副教授	5000
10		sweet youth 糖尿病人外出饮食规划饭盒	创新训练项目	郝芳凝	黄薇	教授	5000
11		城市流浪动物的厨余垃圾窝居机制建议	创新训练项目	瞿浩翔	张乐凯	讲师	1750
12		公共厕所用马桶的无接触设计	创新训练项目	葛瑞特	乔歆新	副教授	5000
13		帮助学生规划未来的服务产品设计研究	创新训练项目	金茹画	朱吉虹	副教授	2000
14		新时代下基于交互创新的口红设计探索——以试色方式为例	创新训练项目	周依婷	吴明/朱昱宁	副教授/讲师	5000
15		基于用户体验的个性袜类定制与商业推广设计	创新训练项目	刘泽玮	朱吉虹	副教授	2000

版权所有©浙江工业大学设计与建筑学院 地址：浙江省杭州市小和山，邮政编码：310023 学工办电话：85290070 电子邮件：zjutartso@163.com
网站设计维护：xujun@zjut.edu.cn 浙ICP备06055204号

	B	C	D	E	F	G	H	I	J	K	L	M	N	O
719	设计与建筑学	关于利用社区居民闲置运动器材共享平台APP的研发	艺术设计	本科组	陈帅	设计与建筑	设计与建筑	视觉传达设	本科	201706130419	2017级	陈星海	讲师	校级立项
720	设计与建筑学	就诊宝——老年人就医新型“绿色通道”	艺术设计	本科组	鲍康琪	设计与建筑	设计与建筑	视觉传达设	本科	201706130110	2017级	田云飞	讲师	校级立项
721	设计与建筑学	垃圾分类「知」「行」「创」	艺术设计	本科组	庄能燕	设计与建筑	设计与建筑	视觉传达设	本科	201706130517	2017级	田云飞	讲师	校级立项
722	设计与建筑学	创新型智慧城市公共交通移动客户端设计	艺术设计	本科组	刘巧玲	设计与建筑	设计与建筑	视觉传达设	本科	201706130222	2017级	田云飞	讲师	院级立项

图10 课程项目获课外学术科技基金立项和创新创业计划立项

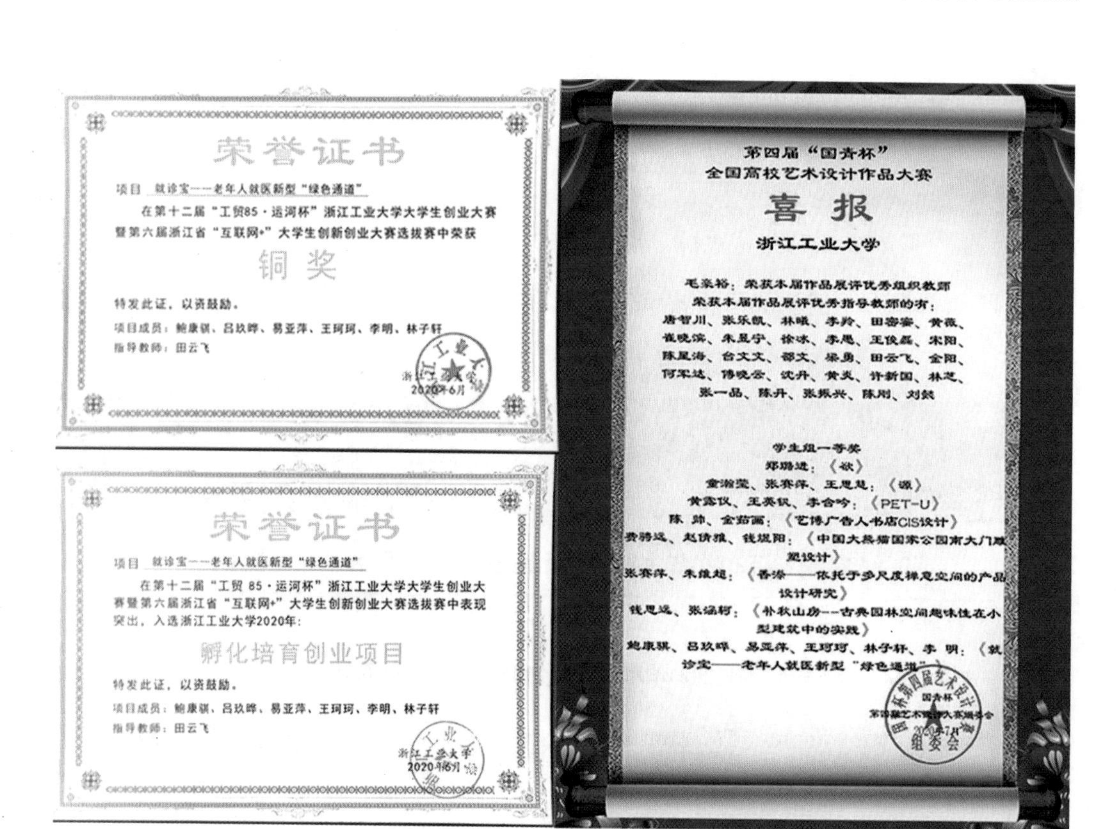
荣誉证书

项目　就诊宝——老年人就医新型"绿色通道"

在第十二届"工贸85·运河杯"浙江工业大学大学生创业大赛暨第六届浙江省"互联网+"大学生创新创业大赛选拔赛中荣获

铜奖

特发此证，以资鼓励。

项目成员：鲍康祺、吕玖晔、易亚萍、王珂珂、李明、林子轩

指导教师：田云飞

浙江工业大学

2020年6月

荣誉证书

项目　就诊宝——老年人就医新型"绿色通道"

在第十二届"工贸85·运河杯"浙江工业大学大学生创业大赛暨第六届浙江省"互联网+"大学生创新创业大赛选拔赛中表现突出，入选浙江工业大学2020年：

孵化培育创业项目

特发此证，以资鼓励。

项目成员：鲍康祺、吕玖晔、易亚萍、王珂珂、李明、林子轩

指导教师：田云飞

浙江工业大学

2020年6月

第四届"国青杯"
全国高校艺术设计作品大赛

喜报

浙江工业大学

毛溪裕：荣获本届作品展评优秀组织教师
荣获本届作品展评优秀指导教师的有：
唐智川、张乐凯、林曦、李羚、田密蜜、黄薇、崔晓滨、朱昱宁、徐冰、李思、王俊磊、宋阳、陈星海、台文文、邵文、梁勇、田云飞、金阳、何军达、傅晓云、沈丹、黄炎、许新国、林楚、张一品、陈丹、张振兴、陈刚、刘缺

学生组一等奖
郑璐进：《欲》
童瀚莹、张赛萍、王思琪：《源》
黄露仪、王英钦、李含吟：《PET-U》
陈帅、金茹丽：《艺博广告人书店CIS设计》
费骋远、赵倩雅、钱煜阳：《中国大熊猫国家公园南大门概念设计》
张赛萍、朱维超：《香涤——依托于多尺度禅意空间的产品设计研究》
钱思远、张涵柯：《朴秋山房--古典园林空间趣味性在小型建筑中的实践》
鲍康祺、吕玖晔、易亚萍、王珂珂、林子轩、李明：《就诊宝——老年人就医新型"绿色通道"》

第四届艺术设计大赛组委会
2020年7月

图 11　课程项目获奖

（四）课程联动效果

与后续课程"界面交互设计""用户研究"等进行衔接，为这些课程提供了较好的调研知识储备和实践基础。

课程负责人：田云飞

所在院系：设计与建筑学院视觉传达设计系

设计专题

未有知而不行者。知而不行，只是未知。

——明·王阳明《传习录》

一、课程概况

（一）课程简介

“设计专题”课程属于设计与建筑学院视觉传达设计专业大三年级的必修实践类课程，总计 3 学分，48 学时。本课程建立在双 PBL 模式耦合的教学理论基础上，响应国家“文化自信”的提倡，以研究设计与文化的连接为切入点，通过设计竞赛课题与企业实践课题结合的形式引导学生整合创新思维进行设计专题项目的实践。课程目的在于让学生通过导入有计划的专题训练，具备更强的设计应用能力来解决实际项目中的问题，同时培养学生的整合创新思维能力，鼓励学生运用跨学科知识体系进行设计项目的实践，创造性地解决问题。

（二）教学目标

1. 知识目标

（1）掌握专题项目过程中涉及的专业知识点，以及设计调研、设计定义、设计开发、项目展示、设计评估等过程中的相关设计方法。

（2）具备良好的设计文化视觉表达的能力，掌握基于场景的问题洞察的方法和用户体验为主的设计思维。

2. 能力目标

（1）具备灵活运用知识的能力，以及基于实践的批判性思维、项目沟通能力。

（2）培养学生对生活方式、生存状态的观察、分析和预测能力。

（3）培养学生判断设计行为对社会、文化、环境影响的能力。

3. 价值目标

（1）具备设计师应有的社会责任感，培养主动学习和反思性学习的思维素养。

（2）培养学生的跨学科思维和创新精神，做一个具有强烈创新意识和较强创造能力的时代青年。

（3）使学生建构大学目标、培养学习兴趣，明确专业要求及职业发展规划。

二、思政元素

本课程强调在项目中结合社会民生和产业现状，培养学生"为解决真实世界的问题而设计"的价值观，重视培养学生作为未来设计师的社会责任感。教师与学生共同设计和选择来源于生活真实情景且是学生熟知和感兴趣的项目主题，积极调动学生学习的动力，让其在项目实践中展开主动的深度学习（见图 1）。

（一）设计伦理

在课程实践中强调设计的可持续性，以及为人民、于人民、由人民的朴素民主设计思想。学生在调研中深入生活，发现用户真实需求，强调设计不只是创新形式，更是将新材料、新技术运用于日常生活，并为普罗大众服务的价值观。

（二）家国情怀

引导学生关注时事政治与社会发展中出现的现实问题，关注新科技的发展对人民生活方式和设计理念的影响，通过对国家发展优势与危机的了解，内化爱国精神；增加学生对思政教育的理解与兴趣，并主动通过创意设计传播与弘扬社会主义核心价值观。

（三）知行合一

将德育内容与教学知识点有机融合，引导学生自主学习理论知识框架，同时要求学生了解设计中的科技、艺术中的文化，并将专业实践案例与理想信念教育、爱国主义教育、公民人格教育、中华优秀传统文化教育相结合。

（四）文化自信

带领同学深入了解中国优秀传统文化，并以文创设计的方式进行多样化表达，在课堂内外引导学生挖掘中国优秀传统文化的审美精神，激发学生内心对优秀传统文化的感知与认同，培育学生对多元的地域民族文化的高度自信。

（五）团队意识

采取小组合作模式，使学生围绕现实问题或实践项目进行研究性学习，以团队方式进行课程答辩，导师给分并由团队成员互相打分，以此培养团队的集体荣誉感，从而形成竞争协作的学习氛围。

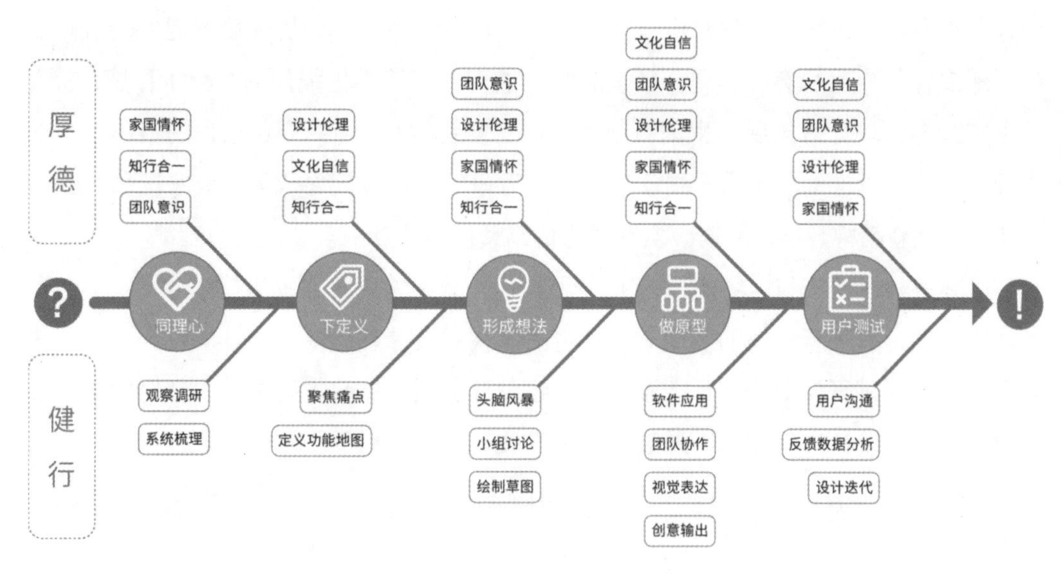

图 1 “设计专题”思政元素对应图

三、设计思路

“设计专题”课程在课堂中运用双 PBL 的耦合模式（见图 2），通过教学目标和学习活动计划的设计、活动管理规则的制定、线上新形态教材的开发与线下教学团队共同指导等策略，将教与学的互动切实运用到项目规划（问题发现）和实施过程中，帮助学生积累实践经验，并获得阶段性的成就与正面激励。

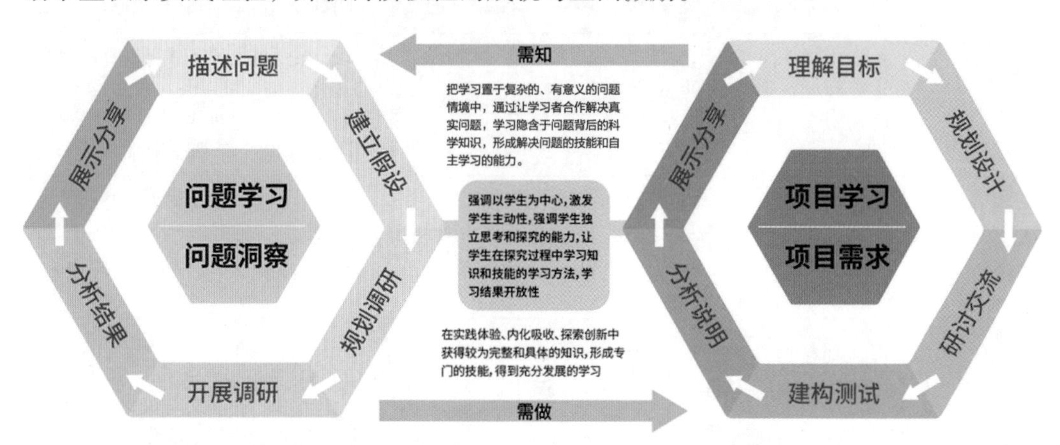

图 2 “双 PBL 的耦合模式”下“设计专题”课程设计思路图

同时，在教学中通过主动设计保障设计实践开展的教学方法，让“思”与“行”结合，让正确的思考方式通过设计实践得以实施，让设计实践促进学生进行更深层次的设计思考。在本课程中，引导学生顺利地从学生角色转变为项目实施者，通过项目强调人文素质培养，培养学生对生活方式、生存状态的观察、分析和预测能力，培养学生判断设计行为对社会、文化、环境影响的能力，培养学生强烈的社会责任感；强调技术实践能力培养，拓展学生创新层面，树立创新信心；强调商业意识的培养，让学生理解商业对设计的驱动力，树立迎接市场竞争的信心。使之成为具有家国情怀、高尚情操、创新精神、国际视野、实践能力的高素质时代新人。

实际教学在模块与内容的选择中（见表1），着重关注时事政治与社会发展中出现的现实问题，关注新科技的发展对人民生活方式和设计理念的影响，以校企合作、知名竞赛与教师科研为依托设计课堂项目，将设计实践与思政主题结合，针对性强、有效地提升学生设计实战能力，通过对国家发展优势与危机的了解，内化爱国精神，增加学生对思政教育的理解与兴趣，并主动通过创意设计传播与弘扬社会主义核心价值观。

表1　“设计专题”课程教学内容及思政元素

教学模块	教学内容概述	教学方法	课程思政育人目标	思政元素	专业知识培养要求
模块一：理解问题和目标，建立假设	根据教学目标设计项目，创设情境；	由教师团队讨论完成	师资的共建、共研、共享	家国情怀 知行合一 文化自信	对社会问题的高度洞察力；团队意识以及结合自身优势进行合理分工和协同作业
	选择主题，分组分工	教师协助学生完成	内容的跨界合作	设计伦理 文化自信 团队意识	
模块二：规划设计，研讨交流	分解问题，制定计划	教师协助学生完成	管理的科学规范	设计伦理 文化自信 知行合一 团队意识	对实践问题的观察、分析、思考；对于调研以及整个设计流程的把握
模块三：开展调研，分析结果	设计调研	学生为主，教师指导	资源的跨时间空间搜集	文化自信 知行合一 团队意识	运用跨学科知识思考和设计问卷；对外沟通，获取和分析有效信息
	头脑风暴与设计创意阶段	学生为主，教师指导	专业能力的灵活运用，持续产出	知行合一 团队意识 设计伦理	场景分析及判断用户需求；学习设计方法与策略
模块四：实践制作	讨论策略，制作作品	小组分工合作，教师指导	专业能力的灵活运用，持续产出	家国情怀 设计伦理 文化自信 知行合一 团队意识	组内成员沟通与讨论；根据调研结果展开组内协同作业并进行设计表达

续表

教学模块	教学内容概述	教学方法	课程思政育人目标	思政元素	专业知识培养要求
模块五：展示分享	汇报演示，交流成果	学生为主，教师指导	以学生为中心的展示	文化自信 团队意识	提炼设计的重点与特色进行表达展示
	成果评估，总结反思	教师+专家+自评+学生互评	基于目标导向的多样化评估	团队意识 设计伦理	对课程作业、设计理论以及实践方法做讨论与反思

四、教学组织与方法

“设计专题”课程主张小组合作的教学模式，通过问题导向和实践项目把课堂教学与课程作业紧密联系在一起，使学生围绕现实问题或实践项目进行研究性学习，主动地获取相关专业知识与技能，学会解决实际问题的方法。同样地，教师团队也是以合作的模式，根据课程设定的需要，聘请企业专家和跨学科领域专家，进行跨学科方面的单元授课，使学生能够从多个角度思考问题，并探究多维度解决方案的可能性。

此外，教学成果的展示是本课程的重要组成环节。在“设计专题”课完成后采用线下设计展览和线上公众号发布的形式，接受开放式参观和评价，以督促学生最大限度地完善自己的设计解决方案。除了教学成果的展示，学生也需要进行成果汇报，形成自我评价、互相提问和评价的机制，以此促进沟通表达与思辨能力的提升。在搜集到成果反馈信息后，仍需要进一步修改，最终再提交设计成果。从提出问题到解决问题、得到意见反馈并进行修改的过程，是一个更新迭代的过程，因此教学评估也应更注重过程性的评价。

五、实践案例

（一）案例 1：西藏主题卡通人物及衍生文创产品

本案例（见图 3）是对藏文化的视觉化理解，通过对藏族人民的外貌特征和藏族风俗习惯进行深度剖析与解构，加深对中华民族传统文化的感知，并通过文创产品来生动地诠释和传达民族文化的魅力。整个设计包含凸显藏族传统服饰的人物卡通形象、表情包、游戏贴纸和展现藏族风俗的漫画。运用多种形式，挖掘藏族传统文化的审美精神，整合与提炼其中的优秀文化及藏地元素，将传统文化巧妙运用于实际设计中。优秀传统文化资源的提取与应用，不仅能够激发学生内心对传统文化的认同，并能促进学生灵活运用创新的设计元素，在各类新媒体上进行文化传播，有益于培育学生对多元的地域民族文化的高度自信，在设计实践中博采众长、兼收并蓄，自觉传承优秀传统文化。该作品在“北京 798 艺术中心”和西藏日喀则等地进行了展览，获得了当地藏民的喜爱，并进行了推广售卖，具有很强的文化宣传效力。

图 3　西藏主题卡通人物及衍生文创产品

（二）案例 2：西藏文化之旅桌游

该作品旨在让传统文化走向设计、设计走向生活并引导品质生活，使玩家在游戏的过程中了解西藏文化，打造西藏文化创意城市形象（见图 4）。在游戏卡牌的设计中选取具有代表性的藏文字体进行再设计，巧妙地把藏地的特色药材、地区动物保护政策、西藏特色节日等文化元素融入游戏中，达到传播该民族文化的目的，为树立文化自信添砖加瓦；在使用材料的选择中考虑安全性、环保性和低成本，以小而美的设计服务大众。游戏地图中的景点格子全部采用西藏具有代表性的地点，将风格明显的民族文化融入课程实践中，使参与其中的学生提升民族自豪感。学生团队跟进了展览和产业化的进程，更深地了解到一个作品从创意到走向市场的艰辛，也深刻地了解到设计师与客户、企业协同工作、并肩作战的重要性。

图 4　西藏文化之旅桌游

（三）案例 3：“藏色”

本案例（见图 5）是一款基于“智造”时代背景、立足于藏族传统文化、寻找藏族色彩文化属性的智能优化配色方案的手机 App。在功能上以 VR 场景展现藏地风光，让用户足不出户随时随地享受藏地自然风光，享受一场自然视觉盛宴。传统文化与当代设计是“本源”与“延伸”的关系，优秀的藏民族文化为该作品提供了充足的养分，该作品的传播又为藏文化生命力的延续及焕发生机提供了载体，二者相互辉映。同时，基于知行合一的思维发散与收拢，进行消费触点的用户旅程图设计与情绪板设定。创作团队相互配合，围绕项目实践的开展将课堂中的理论知识充分运用其中，极大地提升了团队研究性学习的主动性，并吸收外院同学加入，形成了跨专业的团队合作。最终作品获第十二届国际用户体验设计大赛全国三等奖。

图 5　“藏色”手机 APP

六、教学效果

（一）教学项目成果

团队在本课程基础上完成了两个教学项目：（1）2018 校教学改革项目“基于 PBL 模式与跨学科知识体系的设计专题课”；（2）2020 省教科规划课题“协同创新理念下设计专题课的‘双 PBL 耦合模式’教学改革与实践”。而在对 PBL 模式进行研究的基础上主持了 1 项横向课题：“PBL 理念下的儿童手工创意教具设计开发”，将基于问题的研究和基于项目流程的学习模式应用于社会服务，形成良性的产学研流动模式。

（二）课程研究报告与成果

主要包括设计研究的理论模型和藏文化相关的文化洞察及文创设计一手案例资料，为后续线上课程的开展提供了丰富的资料储备。同时包括理论成果（方法论相关的课件 PPT 的线上更新）与实践成果（学生作业以及作品展览）。课程结束后举办校内展览两次，校外展览五次。每期课程结束完成一本课程设计成果手册，并举办作业展览。另外在援助西藏发展基金会青年文创基金的组织下，与国内多所高校（中国美术学院、浙江工业大学、浙江理工大学、杭州电子科技大学、南京艺术学院、南京师范大学、渤海大学等）共同参与了多个文创设计展览，有力提升了我校在设计院校中的专业影响力（见图 6）。

图 6　历年（2018—2020 年）作品展览现场

（三）校企合作模式的推进与创新

通过前期的对接洽谈与两年来的课程合作，教学团队与援助西藏发展基金会青年文创基金建立了相对稳定的项目合作关系，在课程中定期邀请企业导师和校友学长给学生开展讲座，启发思维。在课程结束后举办课程展览，并选择优秀的作品参加每年 12 月在西溪湿地举行的“遇见西藏”展览活动，共同推动课堂成果的产业转化。近两年的课程中曾邀请了西藏雪堆白学校校长宋明老师、中国美术学院郑老师、援助西藏发展基金会青年文创基金杜燕华秘书长、基金会志愿者、毕业于伦敦艺术大学文创产品设计专业的（原松赞酒店设计总监）扎西仁青、我校校友（硕士毕业于英国爱丁堡艺术大学视觉传达设计）钱琨面向本课程学生做了专业讲座并与学生进行了交流，尝试为学生带来更广阔的设计与文化视野。基于“文化自信”的倡导，本课程以研究设计与文化的连接为切入点，带领同学们深入了解中国民族文化中的藏族文化，并以文创设计的方式进行多样化表达，确定方案载体，实现从设计创意到设计实物的落地，最终以设计展览和文创产品的开发转化作为成果进行社会推广。

（四）学生学科竞赛

学生作品《安》获得 2019 中国大学生广告艺术节优秀奖；学生作品《藏色》获得 2020 年第十二届 UXDA 大赛全国三等奖（见图 7）；另外有多项校运河杯课题立项。多名学生毕业后保送或考取外校研究生，例如同济大学、江南大学、中国美术学院、南京艺术学院、华东师范大学等，也有多名学生考取伦敦艺术大学等国外知名设计类院校。近些年学生的专业能力和综合能力在课程训练中得到了较大的提高。

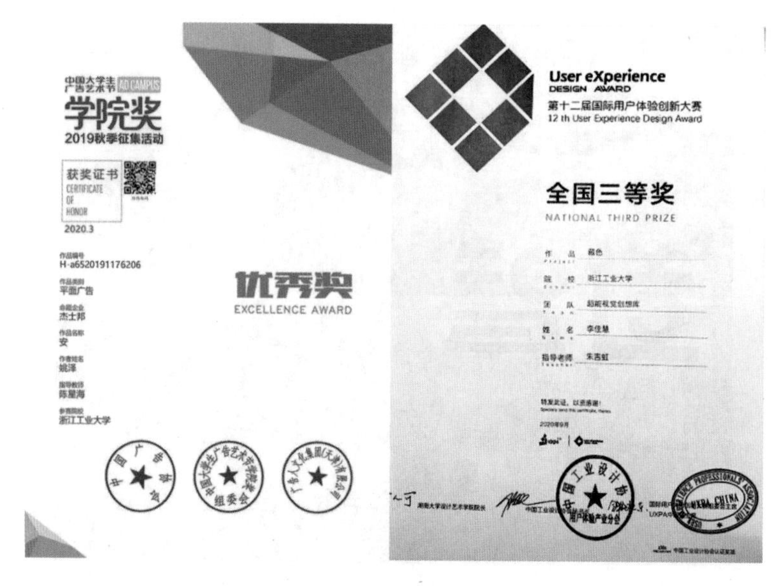

图 7 《藏色》获 2020 年第十二届 UXDA 大赛全国三等奖

课程负责人： 朱吉虹

教学团队： 田云飞、陈星海、刘懿、陈刚

所在院系： 设计与建筑学院视觉传达设计系

VII

七
环境设计系

DEPARTMENT OF
ENVIRONMENTAL DESIGN

培根铸魂 润物无声

浙江工业大学设计与
建筑学院课程思政案例集

浙江工业大学环境设计专业于 1994 年设立，2006 年所在学科获批硕士点，2015 年入选浙江省一流学科，2021 年入选省一流专业建设点，2022 年入选国一流专业建设点。办学 20 多年来，在教学中坚持产出导向教育（OBE）理念，坚持以工科背景下的“艺术 + 设计 + 工程”复合型创新人才培养为特色，坚持跨专业融合与交流，坚持研创融合，服务区域经济建设。专业强调把价值塑造、能力培养、知识传授贯穿到本科教育工作全过程，创建“课程带动、竞赛推动、教学互动、校企联动”四位一体有机结合的人才培养模式，输出适应区域经济社会发展需求的专业复合人才。专业培养的学生现已广布长三角各地市，深扎新型城镇化、乡村振兴等城乡建设领域，多数已成为区域行业领军人才和领导骨干。

场地设计分析

千里莺啼绿映红，水村山郭酒旗风。

——唐·杜牧《江南春》

一、课程概况

（一）课程简介

对场地的分析与设计是人居环境设计的重要环节。“场地设计分析”课程是环境设计专业结合基础理论与实践指导的一门特色课程，适用于环境设计、风景园林、建筑及城乡规划等相关学科，具有多学科交叉的鲜明属性。课程以2021年中央一号文件《中共中央　国务院关于全面推进乡村振兴加快农业农村现代化的意见》为指导，引领学生立足传统文化，发扬“浙江精神”，深度学习传承优秀传统文化，发扬真诚质朴务实的生活美学态度。课程提倡融合创新，为建筑与室内设计、景观与城市规划设计、美丽乡村规划设计、环境设施与艺术陈设设计等方向培养具有良好人文底蕴、全球视野和审美能力的创新复合型设计人才。本课程属于设计与建筑学院环境设计专业人才培养计划中第五学期的必修课程，总计3学分，共48学时。

本课程以思政为引领，聚焦美丽浙江大花园建设，对接“浙江精神”，让区域文化与区域发展互动，打造“设计＋工程＋艺术”三位一体的课程特色。课程现阶段的实践环节以乡村振兴和城市更新为主要选题，引导学生密切关注“美丽中国”发展，积极投身城镇化建设，创作优秀的环境设计作品。

（二）教学目标

1. 知识目标

（1）较为全面地了解场地设计与建筑设计、景观设计的关系。

（2）掌握场地调查与分析的基本内容与方法。

（3）熟悉场地设计的内容与步骤。

2. 能力目标

（1）掌握场地设计的综合作图设计过程。

（2）初步掌握运用场地设计分析法进行项目选址以及规划构思的能力。

（3）能够较熟练地运用设计原理进行设计，为景观与建筑总图设计打下扎实基础。

（4）具备主动思考辩证能力，能够分析、创造、表达具有美感的方案。

3. 价值目标

（1）具有作为设计师及相关职业人员的社会责任感、职业道德与专业素养。

（2）明确专业要求及职业发展目标。

（3）形成基于中华优秀传统文化和时代精神的价值标准。

（三）课程沿革

本课程作为环境设计专业培养计划中不可或缺的一环，积极响应城镇化建设不同阶段的号召，持续深入挖掘课程价值，将思政元素巧妙融入教学过程。

课程改革至今成果丰硕，课程建设已支撑教学团队获得教学项目、学术报告、学术与教改论文、学生学科竞赛、荣誉称号等多方面成绩。专业获批浙江工业大学设计与建筑学院课程思政实践基地、浙江省产学合作协同育人项目“面向未来的新型乡村设计类人才联合培养模式”、浙江省虚拟仿真实验教学项目“高密度人居环境小气候感受与空间使用分析虚拟仿真实验”。团队教师在2020年第二届风景园林与小气候国际学术研讨会做主题报告“校园户外空间夏季小气候环境提升设计研究”；公开发表学术与教改论文16篇；指导学生获得2019第二届浙江省环境生态科技创新大赛二等奖、2020“我为乡村种风景”长三角青年乡村振兴设计大赛二等奖等11项奖励，作品入选2020中国环境设计学年奖作品集2件。

二、思政元素

课程基于美丽乡村建设，紧密融合习近平新时代中国特色社会主义经济思想中创新发展、协调发展、绿色发展、开放发展、共享发展的新发展理念和“求真务实、诚信和谐、开放图强”的浙江精神，促进思政教育在课程教学中的真实落地。

（一）知行合一

指导学生通过场地设计优秀案例的赏析与自我创作，学习在设计中融入自然元素，秉持“知行合一、道法一体”理念，提倡人与自然和谐发展，追求天、地、人的有机结合，保护青山绿水，实现永续发展。

（二）家国情怀

课程在增强民族凝聚力、建设美丽环境、提升人民群众幸福感与获得感等方面都具有重要的时代价值。教学环节强调家国情怀，凸显民族自豪感，深挖新时代的中国智慧。

（三）文化自信

人居环境设计根植于传统文化。本课程特色在于挖掘并发扬中国优秀传统文化。课程教学将传统文化与当代科学技术相结合，推进新时代场地设计的文化传承，实践“传统的就是现代的，民族的就是世界的”理念。在当代语境下，认清世界文化发展动态，加强学生对传统人居环境文化的了解，鼓励学生打造具有中国特色的现代化人居环境。

（四）创新精神

课程在基础教学中提醒学生避免盲目借鉴，提倡积极使用田野调查方法展开现场调研，在实践中启发学生的创新思维。继而，根据调研获取的场地人文环境、自然环境、社会环境现状与特征，巧妙运用本地材料，体现地域特色，通过这样的过程，培养具有创新能力、观察能力、实践能力的优秀设计人才。

（五）求真务实

教学团队积极响应国家政策，聚焦当前中国新型城镇化建设中的突出矛盾，贯彻“以人为本”理念，在设计中结合乡村振兴和美丽乡村政策，倡导学生密切关注长三角尤其是浙江乡村新发展，引导学生体悟本地居民真实生活方式，思考如何切实解决城乡人民群众的生活、生存、生态问题。

三、设计思路

本课程建设体系对标浙江省一流课程建设标准，强调创新复合式设计人才的培养目标和路径，通过完善人才培养目标定位，建立复合式国际化教学模式，构筑跨专业互动联动的培养方式（见图 1）。

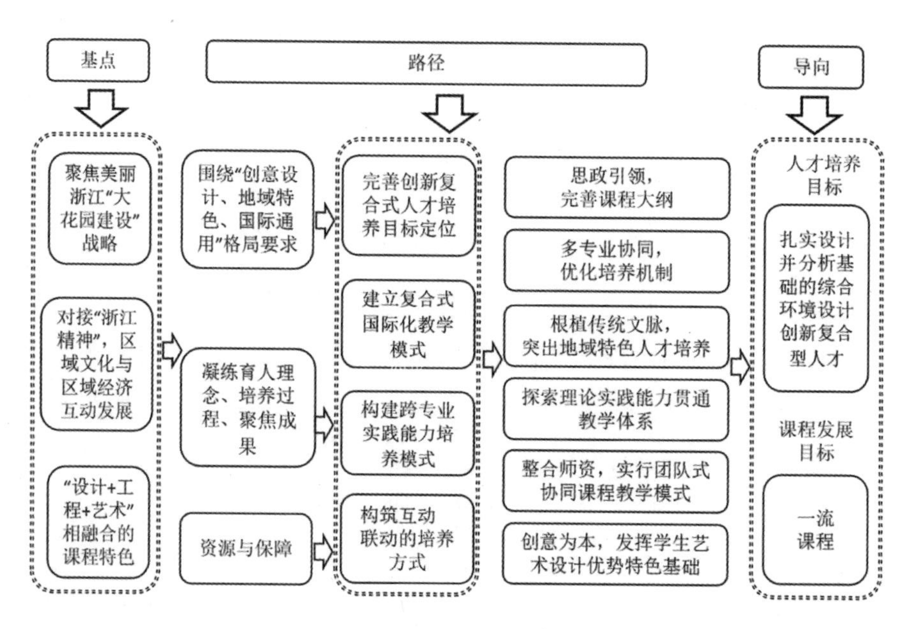

图 1　"场地设计分析"课程建设体系

本课程设计思路（见表 1）在理论概述、专题设计讨论、成果汇报 3 个教学模块中分阶段要求学生全面了解、分析场地设计与周边环境和适用人群的关系，通过切实落地的场地调研访谈、充分的前景规划预判、扎实的基地勘探测绘、合理有力的落地方案等提出一整套分析设计流程，熟练掌握并运用专业方法和技术，达到课程内容教学、素质教育、思政教育的培养目标。

表 1　"场地设计分析"课程思政设计思路

教学模块	主要思政元素	相关的专业知识或教学案例			
		教学内容	作业要求	专业知识点	教学案例
模块一：理论概述	知行合一 文化自信 求真务实	下达课程引导书、考察列表及要求	自我深化场地设计理论体系与典型实践方法，明确课程目的及考察要求	掌握场地考察方法及各类项目的特点与设计注意事项	近年各类优秀国家级获奖作品
模块二：专题设计讨论	知行合一 家国情怀 文化自信 创新精神 求真务实	按专题考察要求组织考察、报告和讨论	围绕考察列表，深入研究项目的设计内容与方法，开展考察，完成方案，撰写报告	针对具体场地进行实地勘察，制定设计步骤，详细罗列设计内容	乡村主题与城市主题的优秀案例和获奖作品
模块三：成果汇报	文化自信 创新精神 求真务实	案例设计与分析研讨，提升设计效果，做好结课工作，进行课程展览汇报评析	总结并自我延展课程内容，调整作业效果，强化理论体系及实践操作	对课程作业、设计理论以及实践方法做延伸探讨，提炼设计重点与特色	往届优秀作业

四、教学组织与方法

本课程对标“金课”建设与教学改革需求，结合现有教学条件与工作基础，坚持“课题嵌入”，从人才培养定位、课程体系结构、教学组织模式三方面展开（见图 2）。针对人才培养模式中需求端和供应端的主要矛盾，提出社会所需的人才类型、知识技能、实施保障等教学内在逻辑，倡导“以赛促学、以展促评、以评促教”的人才培养思路，建立“教学组织、课程体系、目标定位”人才培养模式，完善“赛评展结合、教学用相长、多主体参与”的人才培养机制，多元协同打造“课题嵌入式”人才培养模式。

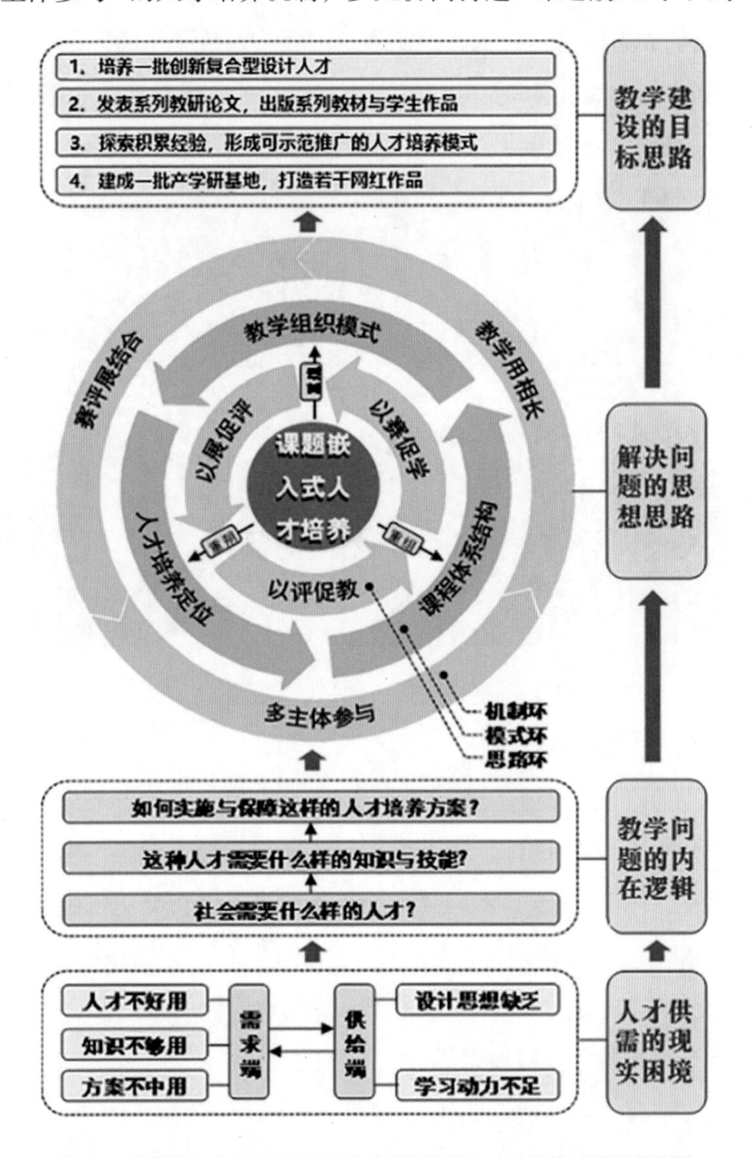

图 2 “课题嵌入式”的“场地设计分析”课程人才培养模式建设思路图

五、实践案例

（一）案例 1：街区改造设计

该案例（见图 3）以“教学 + 竞赛”的形式，首先通过网络调研，对枫泾古镇展开初步了解；再通过实地考察，从历史背景、周围环境、气候状况、建筑布局等方面完成场地调查分析；最后，综合分析场地基础，得出以下结论，作为主题设计目标。第一，积极响应国家政策，以设计推进乡村振兴和美丽乡村政策的发展，改善乡村人居环境，打造美丽乡村；第二，结合国潮文化，挖掘优秀传统文化，将传统与现代设计相结合，使该区域成为枫泾古镇的焦点；第三，联系古镇文化的记忆，串联各个风景节点。在设计中融入自然元素以及与自然环境和谐共处的设计理念。该方案获 2021 年度“我为乡村种风景”长三角青年乡村振兴设计大赛二等奖。

图 3　案例一：街区改造设计

（二）案例 2：乡村改造设计

该案例方案（见图 4）提出“乡村破冰计划”，意图破除新与老之间的隔阂，重建美丽乡村，焕发老村活力。设计者将本土文化与国潮新形式交融，通过老字号品牌的再生，充分营造出一个共享、共生、共存的互动格局，以新鲜文化血液贯穿街道，吸引了更多年轻的游客。作品体现了“家国情怀、文化自信、创新精神”的思政要素，将传统文化与当代科学技术相结合，发展了新时代场地设计的文化，获得 2020 年度“我为乡村种风景”长三角青年乡村振兴设计大赛三等奖。

图 4　案例二：乡村破冰计划

（三）案例 3：城市社区改造设计

该案例（见图 5）聚焦城市社区空间微更新。首先，通过线上信息调研，对红梅社区进行初步了解；再深入完成实地考察，调查场地历史背景、周围环境、气候状况、建筑布局、需求分析等背景。设计方案针对红梅社区中老年人的需求，大量增加老龄化设计比重，在教学与设计过程中以体现“家国情怀、求真务实”的思政要素，实现建设美丽环境、提升人民群众幸福感与获得感等重要的目标，营造具有治愈性且充满活力的城市社区景观。该方案入选 2020 年度中国环境设计学年奖作品集。

图5　案例三：城市社区改造设计

（四）案例4：古镇改造规划设计

历史遗迹、文化古迹、人文底蕴是城市生命的重要组成部分。2019年习近平总书记在北京考察期间深入民居，强调要把老城区改造提升同保护历史遗迹、保存历史文脉统一起来，既要改善人居环境，又要保护历史文化底蕴，让历史文化和现代生活融为一体。该案例（见图6）力图在追溯历史文化的同时融入当今新文化，使用具有象征意义的砖瓦诠释新时代古镇文化，从古镇打卡点到老品牌街区，用粉墙黛瓦、飞檐、石板桥展示古镇别具一格的“国潮”特色。该设计突出了对古镇老街风情风貌的保护，以游客与居民的互动式需求为设计出发点，引入老字号，焕发新活力，在人与自然和谐共生中反映出“家国情怀”的思政理念。

图 6　案例四：古镇改造规划设计

六、教学效果

（一）教学项目

依托“场地设计分析”课程建设，教学团队成功获批学校课程思政基地、浙江省产学合作协同育人项目“面向未来的新型乡村设计类人才联合培养模式”以及浙江省虚拟仿真实验教学项目“高密度人居环境小气候感受与空间使用分析虚拟仿真实验”。

（二）学生学术论文

课程教学过程学生公开发表的学术论文有《江浙地区古建牛腿木雕装饰纹样美学价值》《耗散理论视角下小城镇发展研究——以诸暨陈宅镇为例》《建筑类型学视角下

安昌古镇空间研究》《一池三山对传统园林空间布局的影响》《国槐绿在新中式园林中的应用研究》《基于互动理念的儿童户外行为与户外空间的关联性研究》《浅谈中国古典园林中亭建筑的运用》《历史街区更新改造设计研究——以黄山屯溪老街为例》《基于城中村环境的城市新居民归属感的重建》《基于参数化统计方法的夏季户外开敞空间小气候对人群行为活动影响初析》《景观 BIM 流程在户外小气候设计中的辅助应用研究》《小气候适应性策略在弹性景观微改造中的模拟应用初探》《夏季户外空间小气候适应性微改造初探》《杭州夏季户外风景园林空间小气候测定研究》《杭州户外空间小气候环境改造策略与模拟研究》等 16 篇。这些论文从教学目标与意义、教学改革内容、教学过程、教学评价体系等方面介绍了“场地设计分析”课程主要成效，对新时代背景下的同类课程教学具有一定的借鉴意义。

（三）学生学科竞赛

本课程与乡村振兴发展、共创美好环境的政策密切相关，教学以传统文化为切入点，促使学生在学习中关心时政，设计适应社会发展的作品。教学团队在课程改革之后，数次指导学生参加国内外专业设计大赛，获得多项奖项，赢得学界良好反响（见图 7、图 8）。

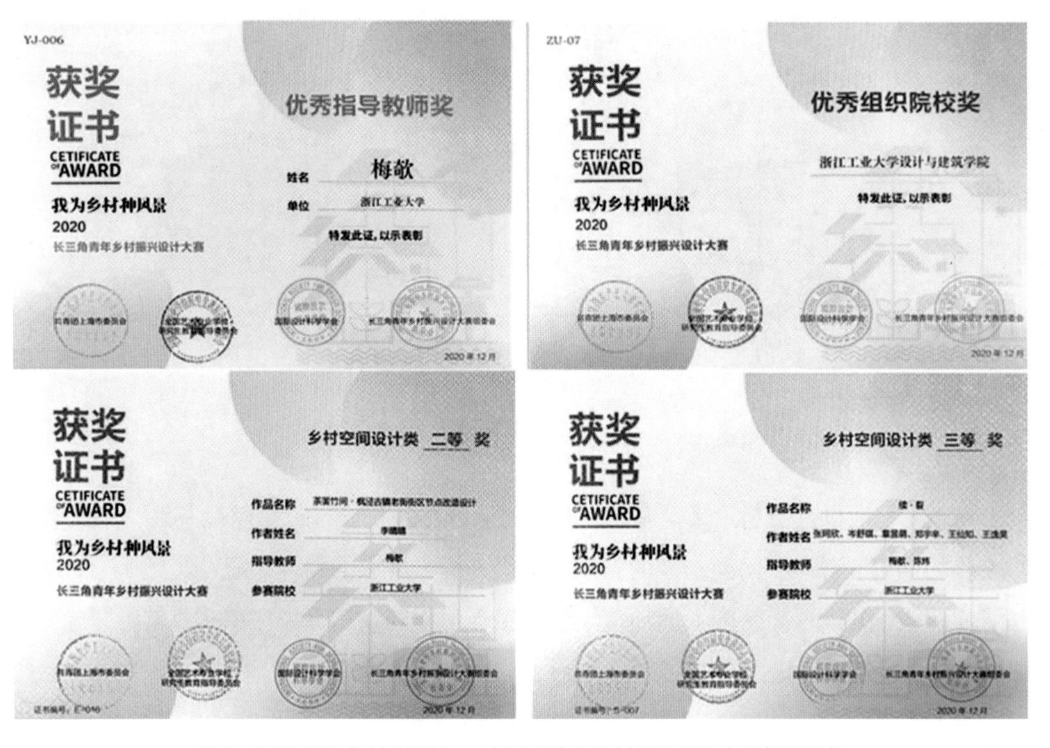

图 7　2020 我为乡村种风景——长三角青年乡村征选设计大赛获奖证书

荣誉证书

HONORARY CREDENTIAL

学生：李天劼，章思翼，蔡雨虹，金冰欣，梅浩男

指导教师：梅欹，陈炜　　　　单位：浙江工业大学

在浙江省第二届大学生环境生态科技创新大赛中荣获

二等奖

特发此证，以此鼓励。

浙江省大学生科技竞赛委员会

二零一九年十一月

图 8　浙江省第二届大学生环境生态科技创新大赛荣誉证书

课程负责人：陈炜

教学团队：梅欹、金阳

所在院系：设计与建筑学院环境设计系

环境设计手绘表现

尊德性，道问学，致广大，近精微，极高明，道中庸。

——徐悲鸿

一、课程概况

（一）课程简介

“环境设计手绘表现”课程开课于 2003 年，前称“专业绘画”，是环境设计专业思维培养与技法训练的重要基础课程，内容适用于环境设计、公共艺术、风景园林、建筑及城乡规划等相关专业。本课程作为环境设计专业培养计划中不可或缺的一环，积极响应中央城镇化建设不同阶段的号召，持续深入挖掘课程价值，将思政元素巧妙融入教学过程。课程以杭州及周边“历史文化空间”为表现对象，带领学生密切关注“美丽中国”，以图绘表现为基础手段，通过绘画与图解的方式对历史文化空间的形态特征、人文习俗、主体行为和日常生活进行多样展现。课程涉及美学、设计学、社会学，具有跨学科的特点，蕴含着丰富的德育元素，让学生在掌握绘画技法和图解能力的同时，增进文化认同，增强文化自信。本课程属于浙江工业大学设计与建筑学院环境设计专业人才培养计划中第三学期的选修课程，总计 3 学分，48 学时。

（一）课程简介

1. 知识目标

此课程着重培养学生创造性和形象性思维，探索图解表现和绘画表现对环境设计的作用，解决环境设计的审美性和功能性如何高度结合的问题。通过课内讲授及课外调研，使环境设计学生能了解环境设计从思维草图表达到空间设计表现的手绘方法，体会空间审美，理解思维草图在设计中的作用。

2. 能力目标

教学过程围绕理论讲授、案例解析、示范练习、调研考察和汇报讲评五个环节展开，串联课堂内外、校园内外空间，通过讲、练、观、评四种教学方法，让学生学以致用，树立专业学习的自信心。要求学生在课程学习的同时，提高思想道德修养、自学能力、应用知识能力、表达创新能力和分析思考能力。

3. 价值目标

提高教书与育人的融合度，形成以中华优秀传统文化和时代精神为基础的价值标准、行为规范。提倡学生探索自己的学习方法、学习手段，而不是局限于课堂讲授的知识，明确专业要求及职业发展目标，为以后的专业深化、专业实践打下扎实基础（见图 1）。

价值塑造	知识传授	能力培养
党史教育，爱党敬业	环境设计思维与表现的关系	激发学习热情
国情现状，服务人民	设计思维表达方法	加深思维认知
社会职责，使命担当	环境设计手绘技法	提升手绘能力
实事求是，传道济民	场地调研，设计实践	具备设计能力

图 1 “环境设计手绘表现”课程思政建设目标

二、思政元素

该课程基于美丽乡村建设，认真贯彻习近平新时代中国特色社会主义思想理论创新发展理念、习近平在清华大学考察时的重要讲话精神和“求真务实、诚信和谐、开放图强”的浙江精神，促进思政教育在课程中的真实落地。

（一）文化传承为立足点

课程以杭州及周边历史文化空间如南宋御街、河坊街、郭庄等为表现对象，展现中华民族优秀文化传承的历史空间在当下社会生活中的新风貌、新姿态。激发学生对中华优秀传统文化的自豪感，培养学生的文化自信。

（二）爱国热情为融入点

指导学生赏析环境手绘优秀案例并进行自我创作，挖掘中华民族悠久历史文化的深厚底蕴，引导学生深入了解我国灿烂的文化和历史，进而产生强烈的历史文化自豪感、荣誉感和归属感，加强爱国主义的思想。

（三）时代精神为生根点

“时代精神”在建设美丽环境、提高幸福感与获得感等方面都有重要的时代价值。

课程教学强调时代精神，鼓励学生深入生活、观察记录生活，深挖新时代的中国智慧、中国精神，在教学过程中全面体现浙江作为共富示范区的先进作用。

三、设计思路

本课程建设体系强调创意复合式设计人才的培养目标和路径，通过完善创意复合式人才培养目标定位、建立理论实践复合化教学模式、构建跨专业的复合实践能力的培养模式、构筑互动联动的培养方式等，对标浙江省一流课程建设标准（见图 2）。

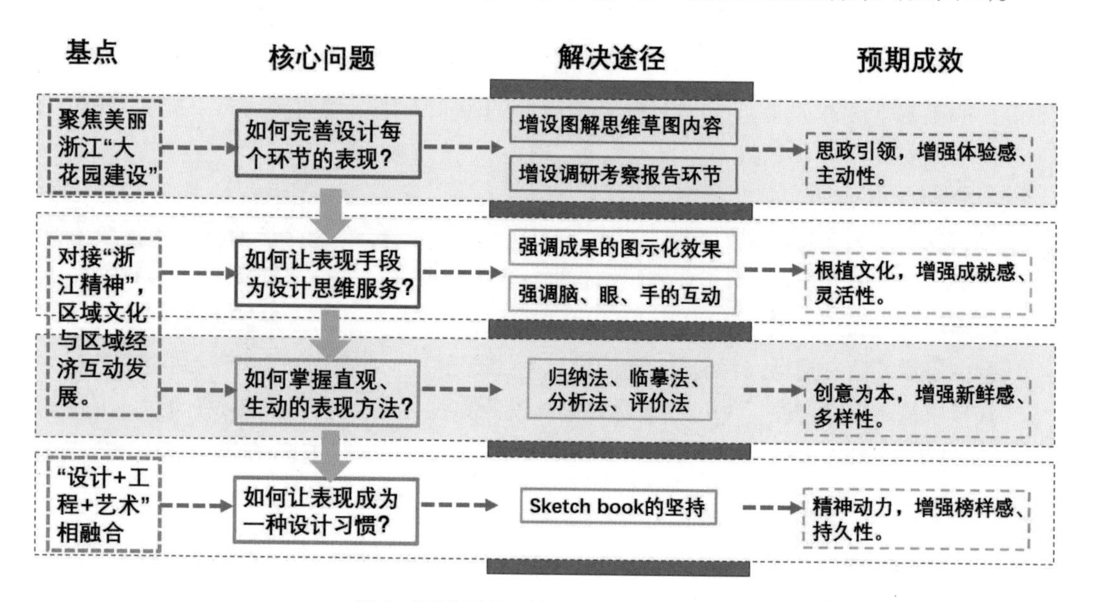

图 2　“环境设计手绘表现”课程思政体系

四、教学组织与方法

教学在专业教学、素质教育、情感培育 3 个模块中展开，以杭州历史文化街区为表现对象，鼓励学生充分挖掘历史文化街区空间中的日常生活元素，从当地居民、游客、商贩、街区管理者等不同社会主体的多元视角，重新审视杭州历史文化街区的空间特征及发展脉络。利用手绘拼贴、徒手绘画、手工模型等多种不同的手法，展现杭州历史文化街区的社会形态、空间特征、居民的日常生活等要素。通过在课程中融入思想政治教育，可以发挥专业课程隐性育人的作用，实现在价值传播中凝聚知识，又在知识传播中融入价值引领的效果，有利于全课程、全方位育人，促进学生知识、能力、素质全面发展（见图 3、表 1）。

针对教学培养中需求端和供应端的矛盾，探究社会所需的人才类型、知识技能、实施保障等之间的内在逻辑，倡导“以赛促学、以展促评、以评促教”的人才培养思路，并利用双语教学优势，在课程结课环节联合校外和国外专家参与课程一线教学评图（见图4），例如邀请浙江大学、米兰理工大学、德国匹兹堡大学教授与学生一对一答疑，在为学生解惑的同时，也向国外学者宣传了浙江历史文化街区的社会风貌，宣传了浙江丰厚的历史文化积淀。

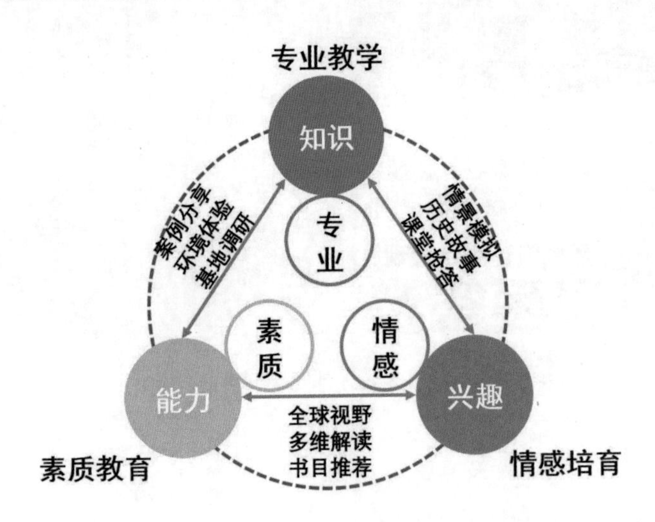

图3 “环境设计手绘表现”课程思政设计思路

表1 “环境设计手绘表现”课程思政教学模块

教学模块	思政元素	相关的专业知识或教学案例			
		教学内容	作业要求	专业知识	教学案例
模块一：专业教学	天人合一 文化自信 求真务实	讲授环境设计思维与手绘的理论和方法	自我深化设计思维、手绘的理论体系与经典作品，明确课程目的及学习要求	掌握设计思维表达的4种方法和4种绘画材料的手绘技法	近年国内外各类优秀创意思维和手绘作品
模块二：素质教育	天人合一 家国情怀 文化自信 创新精神 求真务实	按考察要求组织调研、观察、记录和讨论	围绕考察要求，深入完成调研对象的思维表达和手绘表现	充分挖掘历史文化街区空间中的日常生活元素，详细罗列手绘表现内容	历史文化空间主题的优秀案例和获奖作品
模块三：情感培育	文化自信 创新精神 求真务实	对分析与表达内容进行分组研讨，不断完善，进行课程展览汇报评析	总结并自我延伸课程内容，调整作业效果，强化理论体系及实践操作	对课程作业、设计理论以及实践方法做延伸探讨，提炼重点与特色	往届优秀作业

图 4 “环境设计手绘表现”课程中外联合评图

五、实践案例

（一）案例 1：特色传统园林手绘表现

该项目对郭庄、西溪湿地展开调研，在观察、记录郭庄极具江南园林特质的空间环境和西溪湿地自然与人工相映成趣的景区风貌同时，深入理解传统和当代的造园手法，通过分析图解和手绘表现，更进一步以社会主义核心价值观引领学生（见图 5）。

图 5 学生完成的西溪湿地手绘表达作品

（二）案例 2：校园特色环境手绘表现

项目对中国美术学院象山校区展开调研，在观察、记录象山校区水岸山居建筑景观的独特人文风貌的同时，深入理解设计师如何在建筑中表现中国优秀传统文化，通过分析图解和手绘表现，更进一步以文化自信帮助学生树立正确的世界观、人生观、价值观，培育工匠精神和职业道德（见图 6）。

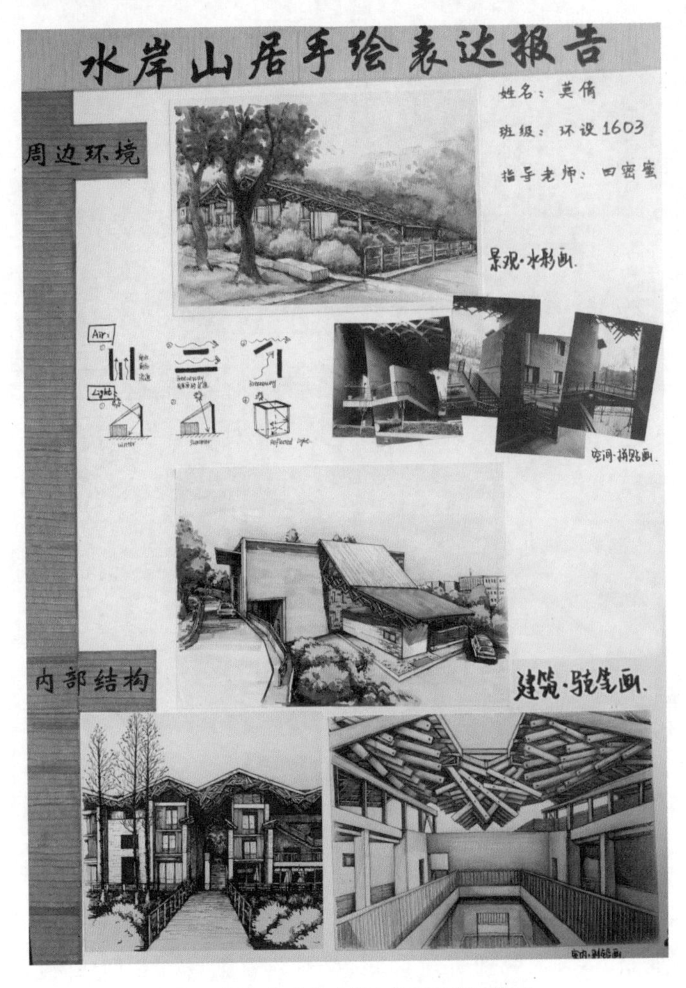

图 6　学生完成的水岸山居手绘表达作品

（三）案例 3：历史文化街区手绘表现

项目对杭州历史文化街区如河坊街、南宋御街、拱宸桥等展开调研，在观察、记录历史文化街区街道景观的独特人文风貌的同时，深入理解城镇化发展过程中城市历史文脉的设计手法，通过分析图解和手绘表现，融入思想政治教育，发挥专业课程隐性育人的作用（见图 7）。

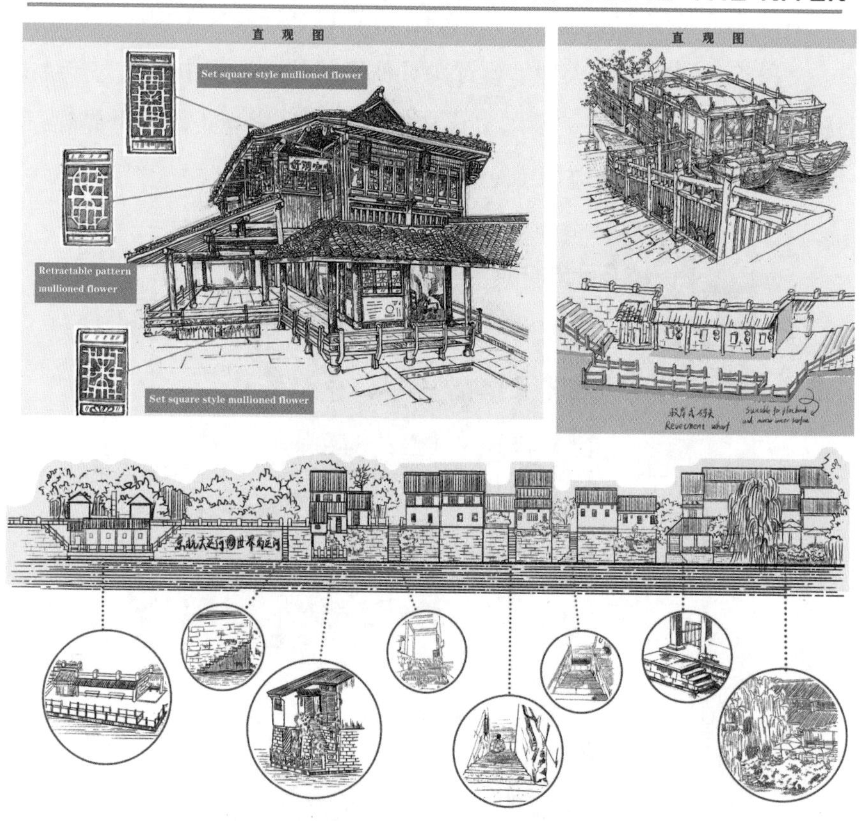

图 7　学生完成的拱宸桥手绘表达作品

六、教学效果

（一）教学项目

依托“环境设计手绘表现”课程建设，教学团队负责人成功获批浙江工业大学校级教学改革项目“< 专业绘画 > 开放型课堂教学改革”，参与研究生课程思政改革项目“中国古典园林研究”“景观规划研究”，以及浙江省教育厅 2020 年度省级产学合作协同育人项目“面向未来的新型乡村设计类人才联合培养模式”和省级虚拟仿真实验教学项目“高密度人居环境小气候感受与空间使用分析虚拟仿真实验”。

（二）论文及教材

在课程教学过程中，学生撰写的学术论文有《文化感知视角下历史文化公园景观设计——以谭纶墓历史文化公园景观设计为例》《特色小镇特色街道景观风貌浅析——以杭州云栖小镇为例》《新农村建设中浙江乡村祠堂的保护与延续》《浅析聚落文化对浙江水乡古镇公共空间的影响因素》《基于新农村建设背景下乡土景观中“新中式”风格的运用》《基于新农村建设背景下乡土景观中“新中式”风格的运用》，发表于核心期刊。课程教学过程中教师撰写的学术论文有:《英国法尔茅斯大学室内设计课程中创新思维的培养》，发表于 CSSCI 期刊。

“环境设计手绘表现”课程教学团队已与高等教育出版社签署了《环境设计思维与表现》教材出版合同，围绕课程教学内容的总结与反思，凝结成书。

（三）学科竞赛

课程密切关注社会生活的文化空间环境，以图解和绘画形式表现人与环境的关系。教学团队以优秀传统文化为切入点，多次指导学生围绕“设计抗疫”的主题，将中华优秀传统文化的传承与人居环境的可持续理念贯穿到设计作品中，参加国内外专业设计大赛，最终获得多项奖项，赢得学界好评（见图 8）。

获奖证书
CERTIFICATE OF AWARD
中国好创意
第 14 届
全国数字艺术设计大赛
共享空间组 银 奖
作品名称 聚力再生——后疫情的思考
作者姓名 李 展
指导教师 田密蜜
参赛院校 浙江工业大学
2020 年 12月12日

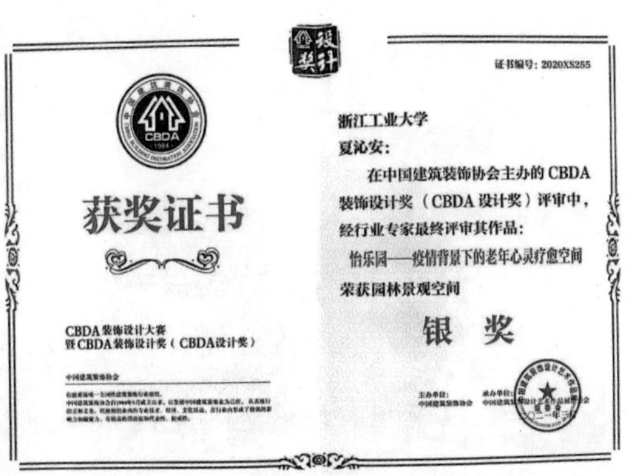
证书编号：2020XS255
获奖证书
CBDA装饰设计大赛
暨CBDA装饰设计奖（CBDA设计奖）
中国建筑装饰协会
浙江工业大学
夏沁安：
在中国建筑装饰协会主办的 CBDA 装饰设计奖（CBDA 设计奖）评审中，经行业专家最终评审其作品：
怡乐园——疫情背景下的老年心灵疗愈空间
荣获园林景观空间
银 奖

证书编号：2020XS221
获奖证书
CBDA装饰设计大赛
暨CBDA装饰设计奖（CBDA设计奖）
中国建筑装饰协会
浙江工业大学
应雨希：
在中国建筑装饰协会主办的 CBDA 装饰设计奖（CBDA 设计奖）评审中，经行业专家最终评审其作品：
日市夜戏—基于“后疫情”时期的台州集市空间更新
荣获园林景观空间
铜 奖

图 8　学生作品获奖证书

课程负责人：田密蜜

教学团队：李智兴

所在院系：设计与建筑学院环境设计系

模型语言

丁一卯二，斗榫合缝。

——元·无名氏《抱妆盒》

一、课程概况

（一）课程简介

“模型语言”课程是环境设计专业的设计基础课程之一。手工模型的制作是一种空间构筑方法，涉及对空间秩序和特性的研究，也是我们设计基础与空间教育的重要内容。该课程以空间设计理论与空间认知理论为主，以动手实践为辅，引导学生发现并解决空间设计中的思维问题。

“模型语言”课程是环境设计专业本科二年级的选修课程，共计2学分，课程负责人为宋扬，教学团队成员有邵文、陈炜、金阳。课程相关自编教材及教学参考书包括:《空间构成实验》（宋扬编著，岭南美术出版社）、《构成形式基础》（宋扬编著，辽宁美术出版社）、《立体空间构成基础》（宋扬编著，中国青年出版社）、《立体设计》（宋扬编著，辽宁美术出版社）、《构成形式》（宋扬编著，化学工业出版社）、《空间建构》（宋扬著，北京大学出版社）、《空间建构：元素与构成》（宋扬著，浙江大学出版社）、《建筑的源代码》（宋扬译，中国画报出版社）。

该课程聚焦于如何在设计基础课程中用中国优秀传统文化与制造技艺启发学生的专业创造力，并逐步在课程实施过程中利用传统制造技艺的形式激发年轻学生对优秀传统文化的热爱，同时使传统制造形式的逻辑推演在现代设计的细节中得到传承与发展，如榫卯结构。榫卯结构比起汉字发源更早，历经几千年，至宋代愈趋成熟。明清家具的制作几乎用到了所有的榫卯种类，展现了榫卯结构进化的最终样式，也展示出古代工匠的巅峰技艺（见图1、图2、图3）。

图 1　榫卯结构

图 2　榫卯结构

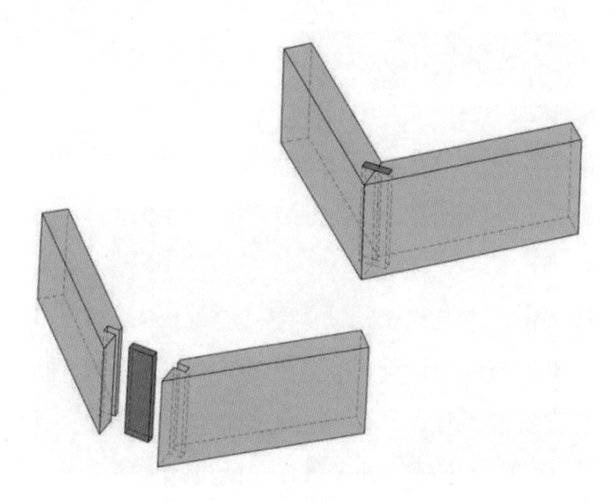

图 3　榫卯结构

（二）教学目标

将空间设计理论与动手制作模型相结合，使学生通过制作模型，学会思考空间设计问题，为后续设计课程打好思维基础。理论学习、动手实践、课堂作业讲评相结合，使学生逐步掌握空间思维方法与模型制作方法。在实践过程中，采用关键时间节点的检查及评价制度，及时把控实践的效果，发现并解决实践过程中的具体问题，提高教学效果。

（三）课程沿革

本课程为设计基础选修课，主要涉及空间设计方法和空间思维方法。在未来设计工作中，学生的动手实践能力与创造力会直接影响学生空间感知、空间创造的能力。通过课程训练，学生能通过数学几何、计算机辅助手段、三维打印等方式拓展空间思维，并逐步获得正确的空间认识、学会独立思考并解决空间创作问题。

二、思政元素

课程围绕手工模型制作展开。从 2019 年开始，本课程加入思政元素，从中国传统文化中寻找空间形态对应的知识点，先后尝试过两次教学课题："榫卯结构的形态繁衍、书法笔画的三维形态研究"以及传统文化元素"中国构造：汉字"，用具有典型传统文化的方式，使年轻学生在学习实践中感受到优秀传统文化的精神，逐步增强文化自信，树立起正确的价值观与世界观。

（一）开拓创新

遵循设计规律，从实际出发，实事求是；重视学生个性化的创造，因材施教，鼓励学生动手实践，并把实践中总结的规律与自身的体会相结合，勇于开拓创新。

（二）工匠精神

通过手工纸模型制作，引导学生关注设计细节，培养学生对空间局部与整体关系的认知，从草图到模型，循序渐进，发扬工匠精神，力求尽善尽美。

（三）文化自信

从中国优秀传统文化、古典建筑构造中寻找空间形态，引导学生把源于中国优秀传统文化的空间形态术语与现代设计语言进行对应，激发学生独立思考的能力，并使学生通过实践树立正确的世界观、价值观，增强自信，自觉把传统空间形态转化为现代设计语言，成为具有民族责任感、社会责任感的设计人才。

三、设计思路

"模型语言"课程共 32 课时，分为两个部分：课题 A 研究单体元素与组合方式，课题 B 研究二维到三维思维拓展的方法。

课题 A 用中国传统构造方式，分析榫卯结构的造型特征与功能特征，并引导学生用手工模型制作的方式进行空间形态研究与思维拓展。课题 B 通过从形态的分析、获取，到空间的分割、组合，再到细节的推敲，引导学生在满足功能设计的前提下，精练空间形态细节，并以此引发对空间分割、组合、简化、提炼过程的思考，积累专业知识。

四、教学组织与方法

课堂教学倡导学生进行独立的设计思考，从传统文化中深度挖掘中国古典建筑文化中的构造形式，并进行形式语言的发挥与创新，使建筑元素中的传统符号与现代设计中的视觉造型形成对应。教学团队成员宋扬、邵文、金阳等以不同教龄、不同专业、不同教育背景的梯队优势，进行课程的研发与更新，给予学生全面的支持与辅导。

（1）理论与实践相结合。针对古典建筑元素与构造，从视觉设计、构造与造型、形态的过渡与繁衍三个方面，针对“空间造型的生成方式”进行详细的讲解，围绕“空间造型从哪里来”引发学生进行一系列独立的设计思考，并通过自编网络教学资源进行对应知识点的补充。

（2）传承与创新相结合。让学生同步深入学习古典建筑与传统文化、现代艺术与现代设计，启发学生从艺术的视角思考设计与科学技术的关系，践行习近平主席在视察清华大学美术学院时的重要讲话精神，理解“艺术与科学技术相结合，是未来设计的发展方向”。

（3）手工制作与科技制造相结合。借助三维扫描与三维打印技术、模型建模与软件二次编辑的过程，使学生体会到新科技、新技术对空间设计所产生的影响，理解技术手段的创新使设计工作成为一种感性创作与理性推演相结合的工作形式。

五、实践案例

课题设计：从榫卯结构中获取形态元素，并运用到手工模型制作中。要求把正方体分为两部分，既可以呈现出分离状态，又可以使两个单独形体闭合时无法自行分开（见图4）。

（一）案例1

见图4。

图4　案例1

（二）案例 2

见图 5。

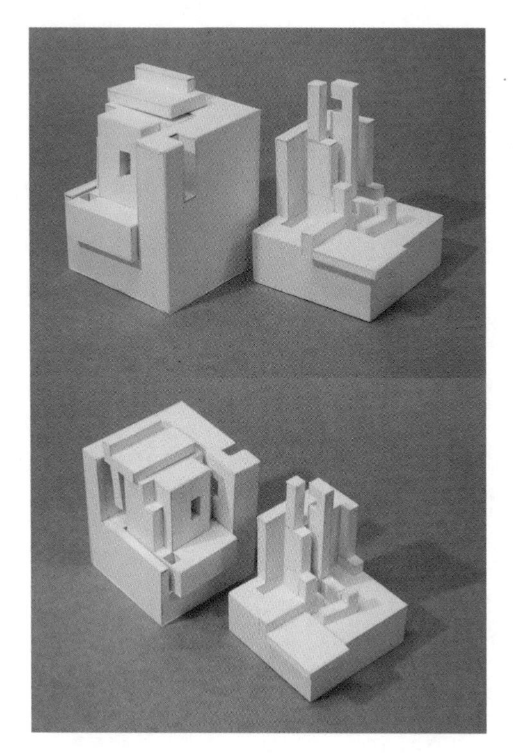

图 5　案例 2

（三）案例 3

见图 6。

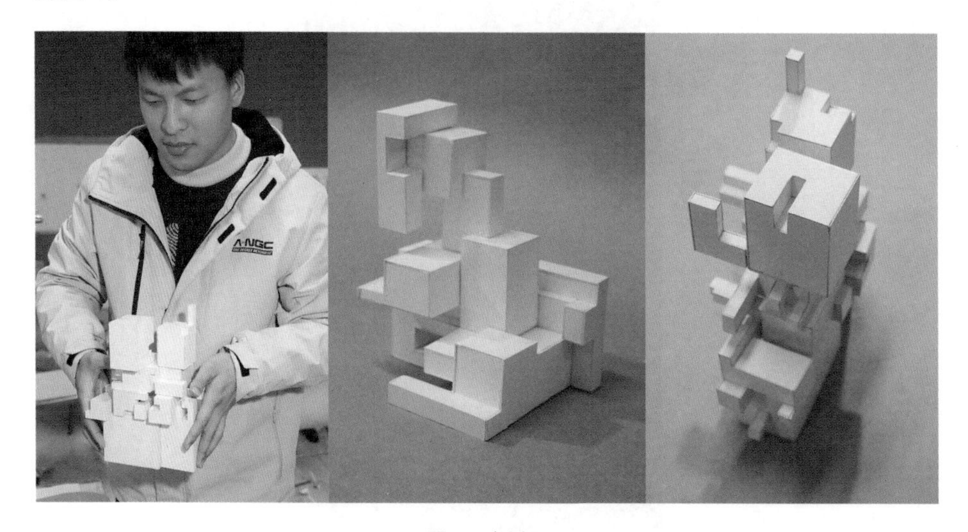

图 6　案例 3

（四）案例 4

见图 7。

图 7　案例 4

（五）案例 5

见图 8。

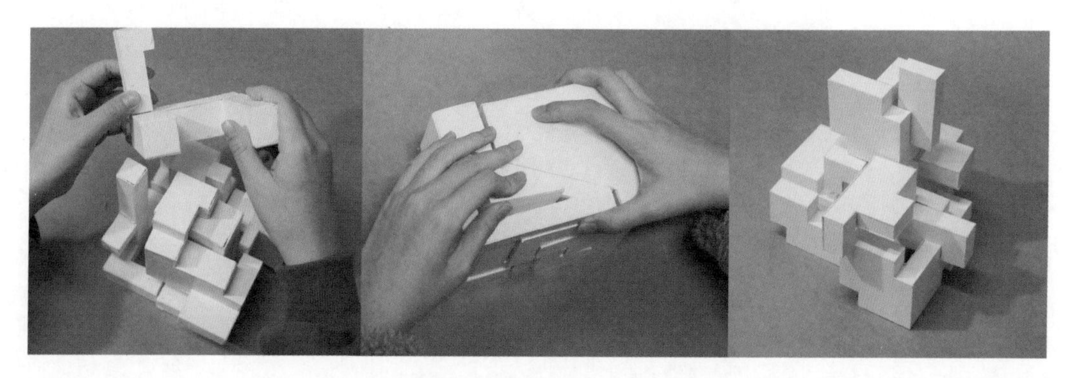

图 8　案例 5

六、教学效果

学生通过手工模型制作，在实践过程中经历“草图构思—与榫卯结构的元素比对—手工模型制作—修改与总结”的多个环节，完成课题研究。学生在进入后续专业学习阶段以后，普遍都具备了一定的知识基础。“模型语言”课程在设计基础阶段，用32课时、2项课题研究，使学生在设计基础阶段，能够有针对性地获取专业知识并能进行主动思考与思维拓展。同时结合完整的网络教学视频课程，有效地补充课堂教学。

目前，“模型语言”课程结合思政元素，已经获得浙江省首批省一流课程认定、浙江省“互联网+”课堂教学示范课程认定；课程专用教材《空间建构》获首批浙江省普通高校“十三五”新形态教材认定；《空间建构：从二维开始》入选化学工业出版社2022年度思政设计课程案例教学丛书。系列教学用书结合网络资源，已经在全国院校设计基础课程教学范畴内形成了一定的专业影响力。团队已出版4册新形态教材、3册教学参考书、1册译著，发表相关教学论文3篇。

课程负责人：宋扬

教学团队：邵文、陈炜、金阳

所在院系：设计与建筑学院环境设计系

设计作品赏析

接天莲叶无穷碧，映日荷花别样红。

——宋·杨万里《晓出净慈寺送林子方》

一、课程概况

（一）课程简介

“设计作品赏析”是以景观设计和建筑设计为主要内容的环境设计专业必修课程。课程授课对象为设计与建筑学院环境设计专业本科二年级学生，总计 3 学分，48 学时，线下授课。本课程既包含对人居环境空间赏析和设计理论的探讨，也包含对环境、景观、建筑创作发展历程的回顾，同时注重教学内容和教学模式的创新。

课程注重挖掘教学内容和教学方式中所蕴含的思政元素，通过弘扬“求真务实、诚信和谐、开放图强”的浙江精神，结合浙江工业大学“艰苦创业、开拓创新、争创一流”的三创精神，指导学生把握整体理论和实践方法，将个人素养体现在设计创作中，为学生成为具备专业审美素养、拥有评价和批判能力的优秀设计人才打下基础。

（二）教学目标

1. 思政目标

挖掘课程教学内容和教学方式中所蕴含的思政元素，将其巧妙融入教学过程，提高教书与育人融合度，形成基于中华优秀传统文化和时代精神的大学生价值标准与行为规范。

2. 知识目标

通过讲解全球范围内近现代以来人居环境空间规划、建筑、景观、室内设计的优秀作品，引导学生体验与学习大师作品中空间、尺度、功能等元素的关系，领悟设计理念和创作方法的基本特征，从而更直接地学习和领会课程中的“设计”内涵，掌握从艺术赏析走向设计创作实践的专业能力。课程指导学生通过设计图纸阅读与绘制、模型分析与解构，对大师作品进行个案研究，并结合设计专业的艺术表现手法，将分析成果进行设计实践层面的转化，最终应用到实际的设计创作中。

3. 素质目标

课程通过对大师作品进行欣赏与分析，指导学生将哲理性的评析与富有美感的设计结合起来，把握整体理论和方法，有效做到学以致用，综合培养学生的审美能力、评价和批判能力，锻炼学生的创新意识和实践动手能力，提升学生综合设计能力。

（三）课程目标与毕业要求的对应关系

通过课程学习，学生的学习能动性与自主性可以获得提高。在完成课程教学任务的基础上，课程也能进一步起到作为一门重要的设计基础课在整体培养计划中的承上启下作用，促使学生在毕业设计时能更专业地处理相关理论与技术问题。

二、思政元素

本课程基于“全员育人、全程育人、全方位育人”的三全育人要求，紧密结合习近平新时代中国特色社会主义思想理论和浙江精神，引导学生在掌握本专业相关知识理论和实践技能的同时，形成正确的价值观与专业观。

（一）崇尚和合

引导学生完成从艺术赏析到建筑创作实践的转化；同时在课程中融入“中和”理念，围绕“人与己、人与人、人与社会和自然之间的和谐”的思想观念，引导学生形成尊重专业、尊重人与自然的和谐关系的理念。

（二）学以致用

促进学生熟悉设计全流程，练习各类设计软件的应用，做到熟练快速地完成各类图纸的绘制，同时阅读大量文献资料，提高理论水平，做到以知促行、以行促知。

（三）文化振兴

帮助学生了解专业发展历史和脉络，旨在培养学生严谨规范的专业作风和美学欣赏能力，初步形成自我的独立设计理念，将个人所学应用到乡村文化振兴、美丽乡村建设过程中，推进新时代乡村发展。

（四）改革创新

提高学生的学习能动性与自主性，在完成课程教学任务的基础上，促使学生在毕业设计时能更专业地处理相关理论与技术问题，进而鼓励学生大胆探索、追求进步。在设计教学中结合乡村振兴战略要求和美丽乡村建设相关指示精神，倡导学生积极关注浙江省高质量发展建设共同富裕示范区，重实干、办实事、求实效，真正做到将设计理念转化为建设实践。

三、设计思路

本课程针对思维型、应用型、实践型设计人才的培养，梳理理论概述、研究评判、论文设计、成果汇报4个模块，设立课程设计思路，如表1所示。

表1 “设计作品赏析”课程思政设计思路

教学模块	思政元素	相关的专业知识或教学案例			
		教学内容	作业要求	专业知识	教学案例
理论概述	崇尚和合、学以致用	介绍本课程主要内容，解说教学模块，展示教学大纲，布置作业任务	参考相关专业书目、期刊及经典文献，课后阅读推荐书目、期刊	帮助学生形成专业定位，培养学科兴趣与热爱	《建筑：形式、空间和秩序》《交往与空间》等专业书籍以及《建筑学报》等期刊
研究评判	文化自信、学以致用	按章节讲述专业分类与特征，赏析现代建筑四位大师及当代大师的代表作品	通过小组调研和讨论，评判、赏析大师作品	促使学生养成多听则明的习惯，学会多角度多方位地认识经典	现当代国内外著名建筑设计师的建筑、景观作品
论文设计	文化自信、改革创新	讲述设计论文结构组成、主体内容、相关要点及注意事项	学习如何按严密的逻辑顺序撰写论文	学习并深入讨论往届优秀论文，以个人为单位准备小论文写作和答辩	往届优秀论文
成果汇报	崇尚和合、学以致用、改革创新	综合考查学生的图纸绘制、分析能力等图面、语言、文字表达能力以及团队协作能力	完成展板或文本的制作，与设计论文一起进行年级统一展示	对课程作业、设计理论以及实践方法做延伸探讨，提炼设计重点与特色	往届优秀作业

四、教学组织与方法

本课程组织实施依据“导学—理论—研究—设计—竞赛”分层次构建实践体系。

（1）导学：介绍实践要求并发布课程任务，讲述具体的设计赏析与评判方法、应用论文理论研究、设计方法与制作展定位研究、方案设计。

（2）理论：对课程内容进行介绍，展示教学大纲，布置作业任务，通过线下或线上渠道进行答疑交流，确保下一步课程教学内容顺利实施。

（3）研究：发布论文研究命题，分组研讨并推导定位，提升学生的结构化研究能力。

（4）设计：指导学生进行命题设计，开展本专业展览、展板、论文或文本的制作设计，提升学生系统化综合设计能力。

（5）竞赛：参与专业相关的多方竞赛，通过竞赛、展评来进行教师与学生的多方评价，促进教学思路提升和教学模式的改革创新。

相关教学内容与组织实施框架如图 1 所示。

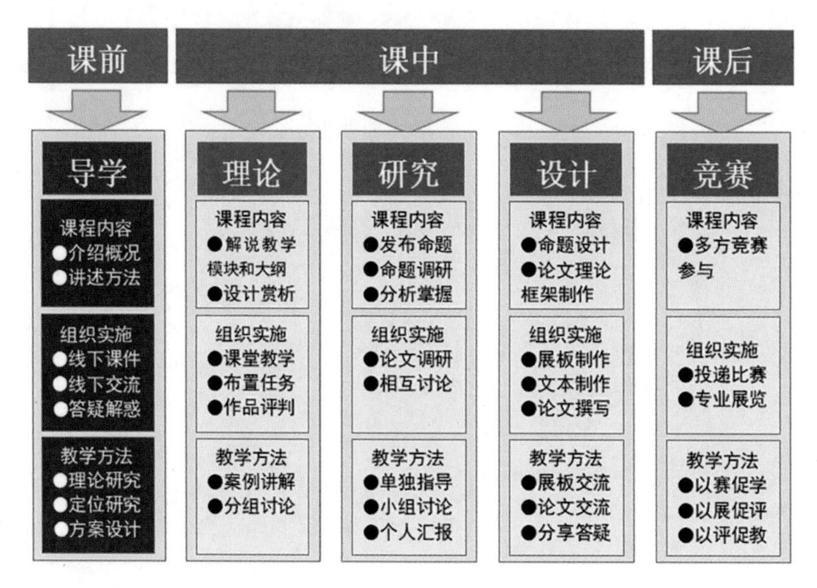

图 1　“设计作品赏析”课程建设体系

五、实践案例

（一）案例一：博物馆再设计

该设计（见图 2）以浙江省绍兴市安昌古镇的师爷博物馆为对象，在深入挖掘师爷文化中的法制元素、进行微改造的同时着重考虑了室内设计空间与室外自然空间的相互融合，多元化地向外来游客和本地居民宣传师爷文化；在设计中传递“人与空间和谐共生”的理念，体现崇尚和合的价值取向。本设计作品在 2021 年度第六届“筱祥杯”浙江省风景园林大学生设计竞赛中荣获本科组三等奖。

图 2　师爷博物馆再设计教学案例作品

（二）**案例二: 博物馆改造设计**

该方案（见图 3）以浙江省绍兴市安昌古镇的宣卷博物馆为对象，通过对场地进行改造升级，融合当代审美观念及科技手段，打造涵盖“观展”“听曲”“数字交互”“赏景”的多重综合型空间；同时基于传承优秀传统文化的时代背景，转变原有模式，力图在追溯历史文化的同时融汇当今新文化，推动古镇文化振兴。本设计作品获得 2021 年度第六届“筱祥杯”浙江省风景园林大学生设计竞赛本科组二等奖。

图 3　宣卷博物馆改造设计教学案例作品

（三）案例三：公园规划设计

该方案（见图 4）为浙江省绍兴市安昌古镇东南方的西扆山山体公园规划设计，着力传承历史与文明，宣扬“绿色”的新发展理念，打造人与环境沟通互动的生态公园；在设计中大胆探索，打造特色建筑形式，将空间设计寓于传统文化并反映开拓创新精神。该设计作品在 2021 年度第六届“筱祥杯”浙江省风景园林大学生设计竞赛中荣获本科组三等奖。

图 4　公园规划设计教学案例作品

（四）案例四：公园规划设计

该设计方案（见图 5）致力于打造现代化与传统相融合的湖滨公园，营建个性化先锋会所，并通过对建筑形态和内外景观的处理，构造一个养老休闲与传统中式古镇风格相结合的、向心布局的个性化公园，给人舒适的放松空间。作品表现了人与自然的和谐共生的美好愿景。本设计作品在 2021 年度第六届“筱祥杯”浙江省风景园林大学生设计竞赛中荣获本科组三等奖。

图 5　公园规划设计教学案例作品

六、教学效果

（一）学生学术论文

课程教学过程中由学生参与撰写的学术论文有《建筑类型学视角下安昌古镇空间研究》《基于互动理念的儿童户外行为与户外空间的关联性研究》《历史街区更新改造设计研究——以黄山屯溪老街为例》《基于城中村环境的城市新居民归属感的重建》等。论文从教学目标与意义、教学改革内容、教学过程、教学评价体系、教学成果等方面介绍了“设计作品赏析”课程的主要成效，对新时代背景下的同类课程教学具有一定的借鉴意义。

（二）学生学科竞赛

学生的课程作品多次参加国内外专业设计大赛，获得了多个奖项，赢得学界的良好反响（见图 6、图 7）。

图6 第六届“筱祥杯”参赛设计作品获奖证书

浙江省风景园林学会
ZHEJIANG SOCIETY OF LANDSCAPE ARCHITECTURE
HUOJIANGZHENGSHU
获奖证书

浙江工业大学：

在第六届“筱祥杯”浙江省风景园林大学生设计竞赛中，荣获 组织奖 。

特发此证，以资鼓励！

浙江省风景园林学会
2021年12月15日

证书编号：ZJYLSJX202103005

图7 第六届“筱祥杯”组织奖证书

课程负责人：梅欹

教学团队：王一涵

所在院系：设计与建筑学院环境设计系

造园与理景

曲径通幽处，禅房花木深。

——唐·常建《题破山寺后禅院》

一、课程概况

（一）课程简介

“造园与理景”课程是一门综合性课程，是环境设计专业的核心必修课程之一，同时满足科学性和艺术性的要求。科学性体现在植物学、生态学、测量学、土壤学、建筑学、气象学等知识方面；艺术性体现在美学、绘画、文学等理论方面。课程主要应对造园与理景的继承与创新等问题，提供设计解决方案。内容涉及多领域的综合交叉，需运用理论解析、技术运用、文案策划等知识完成课程作业。

长期以来，对于中国传统景观建筑的研究常常借助于西方现代建筑理论展开阐释，很少真正从中国本土“设计学”的角度进行研究。课程从对中国传统建筑外部空间设计中蕴含的“景观营造”思想的再梳理入手，审视和发掘其中蕴含的理念和方法及其当代意义，并以此为基础，指导学生从设计实践角度出发，进行建筑创作。课程包含设计理论研究和建筑创作两个部分。设计理论研究方面，从设计观念和方法入手，通过中国传统园林考察，直面设计现场，进行归纳总结。建筑创作方面，以前期研究为基础，通过对传统景观设计思想和手法的转译，进行设计实践。

课程通过指导学生对中国传统建筑，特别是以“园林”为突出代表的“理景艺术”展开梳理、重读和研究，发掘中国传统建筑中的设计方法，使学生更直接地学习和领会其中更为具体的设计成分，并通过建筑创作，从理论研究向设计实践进行转化。

（二）教学目标

1. 知识目标

（1）掌握造园与理景的基本知识。

（2）独立运用已学的知识解决设计中的具体问题。

（3）提高造园与理景的艺术素养和环境艺术设计的能力。

2. 能力目标

（1）掌握造园与理景的基本技能、设计方法和绘图技巧。

（2）形成自己的设计理念和设计方法。

（3）具备综合的建筑创作能力。

3. 价值目标

（1）关注中国优秀传统文化。

（2）明确专业要求及职业发展目标。

（3）形成基于中华优秀传统文化和时代精神的价值标准。

二、思政元素

基于传统文化研究、传统营造观念与营建技艺的挖掘与整理，通过现代设计，将中国传统空间营造技艺和造景手法进行创新性转化，解决中国当代建筑设计的具体问题，为建筑的设计创新和发展，以及在当下全球化浪潮中继续保持其价值和特性提供理论基础。

（一）环境设计专业视角下的中国本土建筑研究

平衡以往过于偏重建筑史和文化观念层面的讨论，从“环境设计”角度，重新审视中国本土建筑营造技艺和营造理念中蕴含的当代意义，提出立足本土的设计理念。

（二）从环境设计角度，挖掘和整理中国本土建筑中的营造观念与营建技艺

基于“研究—创作”的系统方式，从本专业设计实践者的角度，发掘中国传统建筑营造观念和营建技艺中更为具体的设计方法，归纳空间营造技艺和理景手法。

（三）从设计实践角度，重建一系列具有中国当代本土特征的作品

基于前期研究，通过建筑创作，将中国传统空间营造技艺和造景手法进行创新性转化，为中国本土建筑的设计创新和发展提供理论和实践基础。

三、设计思路

（一）本土文化的设计性研究

进行营建技艺和营造观念的分类整理研究，特别是通过对其中更为具体的“设计方法”进行发掘，尝试总结其内在的共通性特征。

（二）探索当代设计的本土化表达

从设计实践者的角度，归纳总结乡土建筑资源有机更新与设计方法的应用模式与对策，为中国本土当代建筑的设计提供理论和实践依据。

四、教学组织与方法

课程在“理论铺垫—案例分析—考察调研—设计研讨—理论总结—成果展示”的教学过程中，采用线上线下结合等多种教学方法，呈现互动性、开放性、公开性等特征。通过课程学习，学生可较大程度地激发自我学习能动性，形成“师生互动—生生互动”模式，体现以能力培养、素质培养为目标的教学宗旨。课程是对环境设计理论和技能的综合与总结，是对学生能力的综合检验与提升。

五、实践案例

（一）案例 1

作品曲折起伏的廊道设计让整座建筑看起来幽深曲折，形成庭院深深的意境。作品采用虚实结合的手法处理空间，利用框景和漏景的手法增加可视范围，若干个空间相互渗透便产生了极其深远但不可穷尽的感觉（见图 1）。

（二）案例 2

狭小的入口空间借鉴了日本待庵茶室的入口，给人以“初极狭，才通人”之感，而后豁然开朗，通过空间营造的手法来引导人们的心理感受。透过场地内的木质窗框与门框，品茗者可以领略到场地的回环曲折之意（见图 2）。

（三）案例 3

作品以廊为线，其中的“廊”多为曲廊，不但具有遮风挡雨和交通功能，还能增加园林景深层次、分割空间。曲折多变的造型，既丰富了整体园林景致，也改变了庭院建筑的空间结构，使建筑呈现出不一样的特色（见图 3）。

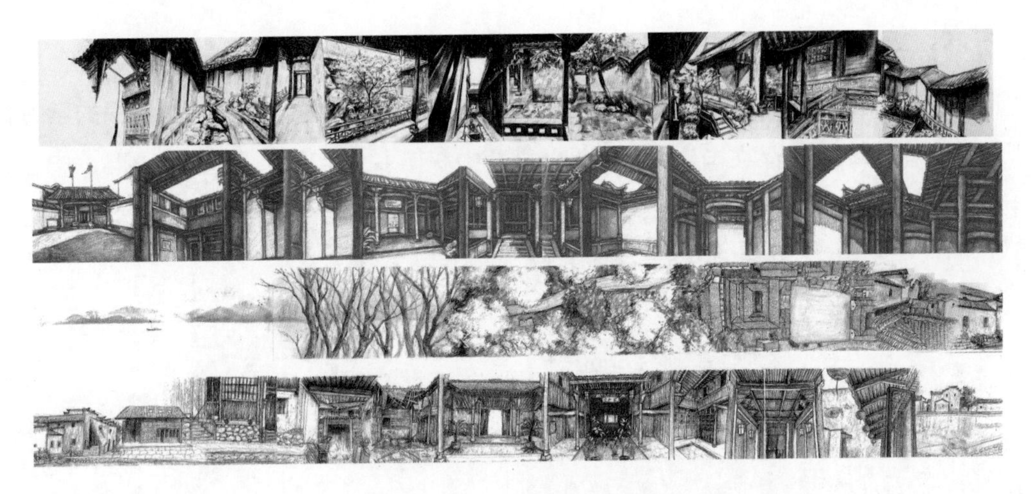

图 1　学生设计场地考察的成果表现

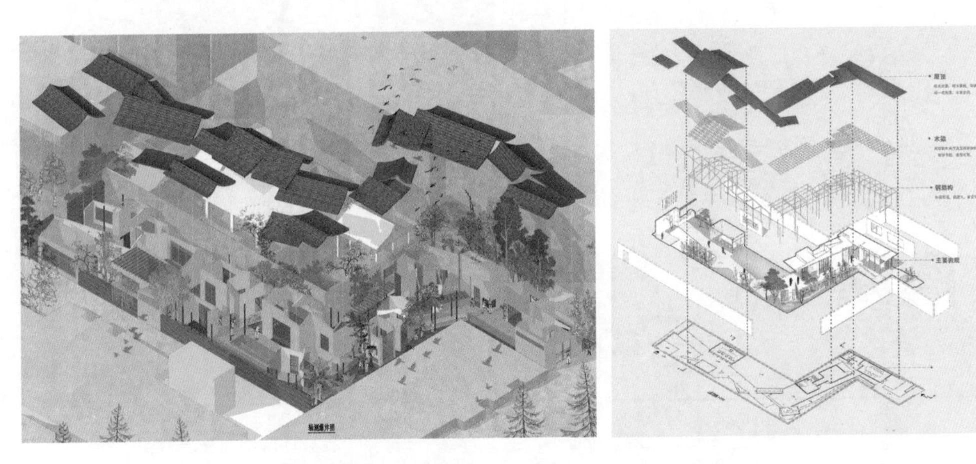

图 2　基于中国传统建筑空间研究创作的学生作品 1

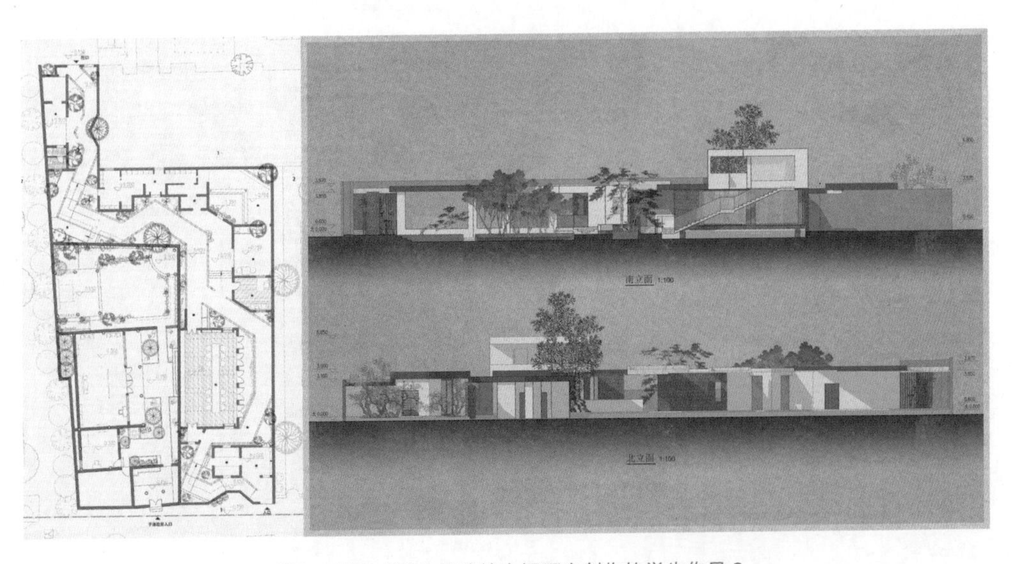

图 3　基于中国传统建筑空间研究创作的学生作品 2

六、教学效果

“造园与理景”课程引导学生对中国传统文化空间的关注，基于这门课程的学习，学生创作的一系列作品在国内外专业设计大赛中获得多个奖项。（见图 4、图 5）

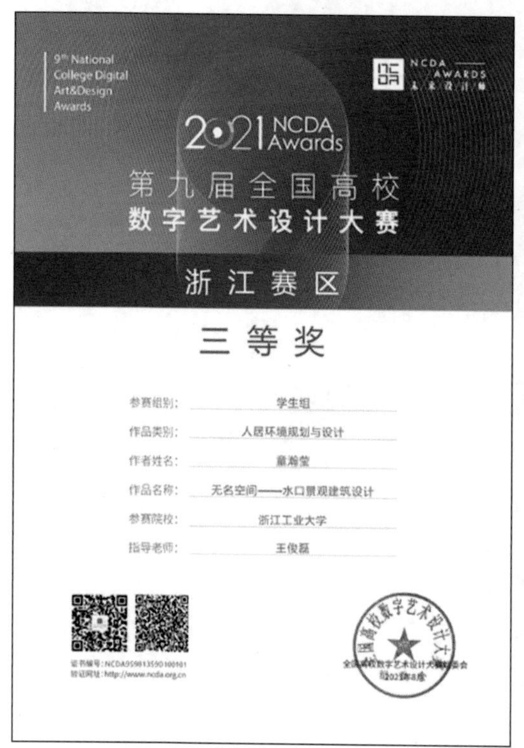

图 4　第九届全国高校数字艺术设计大赛荣誉证书

图 5　园冶杯国际竞赛一等奖

课程负责人：武文婷

教学团队：王俊磊

所在院系：设计与建筑学院环境设计系

专项景观设计

时宜得致，古式何裁。

——明·计成《园冶》

一、课程概况

（一）课程简介

景观设计是人居环境设计的重要环节。“专项景观设计”课程是针对环境设计专业的核心课程，针对景观设计元素与专项设计的入门教学需求，为空间设计中从概念构思到设计语汇的转换过程提供了理论与实践基础。本课程是环境设计专业结合基础理论与实践指导的一门特色课程，内容适用于环境设计、风景园林、建筑及城乡规划等相关学科，具有多学科交叉的鲜明属性。本课程属于设计与建筑学院环境设计专业人才培养计划中第五学期的选修课程，总计 3 学分，48 学时。

（二）教学目标

根据本课程的教学目标人才培养方案（见图 1），学生需了解并掌握景观设计基本元素、专项设计的核心内容与方法，以及设计概念与设计语汇之间的转换联系，并能灵活运用所学知识完成专项景观设计。

（三）课程沿革

浙江工业大学环境设计专业办学历史悠久且生源较好。“专项景观设计”是环境设计专业的特色核心课程，课程沿革悠久（见图 2），也是环境设计景观设计课程群的重要组成部分，该课程覆盖面广、学生受益大，在 20 多年的办学历程中，已逐步形成师资队伍结构合理，教学内容、教学方法、教学管理先进的课程体系。

本课程以思政为引领，有清晰的课程定位（见图 3）聚焦美丽浙江“大花园建设”，对接“浙江精神”，与区域文化、区域经济互动，打造“设计 + 工程 + 艺术”三位一体的课程特色。课程现阶段的实践环节以“乡村扶贫”“乡村振兴”“城市更新”为主要选题，引导学生密切关注“美丽中国”发展，积极投身城镇化建设，创作优秀的环境设计作品。

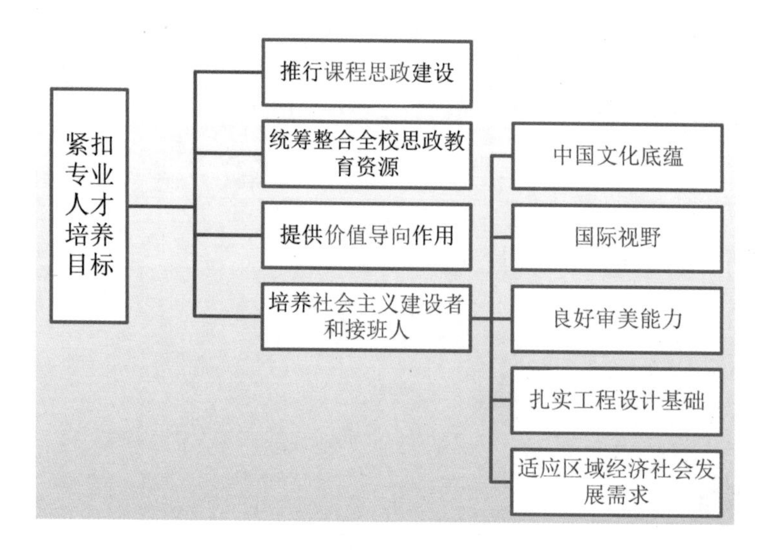

图1　教学目标与人才培养

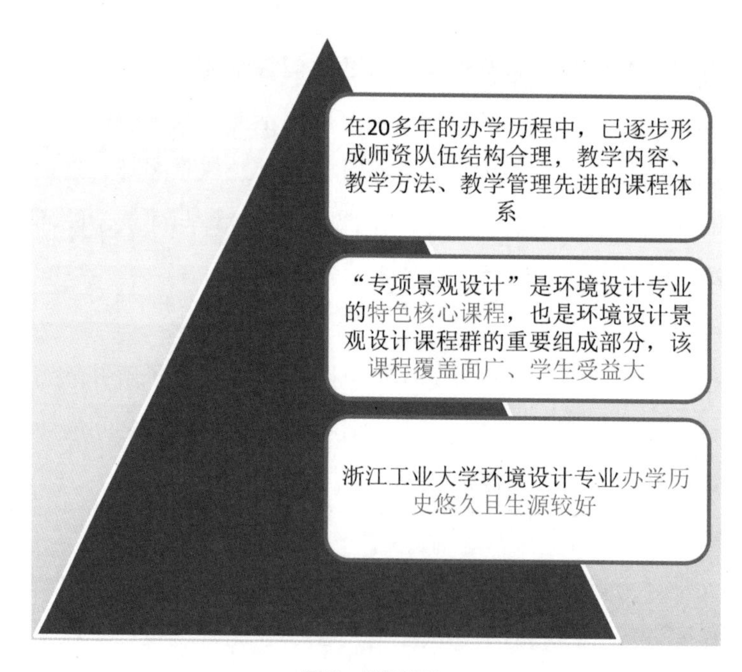

图2　课程沿革

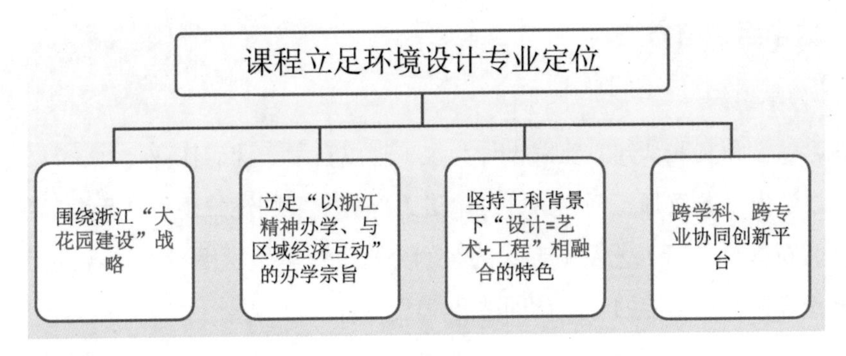

图3　课程定位

二、思政元素

天人合一、文化自信、创新精神、共同富裕、美丽乡村。

三、设计思路

（一）天人合一

关注“天”，带领学生走进场地感受自然、了解自然，发现问题、提出问题并分析解决问题；关注“人”，观察使用者的结构组成、行为习惯，调查其使用情况以及满意度，使学生真正体会人与自然的关系，从本质上解决环境设计问题。

（二）文化自信

人居环境设计根植传统文化，本课程将传统文化与当代科学技术相结合，推进新时代景观设计的文化传承，增进学生对传统园林的了解，打造具有中国特色的现代化人居环境设计作品。

（三）创新精神

破除新老之间的隔阂，将优秀传统文化与国潮新形式交融，营造出一个共享、共生、共存的互动格局。

（四）共同富裕

在精准扶贫中将乡村特色文化应用于乡村景观建设，遵循直接采用原则、提取融合原则和民俗再现原则对乡村景观进行设计，增加乡村景观的民族属性和文化韵意；提升乡村文化归属感，体现共同富裕。

（五）美丽乡村

深化政、产、学、研、用之间的互动关系，保障和鼓励学生扎根于乡村实地，直面乡村真实问题与需求进行乡村景观设计实践，将专业技能与综合素养融入美丽乡村的建设实践。

四、教学组织与方法

（一）教学组织

以理论教学和实践认知、实践设计为主，辅以自学、课后作业。

课堂教学由专业教师担任主讲，理论讲解部分主要围绕景观设计元素的基本概念，并涉及有关新材料、新工艺及新形式的案例分析，让学生了解专项景观设计的基本知识及发展趋势，增加学生的专业认同感和学习兴趣。

实践部分包括课程考察调研、集体会谈、景观元素设计、实验性课题及自选课题综合设计。针对不同景观设计元素的景观案例调研，有助于丰富学生的感性认识和对设计素材的逻辑整理和分析能力；从景观元素设计单项练习到实验性课题单元练习再到自选课题综合设计，能在分解的专项设计到综合性的完整设计过程中帮助学生了解专项景观设计的基本方法，同时综合理论知识和调研考察报告中的学习体会，在设计中明确目标，主动学习，最终形成较为完整的设计素养培养及设计能力训练的教学体系。表 1 为“专项景观设计”课程教学内容。

表 1　“专项景观设计”课程教学内容

思政要素融合	能力培养教学要求	素质培养教学要求	学生任务		
			自学	作业要求	讨论要求
国际视野 文化自信 历史文化 时代精神	让学生对景观地形有一个总体了解，明确竖向设计的方法。采用会谈方法，课堂讨论地形设计语汇	明确景观地形的基本概念及竖向设计方法。讨论过程中激发学生的发散性思维、多向思维、换元思维及连动思维	分组进行景观地形实地考察，汇报方式自定	课后学生按照老师提供的参考书目，完成读书笔记	结合课程知识要点，展开课题讨论
国际视野 文化自信 历史文化 时代精神	让学生对景观水体有一个总体了解，明确景观水体设计的方法。采用会谈方法，课堂讨论水体设计语汇	明确景观水体的基本概念及水体设计方法。讨论过程中激发学生的发散性思维、多向思维、换元思维及连动思维	分组进行景观水体实地考察，汇报方式自定	课后学生按照老师提供的参考书目，完成读书笔记	结合课程知识要点，展开课题讨论
国际视野 文化自信 历史文化 时代精神	让学生对景观水体有一个总体了解，明确景观水体设计的方法。采用会谈方法，课堂讨论铺装设计语汇	明确景观铺装的基本概念及铺装设计方法。讨论过程中激发学生的发散性思维、多向思维、换元思维及连动思维	分组进行景观铺装实地考察，汇报方式自定	课后学生按照老师提供的参考书目，完成读书笔记	结合课程知识要点，展开课题讨论

梳理并处理理论流程与实践模块、实践环节内容与实践教学主体的关系，创新教学方法，融入思政元素。

（二）教学方法

1. 课堂革命，活化课堂

（1）线上教学。通过网络搭建进阶式的知识体系，融入诗、书画、影视音多重美育元素，创造轻松愉悦的教学情境（见图 4）。

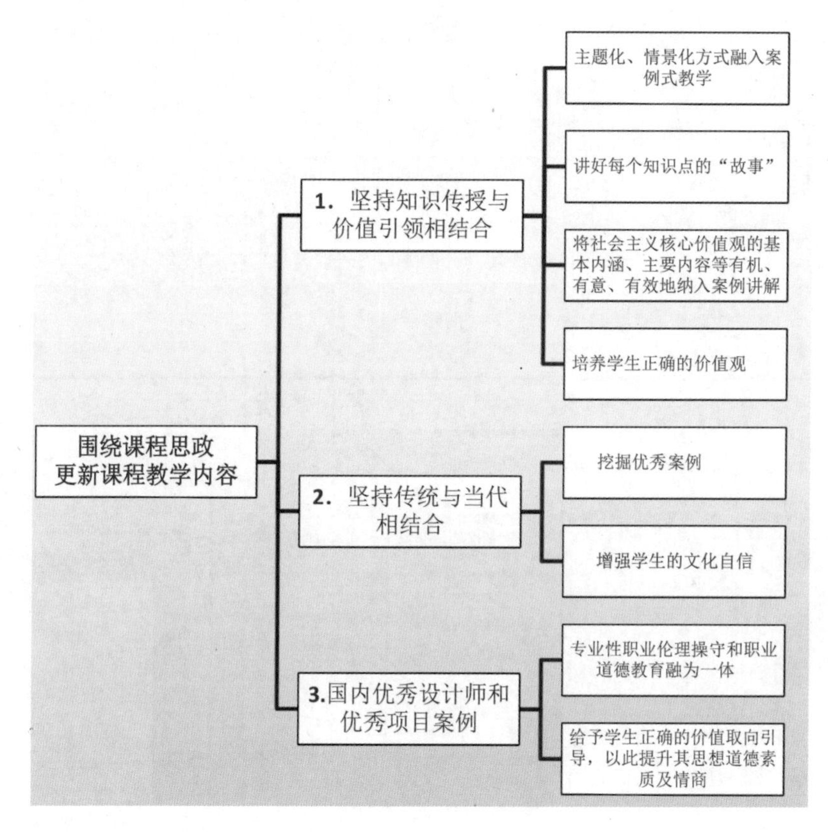

图 4. 更新教学内容

（2）案例工作坊。激发学生思考作为设计师应该具备的国际化视野、所承担的文化的历史使命以及追求卓越的工匠精神，多维度实现价值与情怀的全面提升。坚持知识传授与价值引领相结合，通过主题化、情景化方式融入案例式教学，讲好每个知识点的“故事”；将社会主义核心价值观的基本内涵、主要内容等有机、有意、有效地纳入案例讲解中去，做到专业教育和核心价值观教育相融共进，培养学生正确的价值观。

2. 教研融合，提升课堂境界

紧扣时代脉搏，培养当代生态文明建设的积极践行者。实现专业教育和思政教育的有机融合，引导学生关注“一带一路”等国家要事，通过专题“绿水青山就是金山银山”理论、生态就是生产力（GEP 指数）、公园城市等最新的理论和观点引入，积极引导学生关注社会热点，拓展设计思维，提升社会责任感，关注社会、关注人与自然、关注生态。

3. 以实践为导向

以“我心目中的美丽工大”为切入点，以“润”为主题进行课题设计。理论结合实际，从身边的校园环境入手，改造学院的中庭景观。梳理地块的特征，将庭院景观和校园的人文建设、主题建设、生态建设相结合，发挥专业优势，打造校园的文化高地、网红热点、课外育人基地。

4. 课后教学的一体化

课后及时为学生答疑解惑，更好地促进教师对于课程教学的反思，以及对课堂教学的不断改进（见图 5）。

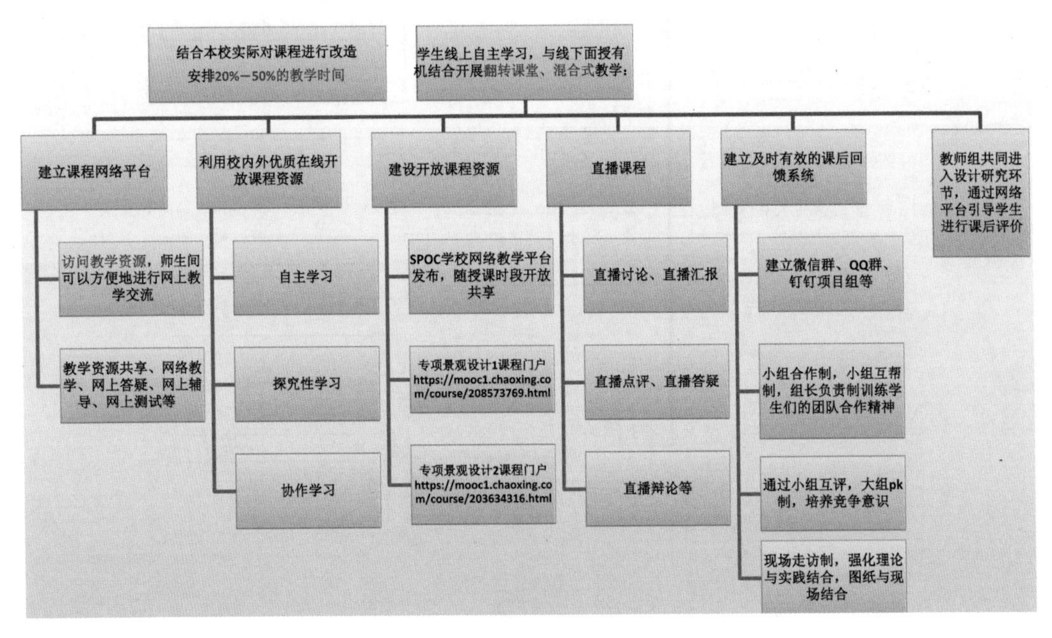

图 5　课后教学的一体化

五、实践案例

（一）案例 1：我心目中的美丽工大——校园文化与景观建设

以“我心目中的美丽工大”“天人合一”为切入点，以“润”为主题进行课题设计（见图 6、图 7）。理论结合实际，从身边的校园环境入手，改造学院的中庭景观。梳理地块的特征，将庭院景观和校园的人文建设、主题建设、生态建设相结合，体现创新精神，增强文化自信，发挥专业优势，打造校园的文化高地、网红热点、课外育人基地。学生发表论文《〈红楼梦〉中园林景观设计蕴含的生态思维》等，体现出学生对专项景观设计的技巧与方法及其蕴含的文化内涵有了更深入了解，也从侧面反映了“专项景观设计”课程的教学成效，对新时代背景下的类似课程教学具有一定的借鉴意义。

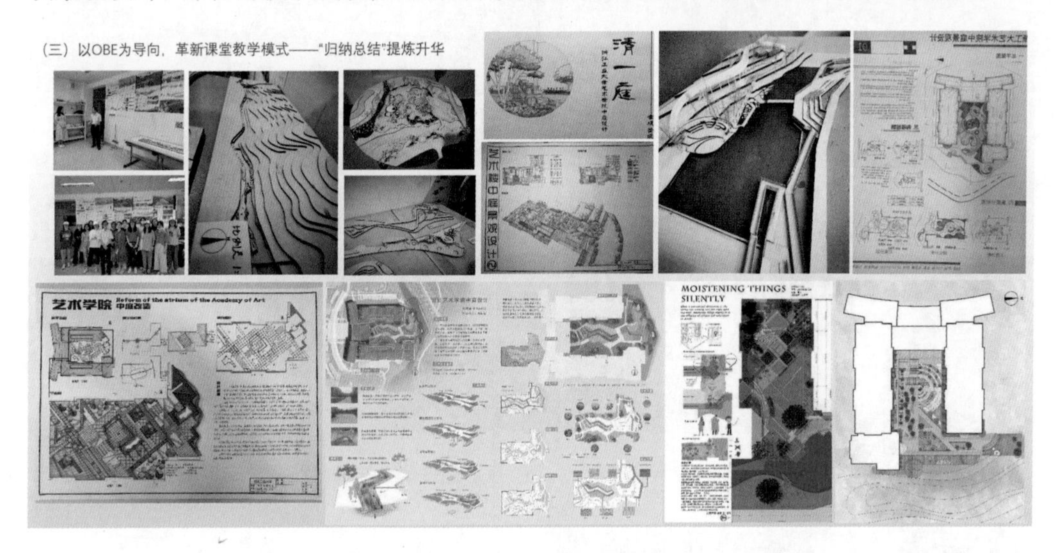

图6　以“润”为主题的课题设计1

图7　以“润”为主题的课题设计2

（二）案例2：美丽乡村精品村——小和山社区景观改造设计

学生走入社区，走进乡村，积极参与城市社区改造、美丽乡村等社会发展活动（见图8）。方案以“教学＋竞赛”的形式展开，先通过实地调研，对小和山社区进行初步了解，再通过实地考察，从历史背景、周围环境、气候状况、建筑布局等方面完成调查分析，用设计推进美丽乡村精品村建设的发展，改善乡村人居环境，打造美丽乡村。本项目在教学与设计过程中体现了“文化自信、创新精神、共同富裕、美丽乡村”的思政要素，以建设美丽乡村、提高人民幸福与获得感等重要的时代价值为目标，营造了具有治愈性且充满活力的美丽乡村精品村景观。本项目学生作品获得第十二届“园冶杯”大学生国际竞赛课程设计荣誉奖（见图 9）。

图 8　积极参与城市社区改造、美丽乡村等社会发展活动

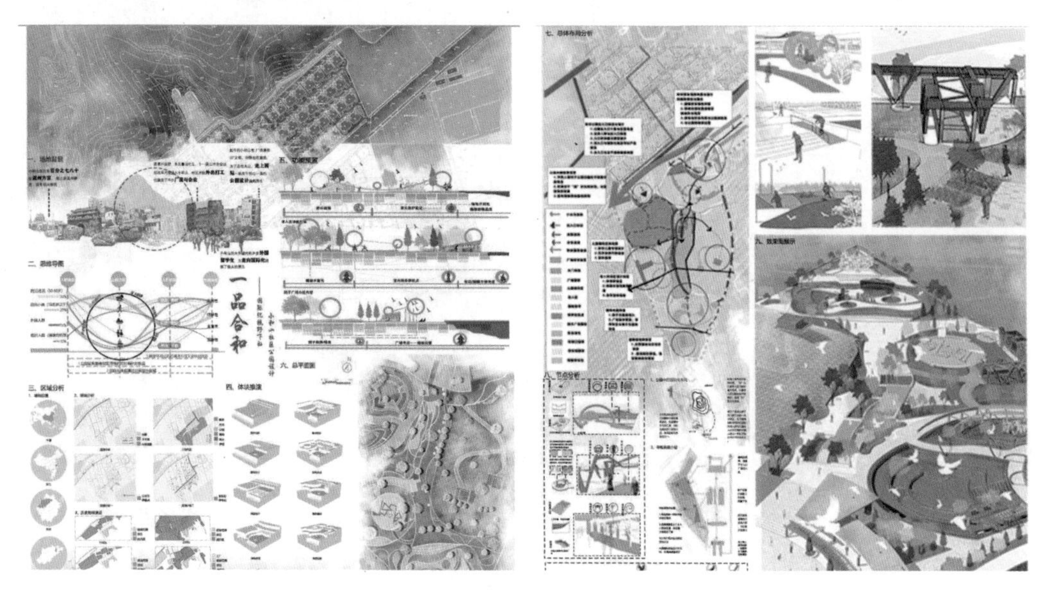

图 9　第十二届“园冶杯”大学生国际竞赛课程设计荣誉奖

（三）案例 3：吸引人停留的花园——传统与现代的碰撞

本项目将具有多功能用途的元素作为其概念主导，通过在每个区域的边界设计休息和聚会场地，将舒适度放在首位，创建“吸引人停留的花园”（见图 10）。本项目根据义乌的地域文化及周边环境特色，在教学与设计过程中体现“文化自信、创新精神、美丽乡村”的思政要素，打造了具有本土特色的度假酒店屋顶景观。该设计融合酒店原有设计风格，在外部景观设计上注重与酒店氛围以及周边环境相协调，使酒店文化

意境成为酒店景观的核心，具有独特的文化韵味，从而吸引更多的宾客，并为顾客提供一种独特的生活方式，令人产生情感上的依赖，增加对酒店的认同感。

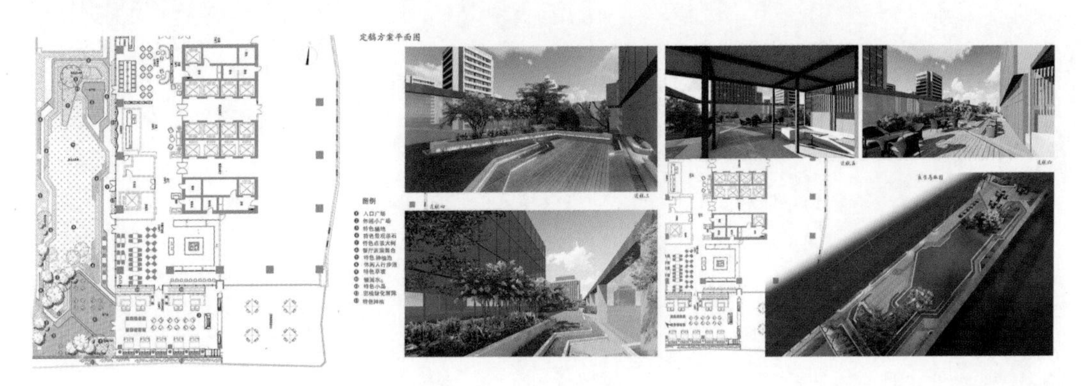

图10 吸引人停留的花园

六、教学效果

面对浙江美丽乡村、特色小镇等建设需求及高校人才培养供给中存在的问题，“专项景观设计”课程以解决区域经济问题为导向，同时明确思政目标，为更好地开展相关课程的教学活动和教学评价提供了指导和依据。

优化了课程教学大纲和授课计划，加强了课程思政教学内容间的衔接与联系，更好地发挥了核心课程在人才培养中的作用。

系部组织布展，邀请专家或同行点评，定期开展校内外示范教学成果交流活动，推广了课程建设与教学改革经验。

专业教育和核心价值观教育相融共进，培养了学生正确的价值观；引导学生关注社会热点，拓展设计思维，培养了学生作为设计师的社会责任感，更多地关注社会，关注人与自然，关注生态。

课程负责人： 方振军

教学团队： 黄焱、武文婷

所在院系： 设计与建筑学院环境设计系

VIII

八

设计基础与史论教研室

DESIGN FUNDAMENTALS AND HISTORICAL THEORY TEACHING AND RESEARH OFFICE

培根铸魂 润物无声

浙江工业大学设计与建筑学院课程思政案例集

基础与史论教研室目前共有 15 名教师，专业方向为绘画艺术创作与美术学（设计学）理论研究。主要承担本学院设计学大类、工业设计、建筑与城规专业的美术基础课程和史论课程的教学，开设的课程有设计素描、设计色彩、三大构成、设计学概论、中外美史等。

教研室本着宽口径、厚基础的大类本科教学原则，通过全方位理念梳理，多角度视觉形式训练，在夯实专业基础能力的同时培养创新精神，最终实现学生专业素养的全面提升，为他们正在逐渐形成的艺术观和设计观引领好方向。

设计色彩

胜日寻芳泗水滨，无边光景一时新。等闲识得东风面，万紫千红总是春。

——宋·朱熹《春日》

一、课程概况

“设计色彩”课程是艺术设计本科各专业大类必修的基础课程，课程共 48 学时，计 3 学分，是针对此类专业本科一年级学生进行色彩基础训练和色彩理念梳理的课程。色彩的运用是各个设计门类不可或缺的基础能力，色彩理念的高低决定了设计师专业素养的高低，所以此课程是培养优秀设计人才必须配备的基础课程。“设计色彩”课程分 5 ～ 6 个课题板块。通过多媒体讲解分析、课堂实践过程中的讲评和指导、课外作业巩固知识点这三种教学形式，使学生理解各个板块内容的教学目的、相互联系、递进延续和未来发展，引导他们提高对色彩本质的理解，同时循序渐进地转变思维模式，建立起与设计相关的色彩概念。最终使学生具备较强的色彩运用能力和更高的艺术素养，为后续的设计课程学习打下良好基础。

二、课程目标

（一）知识目标

（1）使学生掌握色彩的变化规律。

（2）使学生了解和掌握色彩在设计中广泛运用的思路和方法。

（二）能力目标

（1）提高学生运用色彩、表现色彩的能力。

（2）培养学生的创造性思维。

（三）价值目标

（1）强调专业基础的重要性，通过类比让学生了解国家在基础建设中的成绩，增强学生的爱国意识。

（2）强调艺术创新精神，通过类比让学生了解社会主义制度的创新性和先进性，增强制度自信和政治认同。

（3）介绍与课程相关的本国艺术史成就，进一步增强学生的文化自信。

（4）教授色彩运用中自由发挥的界限与需要遵循的规律，引导出公民人格权的辩证关系，帮助学生树立正确的人生观、价值观，形成健全人格。

三、思政元素

本课程的思政元素从绘画作品分析、艺术家观点、流派发展的历史等内容中提取的相关联的思政话题和观点。课程可以涉及话题的广泛性和随机性使得可用的思政元素非常丰富。本课程确立家国情怀为思政主线，其他思政元素围绕主线进行打造。

（一）家国情怀

围绕家国情怀这一核心和主线，让学生热爱祖国，热爱中华民族，热爱这片生长的土地，最终升华为对家国责任的自觉承担。

（二）唯物辩证

唯物辩证是围绕核心主线的一条重要分支。不仅仅是色彩绘画，整个视觉艺术的营造和表现时时刻刻与辩证法相关联，这也是哲学在艺术上的具体表现。在课程中讲解技巧方法时，强调唯物主义辩证思维。

（三）文化自信

在美术史知识和专业教学案例的学习中，使学生领略民族美术精品灼灼其华的魅力，从而增强文化自信。

（四）生态意识

认识美并关注生态，从自然界中提炼色彩与形式之美是本课程学习的宗旨之一。生态意识是“设计色彩”课程天然的价值思想基础。课程专业内容的学习会进一步将这种意识融入学生的价值观中。

四、设计思路

“设计色彩”是一门美术绘画类课程。只要找出美术与思政这两者在本质上的共通之处，就能极大地拓展思路，从而促进课程的思政建设。

（一）美术与思政的共通之处

1. 课程（美术）与思政在内容上的共通点

（1）两者共同关注哲学：思政理论体系本身就是人类哲学发展以及革命理论与中国实际相结合在思想理论体系中结出的硕果；而同属于人类精神追求层面的美术也关注哲学思想，艺术家愿意进行大量的哲理性思考，甚至辩证法本身就是绘画的方法论，是哲学在艺术领域的具体表现。

（2）两者共同关注历史：思政需要关注历史去总结成败得失，美术也与历史密不可分。人类历史除了文字记载以外还大量地运用了美术去进行图像记录，美术因此与历史有着千丝万缕的联系，甚至就是历史的一部分。课程对美术史上的优秀作品进行分析时，从作品背景知识或者描绘的历史内容都可以挖掘到一定的思政内容。例如，图 1 描述了古罗马安东尼大帝时期爆发的瘟疫，可以联系到 2020 年的武汉抗疫。图 2 武汉在新冠疫情暴发初期以奇迹速度建造了两家传染病隔离医院，快速收治大量病患，阻断疫情，体现了社会主义制度优越性。

图 1　尼古拉斯·普桑《阿什杜德的瘟疫》

图 2　武汉抗疫医院的施工场景

2. 课程（美术）与思政在思维方式上的共通点

两者都需要进行判断性思维。美术学习和鉴赏过程中需要一个不可或缺又运用频率极高的思维过程——审美判断。接受者（练习者）根据自己的知识素养或者纯粹的感受去判断他人（自己）作品的优劣（缺陷）从而选择个人好恶（做出画面调整）；而思政学习也有个核心的思维过程——立场判断，即根据获得的内容信息去判断正反立场。因为两者在这一主要思维模式上有着高度的一致性，因此绘画类课程中的思政内容建设可以在隐性层面对专业本身起到促进作用。两者相辅相成，共同提高学生的判断思维能力，从而也能进一步提高他们的思考能力和思想水平。

（二）丰富的思政元素

“设计色彩”课程涉及的专业知识与思政内容具有诸多交集，因此课程中包含的思政元素可以扩展得极为丰富。只要放开思维去寻找专业知识点与思政内容的某些关联，课程就可以囊括大量的思政元素，这种选择上的自由度将促进课程得到更好的思政建设。

表 1 思政建设在课程中的具体安排

课程章节	重要思政元素	相关联的专业知识和思政建设内容
绪论色彩理念梳理	勇于创造 唯物辩证	在给学生赏析和讲评大师作品时，提及许多艺术大师的思想具有时代超前性这个特征鼓励学生的创新精神
第一章写生色彩（水粉）	脚踏实地 唯物辩证	在整个单元训练过程中强调写生作为色彩基础的重要性。塑造学生在学术追求和职业素养上的踏实风格
第二章水彩风景写生（部分专业）	生态文明 “绿水青山就是金山银山”理论	通过风景写生课程的具体绘画技法学习让学生深层体会大自然的形式之美、色彩之美，树立起他们的生态和谐与保护意识
第三章色彩分解与并置（水粉）	知行合一 尊重科学	讲述光学上的发现和研究以及色彩学理论的发展对19世纪法国印象派和点彩画法的根本影响，引申出科技与人文的密切关系
第四章限制性色彩训练	唯物辩证 遵纪守法 和谐社会	色彩上体会以少胜多，感受简约色彩和丰富搭配如何协调表现；从色彩的限制和自由搭配这对技法上具有矛盾的对应关系体会唯物辩证；通过类比法引申举例遵纪守法、和谐社会
第五章色彩替换练习	创新精神 制度自信 唯物辩证	培养学生对色彩搭配规律和形式美感的认识与表现。强调尝试各种色彩的搭配美感与可能性，（色彩）协调感和配合度，把握画面统一与对立的平衡。课程要求打破自然界固有颜色的束缚，强调学生的创新精神；主观搭配色彩的能动性通过类比切入介绍国家建设中的一些创新之举，从而加强学生自豪感和制度自信
第六章装饰性色彩表现	创新精神 唯物辩证	加强学生对色彩形式美的认识与表现；通过画面的形式经营和色彩运用来表达个人内心情感，力求创造出个性化的色彩意蕴和独特的画面形式；强调创造力

五、实施案例

（一）案例 1：色彩理念梳理

本课程第一课是对学生的色彩概念进行一次深层梳理，以期在更高层面上系统地建立起他们色彩运用的理念。梳理过程中，需要对大师作品的色彩和形式进行具体分析，以帮助学生更形象地理解课程意涵。大师们的出类拔萃往往在于他们对绘画和色彩的认知理念超越了同时代人普遍的审美范式，可以以此作为切入点引入思政话题。

通过专业知识点与思政内容在超前意识这一共同点上进行类比，让学生透过现象看到本质，在鼓励学生发扬创新精神的同时，也让他们认识到中国共产党的先进性和社会主义制度的优越性，激发民族自豪感，增强制度自信。

（二）案例 2：色彩替换练习

第五章（单元）是色彩替换练习，也称为变调练习。课程要求学生在画面构图和物象不变的情况下用不同的色彩搭配去替换画面原有的色彩关系。既要遵循基本的色彩规律，又要发挥主观能动性去突破自然界固有色彩的束缚，在极大的自由维度中找寻色彩搭配的可能性，并且表现好色彩的美感和协调感。通过这个章节的练习，提高学生对色彩秩序和形式美的认识，培养他们色彩表现的主观能动性。

本章节课程的核心宗旨是发挥主观能动性，将主观搭配色彩的能动性进行延伸，作为思政内容的切入点，适当介绍我党百年来革命过程中勇于创新的实例（如红军长征、改革开放等）。

课程通过专业知识点与思政内容的关联和延伸，让学生们理解发挥自身创造力和主观能动性的重要意义，并对世界的本质规律有一定了解，从而认识到中国共产党具有惊人的创造力和领导力，认识到革命成功与中国共产党的伟大密不可分，强化热爱党、热爱社会主义的信念（见图 3）。

图 3　案例二

（三）案例 3：水彩风景写生（部分专业）

水彩风景写生单元是部分设计专业学生根据专业需要进行选修的单元，主要教学任务是使学生熟悉、了解和掌握水彩这一材料的性能和作画技巧。水彩绘画是大部分学生绘画技巧的薄弱点，需要一定课时的投入才能有所提高。在熟悉材料、学习技法的同时还要强化选景、构图方法的再学习，以求在原有基础上进一步提高。

通过上述的具体学习让学生深层次地体会大自然的形式之美、色彩之美。课程训练安排在景色优美或极具建筑特色的户外场所，学生在进行写生的过程中，面对自然美景，结合在大自然里作画的体会，将会激发他们的自然生态和谐理念与环境保护意识，再通过逐步培养引导，使这种意识成为学生们的一种价值观（见图 4）。

图 4　案例三

六、教学效果

（一）教学项目

本课程作为艺术设计专业的基础课程，每年修习该课程的艺术设计专业本科一年级学生超过 200 人。多年来，课程团队在教学上不断地总结和创新，与时俱进，多次获校级教改建设项目，2012 年成为校级优秀课程群课程之一，2020 年获校级思政项目立项（见图 5、图 6）。

图 5　展览现场 1

图 6　展览现场 2

（二）学生学科竞赛项目

学生在“设计色彩”课程中的一系列作业最终呈现为包含设计视觉元素、重在色彩搭配和协调表现的绘画作品，其中的精品具有较高的艺术水准（见图 7、图 8）。多年来，学生以本课程完成的优秀作品参加浙江省大学生艺术节，屡次入选和得奖。

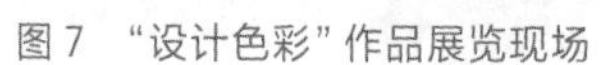

图7　“设计色彩”作品展览现场

图8　“设计色彩”作品展览现场

课程负责人：廖晓航

教学团队：陈丹、杜宝印、姚华

所在院系：设计与建筑学院设计基础与史论教研室